Mathematik

Skript

SOFTFRUTTI
verlag

Gymnasium (G8)
5

H. Heil, J. Kläsner, R. Rau, H. Umla:
Mathematik 5, Skript, Gymnasium (G8)
ISBN 978-3-928881-15-9

Passend zu diesem Buch:

Arbeitsbuch Mathematik 5 (G8), ISBN 978-3-928881-13-5

www.softfrutti.de

Inhaltsverzeichnis

1

Die natürlichen Zahlen

Beim Zählen, Nummerieren und Rechnen sind dir im Alltag und im Mathematikunterricht schon die Zahlen 0, 1, 2, 3, 4, 5, ... begegnet. Diese Zahlen heißen ***natürliche Zahlen****.*

Sicherlich hast du in der Grundschule schon fleißig mit diesen Zahlen gerechnet. Du kannst natürliche Zahlen ***addieren, subtrahieren, multiplizieren*** *und* ***dividieren****. Mit diesen* ***Grundrechenarten*** *werden wir uns in den nächsten Abschnitten näher beschäftigen.*

1.1 Zahlenmengen

Im täglichen Leben fasst man oft Objekte (Dinge) zu einem Ganzen zusammen. Eine solche Zusammenfassung heißt in der Mathematik **Menge**.

Beispiel 1

Die Menge der Schülerinnen und Schüler der Klasse 5b.
Die Menge der Wochentage.
Die Menge der Autos mit dem Kennzeichen SB.

Wir haben jetzt einen neuen Begriff kennen gelernt, und zwar den Begriff „Menge". In der Mathematik ist es üblich, einen neuen Begriff genau zu erklären oder – wie man sagt – zu **definieren**. Es ergibt sich dann eine so genannte **Definition**[1]. Man versteht darunter die Erklärung eines noch unbekannten Begriffes (Wortes) durch schon bekannte Begriffe.

Schlägt man in einem Lexikon unter dem Wort „Bungalow" nach, so findet man eine Erklärung durch schon bekannte Begriffe; etwa: einstöckiges Haus mit flachem Dach.

Definition 1.1

Eine Zusammenfassung von bestimmten, verschiedenen Dingen zu einem Ganzen heißt **Menge**. Die Dinge, die in einer Menge zusammengefasst sind, heißen **Elemente** der Menge.

Eine Definition erkennt man oft an dem vorkommenden Wort „heißt".

[1] definire (lat.), festsetzen, erklären

Mengen können wir in Form eines **Mengendiagramms** darstellen. Für „Die Menge der Wochentage“ ergibt sich das Mengendiagramm in Bild 1.1.

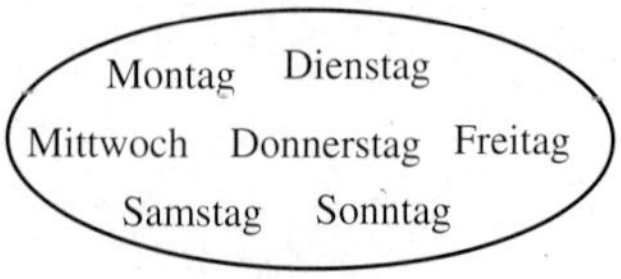

Bild 1.1

Du kannst die Menge auch in der so genannten **aufzählenden Schreibweise** angeben (die Klammer { } heißt **Mengenklammer**):

{Montag, Dienstag, Mittwoch, Donnerstag, Freitag, Samstag, Sonntag}.

Man nennt die Objekte, die zu einer Menge gehören, die **Elemente** der Menge und liest dann:

„Die Menge mit den **Elementen** Montag, Dienstag, Mittwoch, ...“.

Auch die natürlichen Zahlen 0, 1, 2, 3, 4 usw. fasst man zu einer Menge zusammen, der **Menge der natürlichen Zahlen** und schreibt:

$$\mathbb{N} = \{0, 1, 2, 3, 4, \ldots\}$$

(lies: N ist gleich die Menge mit den Zahlen (Elementen) 0, 1, 2, 3, 4 usw.).

$\mathbb{N}$ ist also das Zeichen für die Menge der natürlichen Zahlen.

Oft benötigt man auch die Menge der natürlichen Zahlen ohne die Zahl 0. Man schreibt dann:

$$\mathbb{N}^* = \{1, 2, 3, 4, \ldots\}$$

(lies: N Stern ist gleich die Menge mit den Zahlen (Elementen) 1, 2, 3, 4 usw.).

Jetzt wollen wir noch eine besondere Menge kennen lernen. Stell dir vor, du sollst folgende Menge an die Tafel schreiben:

Menge aller Millionäre in der 5a.

Jeder weiß, dass diese Menge sicherlich kein Element enthält (oder?).

Dies führt zu folgender Definition:

Definition 1.2

Die Menge, die kein Element enthält, heißt **leere Menge** und wird mit dem Zeichen { } oder ∅ bezeichnet.

Also kann man schreiben: Menge aller Millionäre in der 5a = { }.

Mengen werden mit großen Buchstaben A, B, C, ... bezeichnet.

Beispiel 2

$A = \{1, 2, 3, 4\}$; (lies: A ist die Menge mit den Elementen 1, 2, 3 und 4)

$B = \{a, b, c\}$; (lies: B ist die Menge mit den Elementen a, b und c)

Wenn wir eine Menge, die sehr viele oder gar unendlich viele Elemente enthält, durch Aufzählung aller ihrer Elemente angeben wollen, so kann dies oft sehr lange dauern. Wir schreiben deswegen in solchen Fällen nicht alle Elemente auf.

Beispiel 3

a) **Endliche Menge** (Menge mit endlich vielen Elementen)

Menge aller dreistelligen Zahlen = $\{100, 101, 102, \ldots, 999\}$

b) **Unendliche Menge** (Menge mit unendlich vielen Elementen)

Menge aller geraden Zahlen = $\{0, 2, 4, 6, \ldots\}$

Solche Mengen mit sehr vielen Elementen können wir oft durch eine gemeinsame Eigenschaft ihrer Elemente beschreiben (**beschreibende Schreibweise**).

Beispiel 4

A = Menge aller Bürger von Saarbrücken.

Manchmal kann man Mengen sowohl in der beschreibenden, als auch in der aufzählenden Schreibweise aufschreiben.

Beispiel 5

Menge aller Zahlen kleiner als 5 = $\{0, 1, 2, 3, 4\}$.

Menge aller geraden Zahlen = $\{0, 2, 4, 6, \ldots\}$.

Oft musst du feststellen, ob ein Element zu einer Menge gehört oder nicht.

Beispiel 6

a) Montag ist ein Element von {Montag, Dienstag, Mittwoch, Donnerstag, Freitag, Samstag, Sonntag}.

b) Januar ist kein Element von {Montag, Dienstag, Mittwoch, Donnerstag, Freitag, Samstag, Sonntag}.

Zur Abkürzung benutzen wir ab sofort zwei Zeichen, und zwar:

- das **Elementzeichen** $\in$ (lies: **ist Element**)
  und
- das Zeichen $\notin$ (lies: **ist kein Element**).

Beispiel 7

a) $7 \in \{1, 5, 7\}$;
(lies: 7 ist ein Element der Menge mit den Elementen (Zahlen) 1, 5 und 7).

b) $3 \notin \{1, 5, 7\}$;
(lies: 3 ist kein Element der Menge mit den Elementen (Zahlen) 1, 5 und 7).

1.2 Anordnen und Vergleichen

Schon aus der Grundschule kennst du die **Zahlengerade**. Mit ihr können wir die **natürlichen Zahlen** veranschaulichen. Jede Zahl wird als Punkt auf der Zahlengeraden dargestellt (Bild 1.2).

Bild 1.2

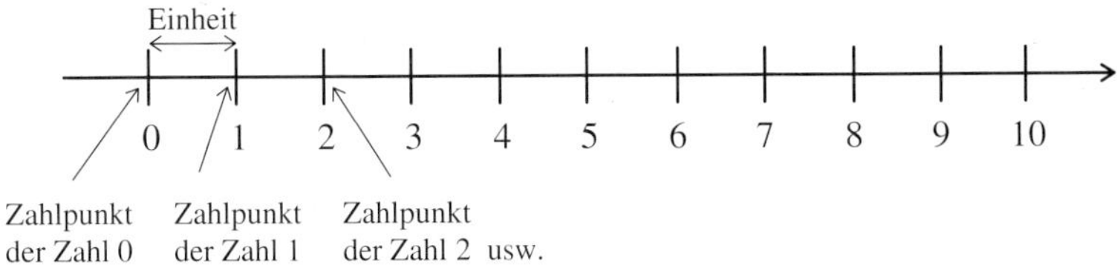

> **Merke**
> Jeder natürlichen Zahl wird ein **Zahlpunkt** auf der Zahlengeraden zugeordnet. Die Strecke zwischen je zwei benachbarten Zahlpunkten ist auf der Zahlengeraden immer gleich lang und heißt **Einheit der Zahlengeraden**.

Wenn du sehr große Zahlen auf der Zahlengeraden darstellen willst, musst du die Einheit entsprechend klein wählen.

Beispiel 1

Wir stellen auf der Zahlengeraden die Zahlen 500, 550, …, 950, 1000 dar.

Bild 1.3

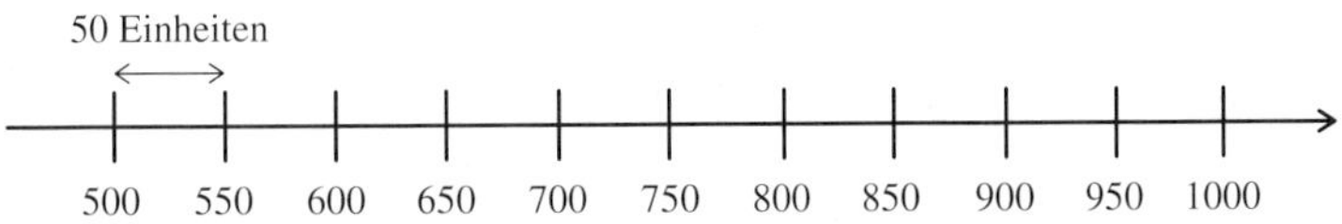

Im Alltag begegnen dir die natürlichen Zahlen häufig beim Zählen. Wir zählen mit den natürlichen Zahlen:

0, 1, 2, 3, … , 27, 28, 29, … , 158, 159, 160, 161, … , 4399, 4400, 4401, …

Beim Zählen bemerkst du:

> **Merke**
> Jede natürliche Zahl hat einen **Nachfolger** und jede natürliche Zahl außer Null hat einen **Vorgänger**.

Beispiel 2

a) Der Nachfolger von 19 ist 20.
Wir schreiben kurz $\boldsymbol{N(19) = 20}$ (lies: der Nachfolger von 19 gleich 20).

b) Der Vorgänger von 100 ist 99.
Wir schreiben kurz $\boldsymbol{V(100) = 99}$ (lies: der Vorgänger von 100 gleich 99).

Stelle dir nun vor, du sollst alle Autos auf dem Parkplatz eines Einkaufszentrums zählen oder alle Bücher einer Bücherei.
Du weißt, dass dies (theoretisch) möglich ist, da jede natürliche Zahl einen Nachfolger besitzt und zu diesem Nachfolger wieder ein Nachfolger existiert usw.

Merke
Der Vorrat der natürlichen Zahlen ist unbegrenzt. Es gibt unendlich viele natürliche Zahlen.

Du weißt schon aus der Grundschule: Zwei natürliche Zahlen sind entweder gleich oder eine der beiden ist kleiner als die andere.
In der Mathematik heißt es: Die natürlichen Zahlen sind **angeordnet**.
Dazu betrachten wir die Zahlengerade in Bild 1.4.

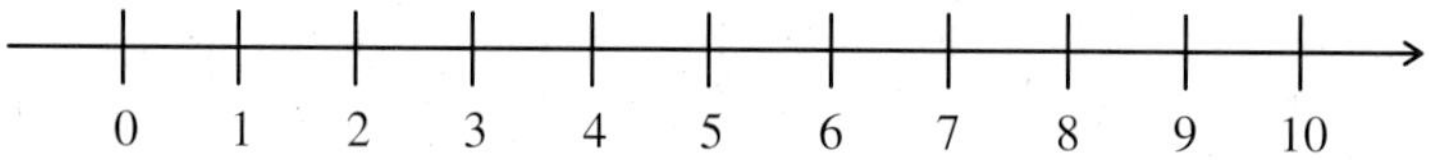

Bild 1.4

Wie erkennen wir mithilfe der Zahlengeraden, welche von zwei Zahlen die kleinere ist?

Merke
Auf der Zahlengeraden liegt der Zahlpunkt der kleineren Zahl immer links vom Zahlpunkt der größeren Zahl.
Beim Vergleich zweier Zahlen werden die Zeichen $<$ (**Kleinerzeichen**) und $>$ (**Größerzeichen**) verwendet:

Beispiel 3
a) Es gilt $2 < 7$ (lies: 2 **ist kleiner als** 7), denn 2 liegt auf der Zahlengeraden links von der 7.
b) Es gilt $23 > 19$ (lies: 23 **ist größer als** 19), denn 19 liegt auf der Zahlengeraden links von der 23.

Vergleichen wir mehr als zwei Zahlen miteinander, so schreiben wir das Ergebnis übersichtlich in Form einer **Kette**:

Beispiel 4
Ordnen wir die Zahlen 3, 34, 304, 4, 43, 403 der Größe nach, so erhalten wir die Kette: $3 < 4 < 34 < 43 < 304 < 403$.

1.3 Addieren

Im Kunstunterricht zählt Florian in seinem Mäppchen 3 Buntstifte und sein Banknachbar Martin zählt in seinem Mäppchen 5 Buntstifte. Wie viele Buntstifte haben sie zusammen?

Wir schreiben	3	+	5	=	8
und lesen	drei	plus	fünf	gleich	acht.

Zusammen besitzen Florian und Martin also 8 Buntstifte.

Merke
Die Rechenart, bei der Zahlen durch ein „+“ (**Pluszeichen**[1]) verknüpft werden, heißt **Addition**[2]. Die Zahlen, die durch das Pluszeichen miteinander verknüpft werden (die **addiert** werden), heißen **Summanden**[3].
Der Wert des Rechenausdrucks heißt **Summe**[4] der beiden Zahlen.
Kurz: 1. Summand + 2. Summand = Summe

1. Summand ↘ ↙ 2. Summand

$$3 + 5 = 8$$

$\underbrace{3 + 5}$: Summe; 8 ↖ Summe von 3 und 5

[1] plus (lat.), mehr
[2] addere (lat.), hinzufügen
[3] summandi numeri (lat.), die zusammenzuzählenden Zahlen
[4] summare (lat.), zusammenzählen

1.4 Subtrahieren

Tanja hat 9 Gummibärchen. In der Pause verteilt sie 7 davon an ihre Freundinnen. Wie viele bleiben noch für sie übrig?

Wir schreiben	9	–	7	=	2
und lesen	neun	minus	sieben	gleich	zwei.

Für Tanja bleiben damit 2 Gummibärchen übrig.

Merke

Die Rechenart, bei der Zahlen durch ein „–“ (**Minuszeichen**[1]) verknüpft werden, heißt **Subtraktion**[2]. Von den beiden Zahlen, die durch das Minuszeichen miteinander verknüpft werden (die **subtrahiert** werden), heißt die erste der **Minuend**[3] und die zweite der **Subtrahend**[4].

Der Wert des Rechenausdrucks heißt **Differenz**[5] der beiden Zahlen.

Kurz: Minuend – Subtrahend = Differenz .

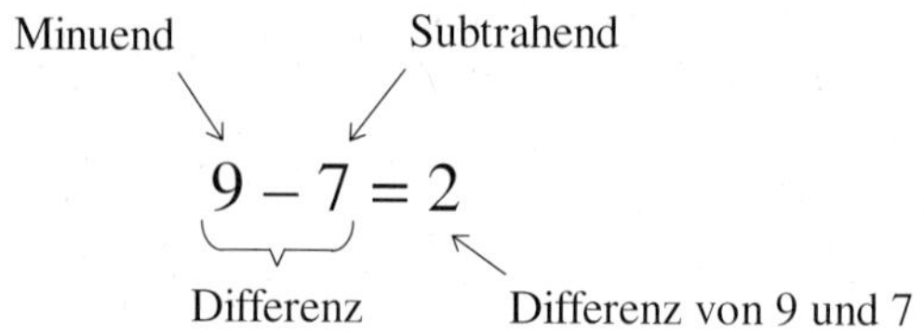

Vergleiche die folgenden Rechnungen und ihre Veranschaulichung:

17 + **6** = 23 und 23 – **6** = 17.

Du stellst fest:
Addierst du zu der Zahl 17 die Zahl 6 und subtrahierst sie wieder, so erhältst du wieder die Zahl 17 (Bild 1.5).

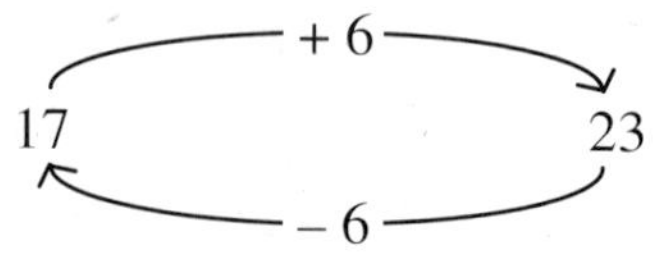

Bild 1.5

21 – **5** = 16 und 16 + **5** = 21.

Du stellst fest:
Subtrahierst du von der Zahl 21 die Zahl 5 und addierst sie wieder, so erhältst du wieder die Zahl 21 (Bild 1.6).

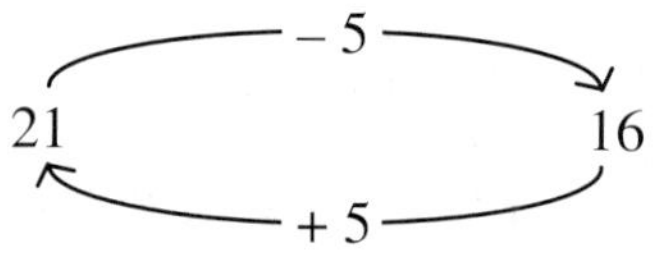

Bild 1.6

---

[1] minus (lat.), weniger

[2] subtrahere (lat.), abziehen

[3] minuendus numerus (lat.), die zu vermindernde Zahl

[4] subtrahendus numerus (lat.), die abzuziehende Zahl

[5] differentia (lat.), Unterschied

Merke

Die Subtraktion einer Zahl macht die Addition dieser Zahl rückgängig. Die Subtraktion ist die **Umkehrung** der Addition.

Die Addition einer Zahl macht die Subtraktion dieser Zahl rückgängig. Die Addition ist die Umkehrung der Subtraktion.

Addition und Subtraktion sind **entgegengesetzte** Rechenarten.

Sicher sind dir auch schon **Rechenausdrücke** begegnet, in denen sowohl addiert als auch subtrahiert werden soll. Rechne bei solchen **mehrgliedrigen Rechenausdrücken** schrittweise von links nach rechts.

Beispiel

a) $47-23+18=24+18=42$.

b) $27-18+38-47=9+38-47=47-47=0$.

Beachte dabei aber, dass du die Zahlen, die du noch nicht zusammengefasst hast, unverändert bei jedem Schritt noch einmal hinschreibst.

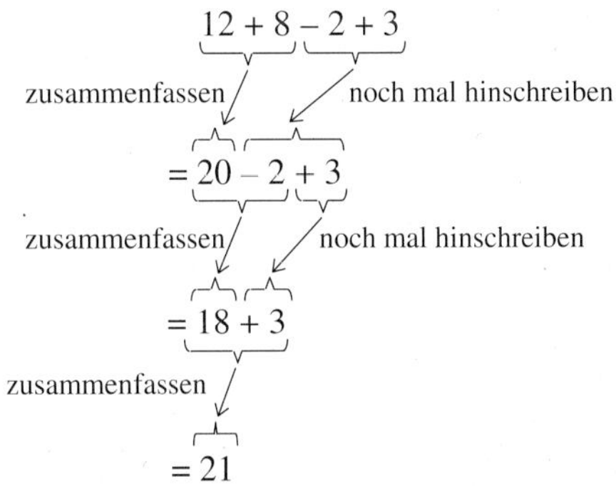

Wichtig ist, dass du ständig das Kopfrechnen übst.

Abwechslungsreiche Kopfrechenübungen bietet dir der Rechentrainer **PMathetris** von Softfrutti für deinen PC.

1.5 Schriftliches Addieren und Subtrahieren

1.5.1 Runden und Überschlagen

Im täglichen Leben genügt oft statt einer genauen Zahlenangabe ein ungefährer Wert. Dazu wird die genaue Zahlenangabe **gerundet**. So betrug zum Beispiel am 31.05.2000 die Zahl der Einwohner des Saarlandes 1069772. Oft wird aber nur der gerundete Wert 1100000 genannt.

Beim Runden einer Zahl auf Zehner (Hunderter, Tausender, ...) gibt man anstelle des genauen Wertes die am nächsten gelegene Zehnerzahl (Hunderterzahl, Tausenderzahl ...) an. Zahlen, die genau in der Mitte liegen, werden auf die nächst größere Zehnerzahl (Hunderterzahl, Tausenderzahl, ...) gerundet.

Statt des Gleichheitszeichens schreibt man dann das **Ungefährzeichen** ≈ (lies: ungefähr gleich).

Beispiel 1

Wir runden auf Zehner: $352 \approx 350$; $5137 \approx 5140$

Wir runden auf Hunderter: $5137 \approx 5100$; $34250 \approx 34300$

Wir runden auf Tausender: $34250 \approx 34000$; $857629 \approx 858000$

☞ Runde sinnvoll! Du musst, wenn nichts vorgegeben ist, von Fall zu Fall selbst entscheiden, auf welche Stelle du rundest.

Interessiert nicht das genaue, sondern nur das ungefähre Ergebnis einer Rechnung, so führt man diese mit gerundeten Zahlen durch. Man nennt eine solche Rechnung mit gerundeten Werten eine **Überschlagsrechnung**. Dabei sollte man so runden, dass man mit den gerundeten Zahlen möglichst leicht im Kopf rechnen kann.

Beispiel 2

a) $453 + 316 + 871 \approx 500 + 300 + 900 = 1700$ (gerundet auf Hunderter)

b) $12371 + 6842 + 4279 \approx 12000 + 7000 + 4000 = 23000$
(gerundet auf Tausender)

c) $769 + 43415 - 8500 + 322 \approx 1000 + 43000 - 9000 + 0 = 35000$
(gerundet auf Tausender)

1.5.2 Schriftliches Addieren

Summen, die sich nur noch schwer im Kopf berechnen lassen, bestimmen wir schriftlich.

Beim schriftlichen Addieren mehrstelliger Zahlen fasst man zuerst die Einer, dann die Zehner, dann die Hunderter zusammen usw. Gleichartige Stellen schreibt man daher genau untereinander.

Ganz cool bleiben Herr Lehrer. Das ist doch nur eine vorläufige Hochrechnung.

Beispiel 1

4 7 3 8	Einer:	sprich: 5, **13**	schreibe: 3, 1 Zehner (**Übertrag**)
+ 3 6 4 5	Zehner:	sprich: 1, 5, **8**	schreibe: 8
(Überträge: 1 · 1 ·)	Hunderter:	sprich: 6, **13**	schreibe: 3, 1 Tausender (Übertrag)
8 3 8 3	Tausender:	sprich: 1, 4, **8**	schreibe: 8

Um bei schriftlichen Rechnungen Ergebnisse abzuschätzen oder zu kontrollieren machen wir Überschlagsrechnungen.

Beispiel 2

Wir berechnen $28\,724 + 15\,649 + 378\,253 + 3916$ schriftlich:

Überschlagsrechnung (gerundet auf Zehntausender):

$28\,724 + 15\,649 + 378\,253 + 3916 \approx 30\,000 + 20\,000 + 380\,000 + 0 = 430\,000$

2 8 7 2 4	E:	sprich: 6, 9, 18, **22**	schreibe: 2, 2 Z (Übertrag)
+ 1 5 6 4 9	Z:	sprich: 2, 3, 8, 12, **14**	schreibe: 4, 1 H (Übertrag)
+ 3 7 8 2 5 3	H:	sprich:1, 10, 12, 18, **25**	schreibe: 5, 2 T (Übertrag)
+ 3 9 1 6	T:	sprich: 2, 5, 13, 18, **26**	schreibe: 6, 2 ZT (Übertrag)
(Überträge: 1 2 2 1 2)	ZT:	sprich: 2, 9, 10, **12**	schreibe: 2, 1 HT (Übertrag)
4 2 6 5 4 2	HT:	sprich: 1, **4**	schreibe: 4

Nach der Überschlagsrechnung ist das Resultat $426\,542$ zumindest von der Größenordnung her richtig.

1.5.3 Schriftliches Subtrahieren

Auch beim schriftlichen Subtrahieren werden gleichartige Stellen genau untereinander geschrieben. Man sucht dann die Zahl, die man zum Subtrahenden addieren muss, um den Minuenden zu erhalten (**Ergänzungsverfahren**). Die Rechnung wird stellenweise durchgeführt, d.h. man ermittelt zuerst die Einer, dann die Zehner, dann die Hunderter usw. In vielen Fällen sind auch beim Subtrahieren Überträge zu berücksichtigen.

Beispiel 1

$$\begin{array}{rcccc} & 5 & 6 & 1 & 7 \\ - & 3 & 9 & 2 & 4 \\ & {\scriptstyle 1} & {\scriptstyle 1} & & \\ \hline & 1 & 6 & 9 & 3 \end{array}$$

E:	sprich: 4 bis 7 = **3**	schreibe: 3
Z:	sprich: 2 bis **11** = **9**	schreibe: 9, 1 H (Übertrag)
H:	sprich: 1, 10 bis **16** = **6**	schreibe: 6, 1 T (Übertrag)
T:	sprich: 1, 4 bis 5 = **1**	schreibe: 1

Mehrere Zahlen werden schriftlich subtrahiert, indem man ihre Summe subtrahiert.

Beispiel 2

Wir berechnen $64\,138 - 45\,972 - 3861$ schriftlich:

Überschlagsrechnung: $64\,138 - 45\,972 - 3861$

$$\approx 64\,000 - 46\,000 - 4000 = 14\,000$$

$$\begin{array}{rccccc} & 6 & 4 & 1 & 3 & 8 \\ - & 4 & 5 & 9 & 7 & 2 \\ - & & 3 & 8 & 6 & 1 \\ & {\scriptstyle 1} & {\scriptstyle 2} & {\scriptstyle 1} & & \\ \hline & 1 & 4 & 3 & 0 & 5 \end{array}$$

E:	sprich: 1, 3 bis 8 = **5**	schreibe: 5
Z:	sprich: 6, 13 bis **13** = **0**	schreibe: 0, 1 H (Übertrag)
H:	sprich:1, 9, 18 bis **21** = **3**	schreibe: 3, 2 T (Übertrag)
T:	sprich: 2, 5, 10 bis **14** = **4**	schreibe: 4, 1 ZT (Übertrag)
ZT:	sprich: 1, 5 bis 6 = **1**	schreibe: 1

Nach der Überschlagsrechnung ist das Resultat 14 305 zumindest von der Größenordnung her richtig.

1.6 Multiplizieren

Deine Klasse legt am Wandertag in einer Stunde 3 km zurück.
Wie weit seid ihr in 4 Stunden gegangen?

Wir rechnen	$3+3+3+3=12$ oder				
schreiben kürzer	3	•	4	=	12
und lesen	drei	mal	vier	gleich	zwölf.

Ihr habt somit in 4 Stunden 12 km zurückgelegt.

Merke
Die Rechenart, bei der Zahlen durch ein „•" (**Malzeichen**, **Malpunkt**) verknüpft werden, heißt **Multiplikation**[1]. Die Zahlen, die durch das Malzeichen miteinander verknüpft werden (die **multipliziert** werden), heißen **Faktoren**[2]. Der Wert des Rechenausdrucks heißt **Produkt**[3] der beiden Zahlen.
Kurz: 1. Faktor • 2. Faktor = Produkt.
Die Multiplikation ist die abgekürzte Addition gleicher Summanden.

1. Faktor → 3, 2. Faktor → 4

$$3 \cdot 4 = 12$$

Produkt ($3 \cdot 4$) Produkt von 3 und 4 (12)

Wir multiplizieren nun die Zahl 7 nacheinander mit den Zahlen 1, 2, 3, 4, ...:
$1 \cdot 7 = 7$, $2 \cdot 7 = 14$, $3 \cdot 7 = 21$, $4 \cdot 7 = 28$, $5 \cdot 7 = 35$, $6 \cdot 7 = 42$ usw.
Die Zahlen, die wir erhalten, sind die **Vielfachen** der Zahl 7.

Merke
Multipliziert man eine Zahl mit einer beliebigen Zahl, so erhält man ein **Vielfaches** dieser Zahl.

[1] multiplicare (lat.), vervielfachen
[2] factor (lat.), der Macher
[3] productum (lat.), das Hervorgebrachte

Beispiel 1

a) Die Zahl 32 ist Vielfaches von 4, denn $32 = 8 \cdot 4$.

b) Die Zahl 165 ist Vielfaches von 15, denn $165 = 11 \cdot 15$.

☞ Multipliziert man eine Zahl mit 0, so erhält man als Ergebnis ebenfalls 0.
Es gilt $5 \cdot 0 = 0$; $23 \cdot 0 = 0$; $0 \cdot 3 = 0$; $0 \cdot 0 = 0$.

Folgende Produkte kannst du leicht berechnen:
$34 \cdot 10 = 340$, $762 \cdot 100 = 76\,200$, $130 \cdot 1000 = 130\,000$.

Allgemein gilt folgende Regel:

Merke
Eine Zahl wird mit 10 (100, 1000, ...) multipliziert, indem man an die Zahl eine (zwei, drei, ...) Nullen anhängt.

Berechne Produkte mit mehr als zwei Faktoren schrittweise von links nach rechts.

Beispiel 2

a) $2 \cdot 4 \cdot 6 = 8 \cdot 6 = 48$.

b) $5 \cdot 14 \cdot 20 \cdot 100 = 70 \cdot 20 \cdot 100 = 1400 \cdot 100 = 140\,000$.

Zum Schluss betrachten wir noch folgenden Rechenausdruck: $7 + 3 \cdot 4 = ?$
Wie wird er berechnet?
Um Missverständnisse zu vermeiden, hat man vereinbart:

Prioritätsregel[1]
In einem Rechenausdruck ohne Klammern hat die Multiplikation Vorrang vor der Addition und vor der Subtraktion.
Kurz: **Punktrechnung** geht vor **Strichrechnung**[2].

Also ist richtig: $7 + 3 \cdot 4 = 7 + (3 \cdot 4) = 7 + 12 = 19$

Beispiel 3

a) $62 - 7 \cdot 8 = 62 - 56 = 6$

b) $46 + 4 \cdot 13 - 75 = 46 + 52 - 75 = 98 - 75 = 23$

---

[1] prior (lat.), der Erste, der Vorderste

[2] Strichrechenarten sind das Addieren (+) und das Subtrahieren (–), Punktrechenarten sind das Multiplizieren (·) und das Teilen bzw. Dividieren (:).

1.7 Dividieren

Vier Freunde haben einen Sack voll Kastanien gesammelt, die sie gerecht aufteilen wollen. Sie zählen 200 Kastanien. Wie viele Kastanien bekommt jeder?

Wir schreiben	200	:	4	=	50
und lesen	zweihundert	geteilt durch	vier	gleich	fünfzig.

Jedes Kind bekommt 50 Kastanien.

> **Merke**
>
> Die Rechenart, bei der Zahlen durch ein „ : " (**Divisionszeichen**) verknüpft werden, heißt **Division**[1]. Von den beiden Zahlen, die durch das Divisionszeichen miteinander verknüpft werden (die **dividiert** werden), heißt die erste der **Dividend**[2] und die zweite der **Divisor**[3]. Der Wert des Rechenausdrucks heißt **Quotient**[4] der beiden Zahlen.
>
> Kurz: Dividend : Divisor = Quotient.

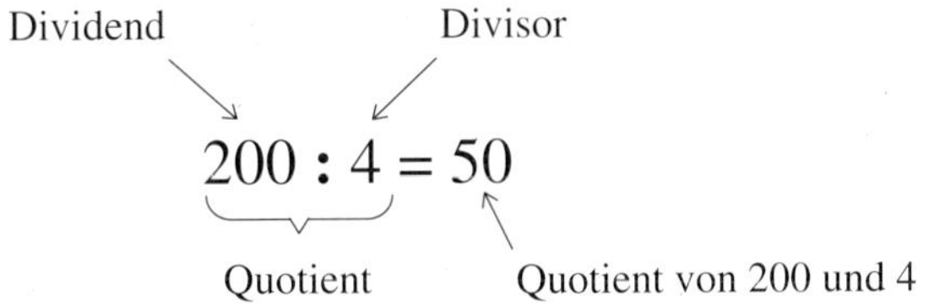

Vergleiche die folgenden Rechnungen und ihre Veranschaulichung:

$3 \cdot \mathbf{6} = 18$ und $18 : \mathbf{6} = 3$.

Du stellst fest:
Multiplizierst du die Zahl 3 mit der Zahl 6 und dividierst wieder durch 6, so erhältst du wieder die Zahl 3 (Bild 1.7).

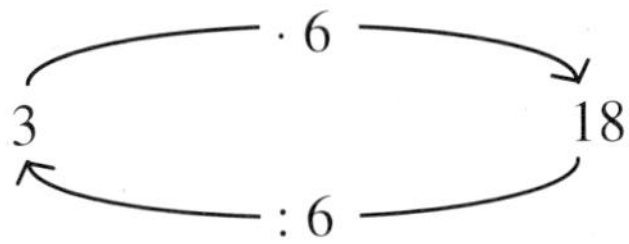

Bild 1.7

$28 : \mathbf{7} = 4$ und $4 \cdot \mathbf{7} = 28$.

Du stellst fest:
Dividierst du die Zahl 28 durch die Zahl 7 und multiplizierst wieder mit 7, so erhältst du wieder die Zahl 28 (Bild 1.8).

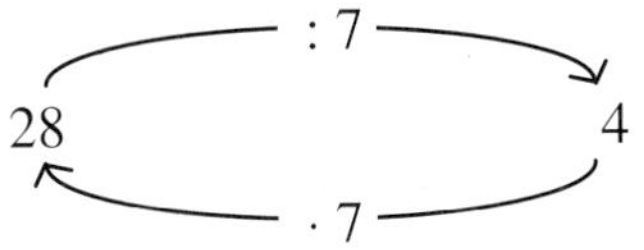

Bild 1.8

---

[1] dividere (lat.), teilen

[2] dividendus numerus (lat.), die zu teilende Zahl

[3] divisor (lat.), Teiler

[4] quotiens (lat.), wie oft

Merke
Die Division durch eine Zahl macht die Multiplikation mit dieser Zahl rückgängig. Die Division ist die Umkehrung der Multiplikation.
Die Multiplikation mit einer Zahl macht die Division durch diese Zahl rückgängig. Die Multiplikation ist die Umkehrung der Division.
Multiplikation und Division sind entgegengesetzte Rechenarten.

☞ Dividiert man die Zahl 0 durch eine beliebige Zahl ungleich 0, so erhält man als Ergebnis ebenfalls 0.
Es gilt $0:5=0$; $0:23=0$; $0:3=0$; $0:1=0$.

Warum ergeben Ausdrücke der Art $5:0$, $4:0$, ..., $0:0$ keinen Sinn?

Betrachten wir zuerst den Ausdruck $5:0$. Da die Zahl 5 kein Vielfaches der Zahl 0 ist, gibt es keine Zahl, die mit 0 multipliziert, 5 ergibt. Dem Ausdruck $5:0$ kann also kein Wert zugeordnet werden (Bild 1.9).

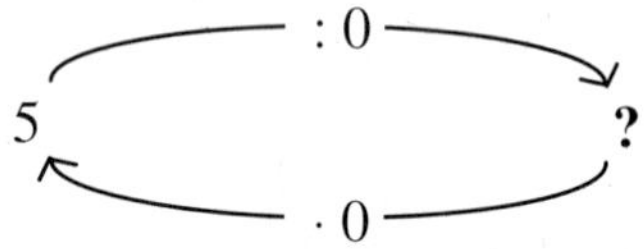

Bild 1.9

Ebenso gilt: Da die Zahl 4 kein Vielfaches der Zahl 0 ist, gibt es keine Zahl, die mit 0 multipliziert, 4 ergibt. Dem Ausdruck $4:0$ kann also ebenfalls kein Wert zugeordnet werden usw.

Betrachten wir noch den Ausdruck $0:0$.

Da jede Zahl mit 0 multipliziert 0 ergibt, gibt es nicht **genau eine** Zahl, die mit 0 multipliziert 0 ergibt. Der Ausdruck $0:0$ ist damit auch sinnlos (Bild 1.10).

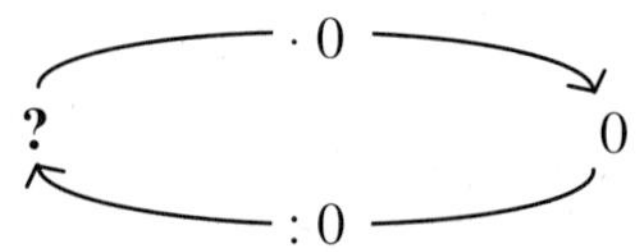

Bild 1.10

Merke
Durch die Zahl 0 dürfen wir nicht dividieren.

Mithilfe der Division lässt sich auch die Frage nach dem **Enthaltensein** beantworten.

Beispiel 1
Wir wollen herausfinden, wie oft die Zahl 6 in der Zahl 78 enthalten ist.
Dazu rechnen wir: $78:6=13$.
Die Zahl 6 ist also 13-mal in der Zahl 78 enthalten.

Folgende Quotienten kannst du leicht berechnen:

$340:10=34$, $76\,200:100=762$, $130\,000:1000=130$ (vergleiche mit den entsprechenden Multiplikationsaufgaben von Abschnitt 1.6).

Allgemein gilt folgende Regel:

Merke
Eine Zahl wird durch 10 (100, 1000, …) dividiert, indem man von der Zahl eine (zwei, drei, …) Nullen abstreicht, falls dies möglich ist.

Tobias und Lucas haben 140 Streichhölzchen. Sie bilden, solange das geht, Bündel von je 12 Hölzchen.

Rechne nach: $140:12=11$ Rest 8.

Probe: $11\cdot 12+8=132+8=140$.

Sie erhalten 11 Bündel und 8 Hölzchen bleiben übrig.

Wenn bei einem Quotient der Dividend **kein** Vielfaches des Divisors ist, erhalten wir als Ergebnis keine natürliche Zahl. Die Division **geht nicht auf** und es verbleibt ein **Rest**.

Beispiel 2

a) $41:5=8$ Rest 1; also gilt $41=5\cdot 8+1$.

b) $86:11=7$ Rest 9; also gilt $86=11\cdot 7+9$.

c) $317:25=12$ Rest 17; also gilt $317=25\cdot 12+17$.

Beachte, dass der Rest bei einer Division stets kleiner als der Divisor ist.

Beachte auch bei der Division die schon bekannten Regeln:

Merke
(1) Rechne bei Punktrechnung schrittweise von links nach rechts.
(2) Punktrechnung geht vor Strichrechnung.

Beispiel 3

zu (1): $12\cdot 6:8=72:8=9$

zu (2): $35+15:5=35+3=38$

1.8 Schriftliches Multiplizieren und Dividieren

1.8.1 Schriftliches Multiplizieren

Du hast in der Grundschule schon mehrstellige Zahlen schriftlich multipliziert. Dabei wird die Zerlegung des zweiten Faktors in Einer, Zehner, Hunderter usw. zur Berechnung von Teilprodukten ausgenutzt.
Die Multiplikation beginnt mit der höchsten Stelle des zweiten Faktors. Die Teilprodukte werden ihrem Stellenwert entsprechend unter den zweiten Faktor geschrieben und anschließend addiert.

Beispiel 1

Wir berechnen den Wert des Produktes $457 \cdot 624$ schriftlich.
Dazu verwenden wir $457 \cdot 624 = 457 \cdot (600 + 20 + 4)$.

$$\begin{array}{rl}
457 \cdot 624 & \\ \hline
2742\underline{0}\,\underline{0} & \longleftarrow 457 \cdot 600 \\
914\underline{0} & \longleftarrow 457 \cdot 20 \\
1828 & \longleftarrow 457 \cdot 4 \\
{\scriptstyle 1\,1} & \\ \hline
285168 &
\end{array}$$

Die unterstrichenen Nullen brauchst du nicht unbedingt hinzuschreiben, die Positionen der anderen Ziffern bleiben aber unverändert.

☞ Tipp: Wähle beim schriftlichen Multiplizieren als zweiten Faktor die Zahl, die weniger Stellen hat oder die, in der gleiche Ziffern vorkommen.

Bei Produkten mit großen Faktoren kannst du, bevor du schriftlich rechnest, zuerst eine Überschlagsrechnung machen.

Beispiel 2

Wir berechnen den Wert des Produktes $1384 \cdot 529$ schriftlich:
Überschlagsrechnung: $1384 \cdot 529 \approx 1400 \cdot 500 = 700000$

$$\begin{array}{r}
1384 \cdot 529 \\ \hline
6920 \\
2768 \\
12456 \\
{\scriptstyle 1\,1\,1\,1} \\ \hline
732136
\end{array}$$

$1384 \cdot 529$ ist ungefähr $1400 \cdot 500 = 700000$; also ist das Resultat $732\,136$ zumindest von der Größenordnung her richtig.

1.8.2 Schriftliches Dividieren

Du hast in der Grundschule schon schriftlich dividiert. Beim schriftlichen Dividieren erhält man das Ergebnis durch wiederholtes Anwenden der Division mit Rest.

Bevor du schriftlich rechnest, kannst du zuerst eine Überschlagsrechnung machen. Passe dazu Dividend und/oder Divisor so geschickt an, dass du leicht im Kopf rechnen kannst.

Glaubst du nun, dass 8 durch 2 gleich 3 ist?

Beispiel

Wir berechnen den Wert des Quotienten $8526:14$ schriftlich:

Überschlagsrechnung: $8526:14 \approx 8400:14 = 600$

$$
\begin{array}{rcccl}
 & 8 & 5 & 2 & 6 \; : 14 = 609 \\
- & 8 & 4 & & \\
\hline
 & & 1 & 2 & \\
- & & & 0 & \\
\hline
 & & 1 & 2 & 6 \\
- & & 1 & 2 & 6 \\
\hline
 & & & & 0
\end{array}
$$

$8526:14$ ist ungefähr $8400:14 = 600$; also ist das Resultat 609 zumindest von der Größenordnung her richtig.

Zur Geschichte der Zahlzeichen

Unsere heutigen Ziffern[1] sind aus der alten indischen Kultur hervorgegangen und wurden im 12. Jahrhundert von den Arabern nach Europa gebracht. Sie heißen daher auch „arabische Ziffern“ oder „indisch-arabische Ziffern“.

Wie du sicherlich weißt, benutzten die Römer ganz andere Zahlzeichen.

Die römischen Zahlzeichen

I	V	X	L	C	D	M
1	5	10	50	100	500	1000

Aber auch die alten Ägypter hatten eigene Zahlzeichen.

Altägyptische Zahlzeichen (3000 bis 1000 v. Chr.)

1	10	100	1000	10 000
Strich	Hufeisen 10 Nägel	Bandmaß 10 Ellen	Lotusblume	abgewinkelter Finger

Seinen Namen kennt jeder. Seit 400 Jahren wird er beschworen, wenn es darum geht zu bekräftigen, dass eine Rechnung richtig ist. „Das macht nach Adam Riese …“, heißt es dann immer. Der berühmte Rechenmeister **Adam Ries** (1492 bis 1558), der in Annaberg in Sachsen lebte, hat durch sein Rechenbuch von 1550 viel zur Verbreitung der indisch-arabischen Ziffern beigetragen. Adam Ries wird häufig der größte deutsche Rechenmeister genannt; ohne Zweifel ist sein Name am bekanntesten. Viele kennen ihn unter dem Namen Adam Riese, aber die Wissenschaftler sind von der Schreibweise „Ries“ überzeugt.

Durch die Nutzung der deutschen Sprache (Wissenschaftler schrieben bisher ihre Bücher in Latein) erreichte Ries einen größeren Teil der Bevölkerung. Die geschickte Vorgehensweise in seinem zweiten Rechenbuch, einem „Bestseller“ – 42 Auflagen zu Lebzeiten, über 100 in der Zeit bis zum 100. Geburtstag – führte zur massenhaften Verbreitung der neuen (heutigen) Zahlenschreibweise und den neuen Rechenmethoden. Mit seinen Rechenbüchern verhalf Ries dem heutigen praktischen Rechnen maßgeblich zum Siegeszug. Die Aufgaben entnahm der Rechenmeister dem Leben der Handwerker und Händler, die die neuen Rechenmethoden brauchten.

Weitere Informationen und Hinweise zu Adam Ries findest du im Internet.
Gib in eine Suchmaschine „Adam Ries“ ein und du wirst über die Anzahl der Suchergebnisse erstaunt sein.

[1] sifr (arab.) die Leere (ursprüngliche Bezeichnung für 0, später für alle Zahlzeichen)

1.9 Potenzen

Falte ein Blatt Papier fünfmal nacheinander in der Mitte. Wie viele Lagen hat das fünfmal gefaltete Papier?

Bei	1	Faltung hat man	2	Lagen.
Bei	2	Faltungen hat man	$2 \cdot 2 = 4$	Lagen.
Bei	3	Faltungen hat man	$2 \cdot 2 \cdot 2 = 8$	Lagen.
Bei	4	Faltungen hat man	$2 \cdot 2 \cdot 2 \cdot 2 = 16$	Lagen.
Bei	5	Faltungen hat man	$2 \cdot 2 \cdot 2 \cdot 2 \cdot 2 = 32$	Lagen.

Kannst du dir vorstellen, wie viele Lagen es bei 8 Faltungen wären? Sicher. Wir führen eine Abkürzung ein.

Bezeichnung
Für das Produkt $2 \cdot 2 \cdot 2 \cdot 2 \cdot 2$ schreiben wir kurz $\mathbf{2^5}$ (lies: zwei **hoch** fünf). Das Zeichen 2^5 heißt **Potenz**[1]. Die Zahl 2 heißt **Grundzahl** oder **Basis**[2] und die Zahl 5 **Hochzahl** oder **Exponent**[3] der Potenz. Die Zahl 32 heißt der **Potenzwert** von 2^5. Zu 2^5 sagt man auch „fünfte Potenz von zwei“.

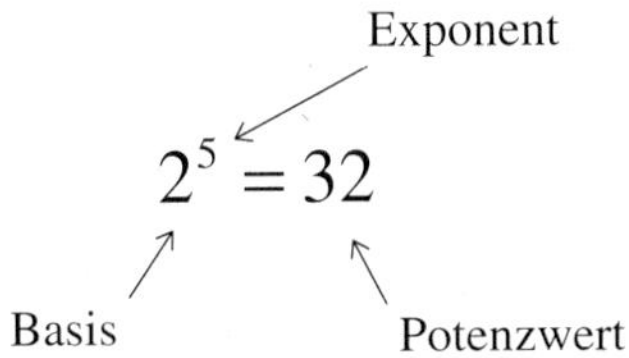

Beispiel 1

a) Wir berechnen die Werte von Potenzen.
$2^8 = 2 \cdot 2 \cdot 2 \cdot 2 \cdot 2 \cdot 2 \cdot 2 \cdot 2 = 256$; $3^4 = 3 \cdot 3 \cdot 3 \cdot 3 = 81$; $8^1 = 8$;
$0^2 = 0 \cdot 0 = 0$.

b) Wir schreiben folgende Ausdrücke als Potenzen und berechnen ihren Wert.
3 Faktoren 4 $= 4 \cdot 4 \cdot 4 = 4^3 = 64$;
die vierte Potenz von 1 $= 1^4 = 1 \cdot 1 \cdot 1 \cdot 1 = 1$;
das **Quadrat** von 7 $= 7^2 = 7 \cdot 7 = 49$.

---

[1] Potentia (lat.), Fähigkeit, Macht
[2] Basis (gr.), Grundlage
[3] exponere (lat.), herausstellen

Die Potenzen mit den Exponenten 2 und 3 spielen eine besondere Rolle.

Bezeichnung
Potenzen mit dem Exponenten 2 heißen **Quadrate**[1], ihre Potenzwerte heißen **Quadratzahlen**.

In der folgenden Tabelle sind die Quadratzahlen bis 20^2 aufgelistet:

1^2	=	1	6^2	=	36	11^2	=	121	16^2	=	256
2^2	=	4	7^2	=	49	12^2	=	144	17^2	=	289
3^2	=	9	8^2	=	64	13^2	=	169	18^2	=	324
4^2	=	16	9^2	=	81	14^2	=	196	19^2	=	361
5^2	=	25	10^2	=	100	15^2	=	225	20^2	=	400

Bezeichnung
Die Werte der Potenzen mit dem Exponenten 3 heißen **Kubikzahlen**[2].

Die folgende Tabelle enthält wichtige Kubikzahlen:

1^3	=	1	4^3	=	64	7^3	=	343	10^3	=	1000
2^3	=	8	5^3	=	125	8^3	=	512	20^3	=	8000
3^3	=	27	6^3	=	216	9^3	=	729	30^3	=	27 000

Bezeichnung
Ein Produkt aus gleichen Faktoren 2 heißt **Zweierpotenz**, jedes Produkt aus gleichen Faktoren 3 heißt **Dreierpotenz** usw.

In der folgenden Tabelle sind Potenzwerte von Zweierpotenzen aufgelistet.

2^1	=	2	2^4	=	16	2^7	=	128	2^{10}	=	1024
2^2	=	4	2^5	=	32	2^8	=	256	2^{11}	=	2048
2^3	=	8	2^6	=	64	2^9	=	512	2^{12}	=	4096

[1] quadrum (lat.), Viereck
[2] cubus (lat.), Würfel

Die **Zehnerpotenzen** haben eine besondere Bedeutung bei unserer Zahldarstellung. Ihre Potenzwerte können leicht angegeben werden:

$$\begin{aligned}
10^1 &= 10 &&= 10\\
10^2 &= 10\cdot 10 &&= 100\\
10^3 &= 10\cdot 10\cdot 10 &&= 1000\\
10^4 &= 10\cdot 10\cdot 10\cdot 10 &&= 10\,000\\
\vdots\;\; & \;\;\vdots \qquad\quad \vdots && \vdots \quad \vdots\\
10^k &= \underbrace{10\cdot 10\cdot 10\cdot\ldots\cdot 10}_{k \text{ Faktoren } 10} &&= \underbrace{1000\ldots 0}_{k \text{ Nullen}}
\end{aligned}$$

Die Namen der wichtigsten Zehnerpotenzen sind dir schon bekannt:

10^1 = zehn	$10^6 = 1$ Million	$10^{11} = 100$ Milliarden
10^2 = hundert	$10^7 = 10$ Millionen	$10^{12} = 1$ Billion
10^3 = tausend	$10^8 = 100$ Millionen	$10^{13} = 10$ Billionen
10^4 = zehntausend	$10^9 = 1$ Milliarde	$10^{14} = 100$ Billionen
10^5 = hunderttausend	$10^{10} = 10$ Milliarden	$10^{15} = 1$ Billiarde

---

Wir wollen jetzt noch den Potenzbegriff auf den Exponenten 0 erweitern.

Frage: Was bedeutet 2^0?

Dazu gehen wir zu unserem Eingangsbeispiel zurück und schreiben die Tabelle noch einmal hin, aber diesmal umgekehrt.

Bei	5	Faltungen hat man	$2^5 = 32$		Lagen.
				$:2$	
Bei	4	Faltungen hat man	$2^4 = 16$		Lagen.
				$:2$	
Bei	3	Faltungen hat man	$2^3 = 8$		Lagen.
				$:2$	
Bei	2	Faltungen hat man	$2^2 = 4$		Lagen.
				$:2$	
Bei	1	Faltung hat man	$2^1 = 2$		Lagen.
				$:2$	
Bei	0	Faltungen hat man	$2^0 = 1$		Lage.

Es ist daher sinnvoll festzulegen: $\mathbf{2^0} = 1$.

Ebenso wird festgelegt: $1^0 = 1$, $3^0 = 1$, $4^0 = 1$ usw.

Beachte: Das Zeichen 0^0 hat keinen Wert.

Jetzt wollen wir noch einige Zahlenrätsel lösen, in denen Potenzen vorkommen.

Beispiel 2

a) Wir suchen die Hochzahl, damit $2^{?} = 16$ eine wahre Aussage ergibt, d.h. richtig ist.

Du siehst sofort, statt des Fragezeichens musst du die Zahl 4 einsetzen, denn $2^4 = 16$ ist richtig.

Statt des Fragezeichens schreibt man in der Mathematik aber einen Buchstaben, z.B. x oder y. Diese Buchstaben sind **Platzhalter** für Zahlen.

Unser Rätsel sieht dann so aus: $2^x = 16$.

Es gilt $x = \mathbf{4}$, denn $2^4 = 16$ ist richtig.

b) Gegeben ist das Zahlenrätsel $y^4 = 81$.

Wir suchen also die Grundzahl, die für den Platzhalter y eingesetzt werden muss, damit eine wahre Aussage entsteht.

Es gilt $y = \mathbf{3}$, denn $\mathbf{3}^4 = 81$ ist richtig.

Am Ende dieses Abschnitts wollen wir noch Rechenausdrücke berechnen, in denen Potenzen vorkommen. Man hat vereinbart, dass Potenzen zuerst berechnet werden, dann multipliziert oder dividiert wird und zum Schluss addiert oder subtrahiert wird.

Beispiel 3

a) $2^4 + 3^3 = 16 + 27 = 43$.

b) $4 \cdot 5^3 = 4 \cdot 125 = 500$.

c) $2 \cdot 3^4 + 5 \cdot 4^3 - 4 \cdot 5^2 = 2 \cdot 81 + 5 \cdot 64 - 4 \cdot 25 = 162 + 320 - 100$
$= 482 - 100 = 382$.

Zusammengefasst gilt:

Merke
Potenzrechnung geht vor Punktrechnung, Punktrechnung geht vor Strichrechnung.

1.10 Das Dezimalsystem (Zehnersystem) und Zahldarstellungen

Die Anzahl der natürlichen Zahlen kannst du nicht angeben, denn es gibt unendlich viele. Es ist unmöglich, jeder Zahl ein neues Zahlwort und ein neues Zahlzeichen zu geben. Daher stellt man die natürlichen Zahlen mithilfe einer kleinen Anzahl von Grundzeichen und ihre Zahlwörter mithilfe einer kleinen Anzahl von Grundwörtern unter Beachtung bestimmter Regeln dar. Die bekanntesten Schriftzeichen sind die arabischen Ziffern und die römischen Zahlzeichen, die heute noch auf Ziffernblättern vorkommen und auch z.B. zum Nummerieren benutzt werden.

Um **Zahlen** darzustellen, verwenden wir die zehn **Ziffern**: **1**, **2**, **3**, **4**, **5**, **6**, **7**, **8**, **9** und **0**.

Beispiel 1

a) Die Zahl *achtundvierzigtausendfünfhundertacht* = 48 508 ist mithilfe der Ziffern 4, 5, 8 und 0 geschrieben.

b) Die Zahl *dreiundzwanzig Millionen fünfhundertsiebenundsechzigtausendundelf* = 23 567 011 ist mithilfe der Ziffern 1, 2, 3, 5, 6, 7 und 0 geschrieben.

Wenn wir eine Zahl mithilfe von Ziffern aufschreiben, hängt die Bedeutung einer Ziffer von der **Stelle** ab, an der sie steht. Wir benutzen also zur Zahldarstellung eine **Stellenschreibweise**, ein so genanntes **Stellenwertsystem**.
Überlegen wir uns, was die Ziffernfolge 457 eigentlich bedeutet. Sie ist nur eine Kurzschreibweise für die Summe $4\ \mathit{Hunderter} + 5\ \mathit{Zehner} + 7\ \mathit{Einer}$.

Wir zählen jedes Mal (auch wenn wir es nicht mehr beachten) die Stellen und ordnen diesen einen Wert zu. Dann bilden wir das Produkt aus Ziffer und Stellenwert und summieren.

Beispiel 2

a) $$\begin{aligned} 457 &= 4\ \mathit{Hunderter} + 5\ \mathit{Zehner} + 7\ \mathit{Einer} \\ &= 4 \cdot 100 + 5 \cdot 10 + 7 \cdot 1 \\ &= 4 \cdot 10^2 + 5 \cdot 10^1 + 7 \cdot 10^0 . \end{aligned}$$

Sprich: vierhundertsiebenundfünfzig.

Eine Summe wie $4 \cdot 10^2 + 5 \cdot 10^1 + 7 \cdot 10^0$ nennt man **Zehnerpotenzsumme**, weil sie aus Zehnerpotenzen besteht.

b) $$\begin{aligned} 6902 &= 6\ \mathit{Tausender} + 9\ \mathit{Hunderter} + 0\ \mathit{Zehner} + 2\ \mathit{Einer} \\ &= 6 \cdot 1000 + 9 \cdot 100 + 0 \cdot 10 + 2 \cdot 1 \\ &= 6 \cdot 10^3 + 9 \cdot 10^2 + 0 \cdot 10^1 + 2 \cdot 10^0 . \end{aligned}$$

Sprich: sechstausendneunhundertundzwei.

Merke
Unsere Zahldarstellung ist die Kurzschreibweise einer Zehnerpotenzsumme. Die **Stellenwerte** sind Potenzen von 10, daher heißt diese Form der Zahldarstellung auch **Zehnersystem** oder **Dezimalsystem**[1]. Die Zahl 10 nennt man **Basis**, die Zehnerpotenzwerte heißen **Stufenzahlen** des Systems.

Die Bildung der **Zahlwörter** folgt der Stellenschreibweise. Beachte dabei, dass in der deutschen Sprache die **Einer vor den Zehnern** gelesen, Zahlen unter einer Million klein und in einem Wort und Zahlen über einer Million getrennt geschrieben werden.

Eine Übersicht über die ersten 15 Stellen des Dezimalsystems gibt die folgende **Stellenwerttafel**:

Gruppe	…	Billionen			Milliarden			Millionen			Tausender					
Zeichen	…	HB	ZB	B	HMd	ZMd	Md	HM	ZM	M	HT	ZT	T	H	Z	E
Stelle	…	15.	14.	13.	12.	11.	10.	9.	8.	7.	6.	5.	4.	3.	2.	1.
Stellenwert	…	10^{14}	10^{13}	10^{12}	10^{11}	10^{10}	10^{9}	10^{8}	10^{7}	10^{6}	10^{5}	10^{4}	10^{3}	10^{2}	10^{1}	10^{0}
Beispiel 3a											3	5	1	8	2	9
Beispiel 3b										7	0	9	7	5	0	2

Beispiel 3

a) $351\,829 = 3\cdot \mathrm{HT} + 5\cdot \mathrm{ZT} + 1\cdot \mathrm{T} + 8\cdot \mathrm{H} + 2\cdot \mathrm{Z} + 9\cdot \mathrm{E}$

$= 3\cdot 10^5 + 5\cdot 10^4 + 1\cdot 10^3 + 8\cdot 10^2 + 2\cdot 10^1 + 9\cdot 10^0$.

Sprich: dreihunderteinundfünfzigtausendachthundertneunundzwanzig.

b) $7\,097\,502 = 7\cdot \mathrm{M} + 0\cdot \mathrm{HT} + 9\cdot \mathrm{ZT} + 7\cdot \mathrm{T} + 5\cdot \mathrm{H} + 0\cdot \mathrm{Z} + 2\cdot \mathrm{E}$

$= 7\cdot 10^6 + 0\cdot 10^5 + 9\cdot 10^4 + 7\cdot 10^3 + 5\cdot 10^2 + 0\cdot 10^1 + 2\cdot 10^0$.

Sprich: sieben Millionen siebenundneunzigtausendfünfhundertzwei.

[1] decem (lat), zehn

Merke

(1) Jede natürliche Zahl kann im Zehnersystem durch die Stellenschreibweise mithilfe von nur zehn Ziffern dargestellt werden.

(2) Bis zu einer bestimmten Größe kann jede natürliche Zahl entsprechend der Stellenschreibweise mithilfe weniger Worte für die Grundzahlen gelesen werden.

Dass man jede Zahl auf einfache Weise allein mithilfe von 10 verschiedenen Ziffern schreiben kann, ist für uns heute ganz selbstverständlich. Doch war dies erst möglich, als die Ziffern und das Zehnersystem mit seiner Stellenschreibweise von den **Indern** erfunden waren. Insbesondere kamen sie auf den Gedanken, auch dort ein Zeichen zu setzen, wo eine Stelle unbesetzt war. Sie erfanden die **Null**[1] und machten es dadurch möglich, bei jeder Ziffer sofort zu erkennen, zu welchem Stellenwert sie gehört.

Die schriftlichen Rechenverfahren, die du schon kennst, beruhen wesentlich auf dieser Schreibweise der Zahlen mithilfe des Zehnersystems. Darin liegt die überragende Bedeutung dieser Schreibweise begründet.

Sehr große Zahlen, so genannte **Zahlenriesen**, schreiben wir kürzer mithilfe von Zehnerpotenzen.

Beispiel 4

a) $520\,000\,000 = 52 \cdot 10\,000\,000 = 52 \cdot 10^7$.

b) $78\,900\,000\,000\,000 = 789 \cdot 100\,000\,000\,000 = 789 \cdot 10^{11}$.

c) $14\,000\,000\,000\,000\,000 = 14 \cdot 10^{15} = 14$ Billiarden.

Zur besseren Übersicht werden allgemein Zahlen, die mehr als 3 Stellen umfassen, in Dreiergruppen geschrieben. Jeweils drei Ziffern bilden eine Gruppe. Die Zahl 4 315 798 besteht aus drei Gruppen. Die erste Gruppe umfasst die Einer, Zehner und Hunderter, die zweite umfasst die Tausender, Zehntausender und Hunderttausender, die dritte besteht hier nur aus einer Millionenstelle. Bei vierstelligen Zahlen kann auf die Schreibweise in Dreiergruppen verzichtet werden: 5 716 oder 5716.
Im Wirtschafts- und Finanzbereich werden zwischen die Dreiergruppen oft Punkte geschrieben. Dies ist in der Mathematik aber nicht üblich.

Es stellt sich jetzt die Frage, ob es auch andere Stellenwertsysteme als das Dezimalsystem gibt. Dazu machen wir zuerst einen Ausflug ins Dinoland.

---

[1] nulla (lat.) keine, sifr (arab.) Ziffer

1.11 Andere Stellenwertsysteme (fakultativ)

1.11.1 Das Fünfersystem

Im Dinoland

Alle reden von den Dinos. Doch kaum jemand weiß, dass die Dinos auch rechnen konnten. Sie benutzten jedoch nicht wie wir Menschen das Dezimalsystem, sondern sie rechneten in einem eigenen Dinosystem. Was das nun ist und wie das funktioniert, siehst du aber später.

Zuerst schauen wir uns mal Papa Styracasaurus, Rufname „Spike", an. Ist er nicht prächtig? Er

war der Vater von den beiden Protoceratops-Zwillingen Proci und Proto.

Diese gingen wie die Menschenkinder in die Schule, und zwar auf das Ankylosaurus-Gymnasium mitten im Dinoland.

Mama Scelidosaurus, Rufname „Sceli", war die Mutter der beiden Zwillinge. Sie verwaltete das Geld der Familie.

Es gab im Dinoland drei Sorten von Münzen: **Fels**, **Brocken** und **Kies**. Ein Fels war so viel Wert wie 5 Brocken, ein Brocken so viel wie 5 Kies.

Natürlich war da auch noch eine Lehrerin auf dem Ankylosaurus-Gymnasium. Das war das Fräulein Antarctosaurus, Rufname „Anta". Sie war sehr streng und gab den Dinokindern immer viele Hausaufgaben auf.
Proci und Proto saßen dann in ihrer Höhle und schwitzten und stöhnten. Sie hätten viel lieber draußen gespielt. Gab es doch im Dinoland so viel zu entdecken. Aber alles Jammern half nichts. Die Pflicht rief.

Aufgabe 1: Wie viel Kies ist ein Fels?

Aufgabe 2: Wie viel Kies sind 2 Fels 3 Brocken 1 Kies?

Aufgabe 3: Wechsele jeweils in möglichst große Münzen: 23 Kies, 48 Kies, 120 Kies, 26 Brocken und 33 Brocken.

Aufgabe 4: Proci erhält von Proto 4 Fels 2 Brocken. Proci gibt Proto dafür 105 Kies. Ist der Tausch fair?

Aufgabe 5: Welches Stellenwertsystem könnte im Dinoland leicht eingeführt werden?

Im Dinoland könnte zur Zahldarstellung leicht das **Fünfersystem** eingeführt werden. Für dieses System benötigt man die vier Ziffern 1, 2, 3, 4 und die Ziffer 0.

Wir zählen im Fünfersystem: 0_5, 1_5, 2_5, 3_5, 4_5, 10_5, 11_5, 12_5, 13_5, 14_5, 20_5, 21_5, 22_5, 23_5, … (10_5 wird „eins null“ gelesen, 11_5 wird „eins eins“ gelesen usw.). Seltsam! Oder? Eigentlich nicht! Denn da wir ja nur die Ziffern 0, 1, 2, 3 und 4 haben, muss die nächste Zahl nach der 4 schon zweistellig sein.

Zahldarstellungen im Fünfersystem versehen wir mit dem **Index**[1] **5** und unterscheiden sie dadurch von Zahldarstellungen in anderen Stellenwertsystemen. Zahldarstellungen im Zehnersystem schreiben wir ohne Index wie bisher.

Eine Übersicht über die ersten 7 Stellen des Fünfersystems gibt die folgende Stellenwerttafel:

Stelle	…	6.	5.	4.	3.	2.	1.
Stellenwert	…	5^5	5^4	5^3	5^2	5^1	5^0
Stufenzahl	…	3125	625	125	25	5	1

Mithilfe der Stellenwerttafel lassen sich Zahlzeichen des Fünfersystems leicht in Zahlzeichen des Zehnersystems übertragen.

Beispiel 1

Wir übertragen 3104_5 ins Zehnersystem.

Dazu schreiben wir 3104_5 stellengerecht in eine Stellenwerttafel des Fünfersystems:

Stelle	…	6.	5.	4.	3.	2.	1.
Stellenwert	…	5^5	5^4	5^3	5^2	5^1	5^0
Stufenzahl	…	3125	625	125	25	5	1
Zahl				3	1	0	4

Aus der Tafel lesen wir ab:

$$3104_5 = 3\cdot 5^3 + 1\cdot 5^2 + 0\cdot 5^1 + 4\cdot 5^0$$
$$= 3\cdot 125 + 1\cdot 25 + 0\cdot 5 + 4\cdot 1 = 375 + 25 + 4 = \mathbf{404}.$$

[1] index (lat.), Zeiger, Mehrzahl: Indizes oder Indices (neue Schreibweise).
In der Mathematik werden tiefgesetzte Buchstaben oder Zahlen als Indices benutzt, um gleichartige Objekte zu unterscheiden.

Beispiel 2

Wir übertragen 20341_5 ins Zehnersystem.

Dazu schreiben wir 20341_5 wieder stellengerecht in eine passende Stellenwerttafel des Fünfersystems:

Stelle	5.	4.	3.	2.	1.
Stellenwert	5^4	5^3	5^2	5^1	5^0
Stufenzahl	625	125	25	5	1
Zahl	2	0	3	4	1

Aus der Tafel lesen wir ab:

$$20341_5 = 2 \cdot 5^4 + 0 \cdot 5^3 + 3 \cdot 5^2 + 4 \cdot 5^1 + 1 \cdot 5^0$$
$$= 2 \cdot 625 + 0 \cdot 125 + 3 \cdot 25 + 4 \cdot 5 + 1 \cdot 1 = 1250 + 75 + 20 + 1 = \mathbf{1346}\,.$$

Nach einigem Üben können wir auf das Eintragen in eine Stellenwerttafel verzichten.

Beispiel 3

$$130000_5 = 1 \cdot 5^5 + 3 \cdot 5^4 + 0 \cdot 5^3 + 0 \cdot 5^2 + 0 \cdot 5^1 + 0 \cdot 5^0$$
$$= 1 \cdot 3125 + 3 \cdot 625 + 0 \cdot 125 + 0 \cdot 25 + 0 \cdot 5 + 0 \cdot 1 = 3125 + 1875 = \mathbf{5000}\,.$$

So wie in Beispiel 3 kann man jede beliebige Zahl des Fünfersystems in das Zehnersystem übertragen.

Merke

Die Zahldarstellung im **Fünfersystem** ist die Kurzschreibweise einer **Fünferpotenzsumme.**

Man benötigt dazu die fünf Ziffern **1**, **2**, **3, 4** und **0**.

Die Stellenwerte sind Potenzen von 5. Die Zahl 5 ist die Basis, die Fünferpotenzwerte sind die Stufenzahlen des Systems.

Damit man Zahldarstellungen im Fünfersystem schnell erkennen kann, schreiben wir sie immer mit dem **Index 5**.

Wie umgekehrt beliebige natürliche Zahlen im Fünfersystem dargestellt werden, zeigen die folgenden Beispiele.

Beispiel 4

Wir übertragen 79 ins Fünfersystem.

Zuerst muss 79 als Fünferpotenzsumme dargestellt werden.

Dazu prüfen wir, welches die größte Stufenzahl des Fünfersystems ist, die in 79 enthalten ist. Es ist die Stufenzahl $5^2 = 25$. Sie ist dreimal in 79 enthalten.

Also: $79 = 3 \cdot 25 + \underbrace{4}_{\text{Rest}} = 3 \cdot 5^2 + 4$.

Jetzt prüfen wir, wie oft die nächstkleinere Stufenzahl $5^1 = 5$ im Rest 4 enthalten ist. Sie ist nullmal enthalten.

Also: $4 = 0 \cdot 5 + \underbrace{4}_{\text{Rest}} = 0 \cdot 5^1 + 4$.

Jetzt prüfen wir wieder, wie oft die nächstkleinere Stufenzahl $5^0 = 1$ im Rest 4 enthalten ist. Sie ist viermal enthalten.

Also: $4 = 4 \cdot 1 + \underbrace{0}_{\text{Rest}} = 4 \cdot 5^0 + 0$.

Bei dem Rest 0 bricht das Verfahren ab.

Zusammengefasst ergibt sich:

$$79 = 3 \cdot 25 + 4 = 3 \cdot 25 + 0 \cdot 5 + 4 = 3 \cdot 25 + 0 \cdot 5 + 4 \cdot 1 = \mathbf{3} \cdot 5^2 + \mathbf{0} \cdot 5^1 + \mathbf{4} \cdot 5^0 = \mathbf{304}_5.$$

304_5 ist die Darstellung der natürlichen Zahl *neunundsiebzig* im Fünfersystem.

Auch dieses Verfahren kann, wenn man genügend Übung hat, abgekürzt werden.

Beispiel 5

Wir übertragen 266 ins Fünfersystem.

Die Zahl 266 muss zuerst als Fünferpotenzsumme dargestellt werden.

$$\begin{aligned} 266 &= 2 \cdot 125 + 16 \\ &= 2 \cdot 125 + 0 \cdot 25 + 16 \\ &= 2 \cdot 125 + 0 \cdot 25 + 3 \cdot 5 + 1 \\ &= 2 \cdot 125 + 0 \cdot 25 + 3 \cdot 5 + 1 \cdot 1 \\ &= \mathbf{2} \cdot 5^3 + \mathbf{0} \cdot 5^2 + \mathbf{3} \cdot 5^1 + \mathbf{1} \cdot 5^0 \\ &= \mathbf{2031}_5. \end{aligned}$$

2031_5 ist die Darstellung der natürlichen Zahl *zweihundertsechsundsechzig* im Fünfersystem.

Zum Schluss noch ein Rätsel.

In einem Dinorestaurant gibt es ein Sonderangebot. Kannst du es erklären?

1.11.2 Das Dualsystem (Zweiersystem)

Kann man auch mithilfe von nur zwei Grundzeichen (etwa den Ziffern 0 und 1) die natürlichen Zahlen darstellen? Man benötigt dazu ein neues Stellenwertsystem, das so genannte **Zweier**- oder **Dualsystem**[2].

Wir zählen einmal im Dualsystem:

0_2, 1_2, 10_2, 11_2, 100_2, 101_2, 110_2, 111_2, 1000_2, …

(10_2 wird „eins null" gelesen, 11_2 wird „eins eins" gelesen usw.)

Da wir ja nur die Ziffern 0 und 1 haben, muss die nächste Zahl nach der 1 schon zweistellig sein.

Zahldarstellungen im Dualsystem versehen wir mit dem **Index 2** und unterscheiden sie dadurch von Zahldarstellungen in anderen Stellenwertsystemen.

Eine Übersicht über die ersten 10 Stellen des Dualsystems gibt die folgende Stellenwerttafel:

Stelle	…	10.	9.	8.	7.	6.	5.	4.	3.	2.	1.
Stellenwert	…	2^9	2^8	2^7	2^6	2^5	2^4	2^3	2^2	2^1	2^0
Stufenzahl	…	512	256	128	64	32	16	8	4	2	1

Mithilfe der Stellenwerttafel lassen sich Zahlzeichen des Zweiersystems leicht in Zahlzeichen des Zehnersystems übertragen.

[2] duo (lat.), zwei

Beispiel 1

Wir übertragen 100101_2 ins Zehnersystem.

Dazu schreiben wir 100101_2 stellengerecht in eine Stellenwerttafel des Zweiersystems.

Stelle	…	10.	9.	8.	7.	6.	5.	4.	3.	2.	1.
Stellenwert	…	2^9	2^8	2^7	2^6	2^5	2^4	2^3	2^2	2^1	2^0
Stufenzahl	…	512	256	128	64	32	16	8	4	2	1
Zahl						1	0	0	1	0	1

Aus der Tafel lesen wir ab:

$$100101_2 = 1\cdot 2^5 + 0\cdot 2^4 + 0\cdot 2^3 + 1\cdot 2^2 + 0\cdot 2^1 + 1\cdot 2^0$$
$$= 32 + 4 + 1 = \mathbf{37}.$$

Beispiel 2

Wir übertragen 1011100_2 ins Zehnersystem.

Dazu schreiben wir 1011100_2 wieder stellengerecht in eine passende Stellenwerttafel des Zweiersystems.

Stelle	7.	6.	5.	4.	3.	2.	1.
Stellenwert	2^6	2^5	2^4	2^3	2^2	2^1	2^0
Stufenzahl	64	32	16	8	4	2	1
Zahl	1	0	1	1	1	0	0

Aus der Tafel lesen wir ab:

$$1011100_2 = 1\cdot 2^6 + 0\cdot 2^5 + 1\cdot 2^4 + 1\cdot 2^3 + 1\cdot 2^2 + 0\cdot 2^1 + 0\cdot 2^0$$
$$= 64 + 16 + 8 + 4 = \mathbf{92}.$$

Nach einigem Üben können wir auf das Eintragen in eine Stellenwerttafel verzichten.

Beispiel 3

a) $10101011_2 = 1\cdot 2^7 + 0\cdot 2^6 + 1\cdot 2^5 + 0\cdot 2^4 + 1\cdot 2^3 + 0\cdot 2^2 + 1\cdot 2^1 + 1\cdot 2^0$
$= 128 + 32 + 8 + 2 + 1 = \mathbf{171}.$

b) $110010000_2 = 1\cdot 2^8 + 1\cdot 2^7 + 0\cdot 2^6 + 0\cdot 2^5 + 1\cdot 2^4 + 0\cdot 2^3 + 0\cdot 2^2 + 0\cdot 2^1 + 0\cdot 2^0$
$= 256 + 128 + 16 = \mathbf{400}.$

So kann man jede beliebige Zahl des Dualsystems in das Zehnersystem übertragen.

Merke
Die Zahldarstellung im **Zweiersystem** ist die Kurzschreibweise einer **Zweierpotenzsumme**.
Man benötigt dazu nur die zwei Ziffern **1** und **0**.
Die Stellenwerte sind Potenzen von 2. Die Zahl 2 ist die Basis, die Zweierpotenzwerte sind die Stufenzahlen des Systems.
Damit man Zahldarstellungen im Zweiersystem schnell erkennen kann, schreiben wir sie immer mit dem **Index 2**.

Wie umgekehrt beliebige natürliche Zahlen im Zweiersystem dargestellt werden, zeigen die folgenden Beispiele.

Beispiel 4
Wir übertragen 23 ins Zweiersystem.
Zuerst muss 23 als Summe von Zweierpotenzen dargestellt werden.

$$\begin{aligned} 23 &= 1\cdot 16+7 \\ &= 1\cdot 16+0\cdot 8+7 \\ &= 1\cdot 16+0\cdot 8+1\cdot 4+3 \\ &= 1\cdot 16+0\cdot 8+1\cdot 4+1\cdot 2+1 \\ &= 1\cdot 16+0\cdot 8+1\cdot 4+1\cdot 2+1\cdot 1 \\ &= \mathbf{1}\cdot 2^4+\mathbf{0}\cdot 2^3+\mathbf{1}\cdot 2^2+\mathbf{1}\cdot 2^1+\mathbf{1}\cdot 2^0 \\ &= \mathbf{10111_2}. \end{aligned}$$

10111_2 ist die Darstellung der natürlichen Zahl *dreiundzwanzig* im Zweiersystem.

Beispiel 5
a) $99 = 64+35 = 64+32+3 = 64+32+2+1$
$= \mathbf{1}\cdot 2^6+\mathbf{1}\cdot 2^5+\mathbf{0}\cdot 2^4+\mathbf{0}\cdot 2^3+\mathbf{0}\cdot 2^2+\mathbf{1}\cdot 2^1+\mathbf{1}\cdot 2^0 = \mathbf{1100011_2}.$

b) $150 = 128+22 = 128+16+6 = 128+16+4+2$
$= \mathbf{1}\cdot 2^7+\mathbf{0}\cdot 2^6+\mathbf{0}\cdot 2^5+\mathbf{1}\cdot 2^4+\mathbf{0}\cdot 2^3+\mathbf{1}\cdot 2^2+\mathbf{1}\cdot 2^1+\mathbf{0}\cdot 2^0 = \mathbf{10010110_2}.$

Wir stellen uns jetzt die Frage, ob es außer dem Dezimalsystem, dem Fünfersystem und dem Dualsystem noch weitere Stellenwertsysteme gibt.

1.11.3 Das Zwölfersystem

Wie im Dinoland die Zahl Fünf als **Bündelungszahl** verwendet wird, so wird bei uns im täglichen Leben beispielsweise bei Knöpfen, Eiern und Tellern noch vielfach die Bündelungszahl **Zwölf** benutzt. Die Begriffe *Stück, Dutzend* (= 12 Stück) und *Gros* (= 12 Dutzend) aus dem kaufmännischen Bereich sind noch Reste des **Zwölfersystems**.

Für das Zwölfersystem benötigt man 12 Ziffern. Da wir vom Dezimalsystem nur 10 Ziffernzeichen übernehmen können, nehmen wir noch die ersten zwei Buchstaben des Alphabets dazu.

Ziffern im Zwölfersystem											
0	**1**	**2**	**3**	**4**	**5**	**6**	**7**	**8**	**9**	**A**	**B**
0	1	2	3	4	5	6	7	8	9	10	11
Wert im Zehnersystem											

Zahldarstellungen im Zwölfersystem versehen wir mit dem **Index 12**.

Eine Übersicht über die ersten 5 Stellen des Zwölfersystems gibt die folgende Stellenwerttafel:

Stelle	...	5.	4.	3.	2.	1.
Stellenwert	...	12^4	12^3	12^2	12^1	12^0
Stufenzahl	...	20736	1728	144	12	1

Mithilfe der Stellenwerttafel lassen sich Zahlzeichen im Zwölfersystem leicht ins Zehnersystem umwandeln.

Beispiel 1

Wir übertragen $1B4_{12}$ ins Zehnersystem.

Dazu schreiben wir $1B4_{12}$ stellengerecht in eine Stellenwerttafel des Zwölfersystems.

Stelle	...	5.	4.	3.	2.	1.
Stellenwert	...	12^4	12^3	12^2	12^1	12^0
Stufenzahl	...	20736	1728	144	12	1
Zahl				1	B	4

Aus der Tafel lesen wir ab:

$$1B4_{12} = 1\cdot 12^2 + 11\cdot 12^1 + 4\cdot 12^0$$
$$= 1\cdot 144 + 11\cdot 12 + 4\cdot 1 = 144 + 132 + 4 = \mathbf{280}.$$

Beispiel 2

Wir übertragen $207A_{12}$ ins Zehnersystem.

Dazu schreiben wir $207A_{12}$ wieder stellengerecht in eine passende Stellenwerttafel des Zwölfersystems.

Stelle	4.	3.	2.	1.
Stellenwert	12^3	12^2	12^1	12^0
Stufenzahl	1728	144	12	1
Zahl	2	0	7	A

Aus der Tafel lesen wir ab:

$$207A_{12} = 2 \cdot 12^3 + 0 \cdot 12^2 + 7 \cdot 12^1 + 10 \cdot 12^0$$
$$= 2 \cdot 1728 + 0 \cdot 144 + 7 \cdot 12 + 10 \cdot 1 = 3456 + 84 + 10 = \mathbf{3550}.$$

Merke

Die Zahldarstellung im **Zwölfersystem** ist die Kurzschreibweise einer **Zwölferpotenzsumme**.

Man benötigt dazu die zwölf Ziffern **1**, **2**, ..., **9**, **A**, **B** und **0**.

Die Stellenwerte sind Potenzen von 12. Die Zahl 12 ist die Basis, die Zwölferpotenzwerte sind die Stufenzahlen des Systems.

Zahldarstellungen im Zwölfersystem schreiben wir mit dem **Index 12**.

Wenn wir umgekehrt Zahlen ins Zwölfersystem übertragen wollen, müssen sie zuerst als Zwölferpotenzsumme dargestellt werden.

Beispiel 3

a) $106 = 96 + 10 = 8 \cdot 12 + 10 \cdot 1 = \mathbf{8} \cdot 12^1 + \mathbf{10} \cdot 12^0 = \mathbf{8A_{12}}$.

b) $275 = 144 + 131 = 144 + 120 + 11 = 1 \cdot 144 + 10 \cdot 12 + 11 \cdot 1$
$= \mathbf{1} \cdot 12^2 + \mathbf{10} \cdot 12^1 + \mathbf{11} \cdot 12^0 = \mathbf{1AB_{12}}$.

c) $360 = 288 + 72 = 2 \cdot 144 + 6 \cdot 12 = \mathbf{2} \cdot 12^2 + \mathbf{6} \cdot 12^1 + \mathbf{0} \cdot 12^0 = \mathbf{260_{12}}$.

1.11.4 Das Hexadezimalsystem (Sechzehnersystem)

Wenn Buchstaben, Ziffern und Zeichen in einem Computer verarbeitet werden sollen, muss man sie durch Zahlen verschlüsseln. Zur Darstellung dieser Zahlen verwendet man häufig das **Sechzehnersystem**, auch **Hexadezimalsystem**[1] genannt.

Für dieses Stellenwertsystem benötigt man 16 Ziffern. Da vom Dezimalsystem nur 10 Ziffernzeichen zur Verfügung stehen, benutzt man noch die ersten sechs Buchstaben des Alphabets.

Ziffern im Hexadezimalsystem															
0	**1**	**2**	**3**	**4**	**5**	**6**	**7**	**8**	**9**	**A**	**B**	**C**	**D**	**E**	**F**
0	1	2	3	4	5	6	7	8	9	10	11	12	13	14	15
Wert im Zehnersystem															

Zahldarstellungen im Hexadezimalsystem versehen wir mit dem **Index 16**.

Eine Übersicht über die ersten 4 Stellen des Sechzehnersystems gibt die folgende Stellenwerttafel:

Stelle	…	4.	3.	2.	1.
Stellenwert	…	16^3	16^2	16^1	16^0
Stufenzahl	…	4096	256	16	1

Mithilfe der Stellenwerttafel lassen sich Zahlzeichen im Sechzehnersystem leicht ins Zehnersystem übertragen.

Beispiel 1

Wir übertragen $C9_{16}$ ins Zehnersystem.

Dazu schreiben wir $C9_{16}$ stellengerecht in eine Stellenwerttafel des Sechzehnersystems.

Stelle	…	4.	3.	2.	1.
Stellenwert	…	16^3	16^2	16^1	16^0
Stufenzahl	…	4096	256	16	1
Zahl				C	9

Aus der Tafel lesen wir ab:

$C9_{16} = 12 \cdot 16^1 + 9 \cdot 16^0 = 12 \cdot 16 + 9 \cdot 1 = 192 + 9 = \mathbf{201}$.

[1] hex (griech.), sechs; deka (griech.), zehn

Beispiel 2

Wir übertragen $A0E_{16}$ ins Zehnersystem.

Dazu schreiben wir $A0E_{16}$ wieder stellengerecht in eine passende Stellenwerttafel des Sechzehnersystems.

Stelle	3.	2.	1.
Stellenwert	16^2	16^1	16^0
Stufenzahl	256	16	1
Zahl	A	0	E

Aus der Tafel lesen wir ab:

$$A0E_{16} = 10 \cdot 16^2 + 0 \cdot 16^1 + 14 \cdot 16^0 = 10 \cdot 256 + 0 \cdot 16 + 14 \cdot 1$$
$$= 2560 + 14 = \mathbf{2\,574}.$$

Merke

Die Zahldarstellung im **Hexadezimalsystem** ist die Kurzschreibweise einer **Sechzehnerpotenzsumme**.

Man benötigt dazu die sechzehn Ziffern **1, 2, ..., 9, A, B, C, D, E, F** und **0**.

Die Stellenwerte sind Potenzen von 16. Die Zahl 16 ist die Basis, die Sechzehnerpotenzwerte sind die Stufenzahlen des Systems.

Zahldarstellungen im Sechzehnersystem schreiben wir mit dem **Index 16**.

Die bisher behandelten Stellenwertsysteme sind keineswegs alle möglichen. Als Basis eines Stellenwertsystems ist jede natürliche Zahl möglich, die größer als eins ist.

Allgemein gilt:

Merke

Natürliche Zahlen können in jedem beliebigen Stellenwertsystem dargestellt werden.

Alle Stellenwertsysteme sind nach den gleichen Regeln aufgebaut und sind daher gleichwertig.

1.12 Römische Zahldarstellung (fakultativ)

Die arabischen Ziffern bürgerten sich in Europa erst etwa um das Jahr 1500 ein. Bis dahin wurden allgemein die ***römischen Zahlzeichen*** *zur Zahldarstellung verwendet. Sie finden sich noch häufig zur Kennzeichnung der Jahreszahlen an Gebäuden, Denkmälern, Grabsteinen, in Urkunden und in alten Handschriften.*

Die Römer hatten **sieben Grundzeichen**:

Römische Zahlzeichen						
I	**V**	**X**	**L**	**C**	**D**	**M**
1	5	10	50	100	500	1000
Wert im Zehnersystem						

Mithilfe der sieben Grundzeichen werden alle Zahlen dargestellt. Dabei sind die folgenden vier Regeln zu beachten:

Regel 1
Stehen gleiche Zahlzeichen nebeneinander, dann sind ihre Werte zu addieren.

Beispiel 1
a) III = 1 + 1 + 1 = 3.
b) XX = 10 + 10 = 20.
c) CCC = 100 + 100 + 100 = 300.

Regel 2
Steht ein Zahlzeichen mit einem kleineren Wert hinter einem Zahlzeichen mit einem größeren Wert, dann sind die Werte zu addieren.

Beispiel 2
a) VI = 5 + 1 = 6.
b) CXI = 100 + 10 + 1 = 111.
c) DCC = 500 + 100 + 100 = 700.

Regel 3

Von den Zeichen I, X, C können auch einzelne links neben einem Zahlzeichen mit einem größeren Wert stehen; ihre Werte werden dann von dem größeren Wert subtrahiert.

Beispiel 3

a) IV = 5 – 1 = 4.

b) XC = 100 – 10 = 90.

c) CMX = 1000 – 100 + 10 = 910.

Regel 4

Mehr als drei gleiche Zahlzeichen I, X, C oder M werden nicht hintereinandergeschrieben. Von den Zeichen V, L und D dürfen nicht zwei gleiche hintereinander stehen.

Beispiel 4

a) LXXXIV = 50 + 10 + 10 + 10 + 5 – 1 = 84.

b) MDXL = 1000 + 500 + 50 – 10 = 1540.

☞ Wenn natürliche Zahlen mithilfe römischer Zahlzeichen dargestellt werden sollen, ist eine vorherige Zerlegung in Grundzahlen des römischen Zahlensystems hilfreich.

Beispiel 5

a) 68 = 50 + 10 + 5 + 3 = LXVIII.

b) 349 = 300 + 40 + 9 = CCCXLIX.

c) 894 = 500 + 300 + 90 + 4 = DCCCXCIV.

d) 1127 = 1000 + 100 + 20 + 5 + 2 = MCXXVII.

e) 2877 = 2000 + 500 + 300 + 50 + 20 + 5 + 2 = MMDCCCLXXVII.

Merke

Die Römer besaßen zwar die Zehnerordnung wie wir, kannten aber nicht die Stellenschreibweise. Daher war ihre Zahldarstellung viel umständlicher als in unserem Zehnersystem. Auch das Rechnen mit diesen Zahlen war weitaus komplizierter als das Rechnen mit den Zahlen im Zehnersystem.

Zahlensysteme

Das Hauptproblem, das alle frühen Kulturen bei der Entwicklung ihrer Zahlzeichen und Zahlensysteme lösen mussten, war die Darstellung großer Zahlen.

So wählten die Ägypter bei ihrer Bilderzahlschrift unterschiedliche Symbole für die Zahlen 1, 10, 100, 1000 usw. und schrieben diese entsprechend oft nieder. Den Zahlzeichen in der ausgeschriebenen Zahl kam immer derselbe Wert zu, gleichgültig an welcher Stelle das Zeichen stand. Gleichartige Zahlzeichen waren einfach nur zu addieren (Additionsprinzip).

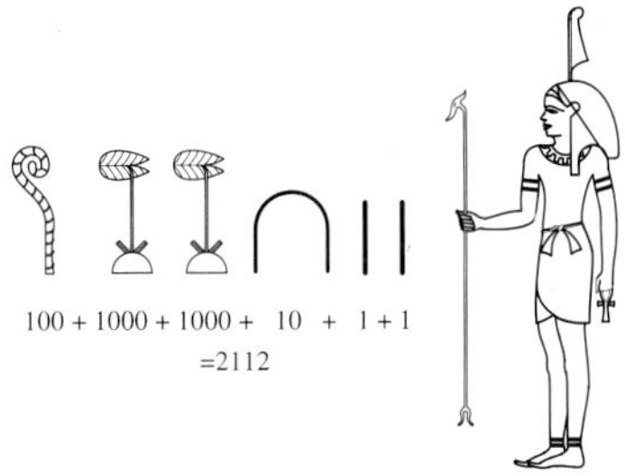

Ähnlich verfuhren die Römer mit ihren insgesamt sieben Zahlzeichen. Nur verwendeten sie sowohl das Additions- als auch das Subtraktionsprinzip, das besagt, dass z.B. eine I vor einer V eine 4 bedeutet. Aber auch hier kam dem Zahlzeichen in der ausgeschriebenen Zahl immer derselbe Wert zu, gleichgültig an welcher Stelle das Zeichen stand. So hatte das Zeichen X immer den Wert 10, egal ob es wie in der Zahl LXIV an der dritten Stelle oder wie in der Zahl CX an der ersten Stelle vorkam.

Im Gegensatz zu diesen **Additionssystemen** waren die Zahlensysteme der Babylonier, Mayas, Inder und Chinesen als so genannte **Stellenwert-** oder **Positionssysteme** aufgebaut. Bei einem Stellenwertsystem hängt der Wert eines Zahlzeichens nicht nur von ihm selbst, sondern auch von der Stelle ab, an der es innerhalb der Zahl geschrieben wird.

Das dezimale Zahlensystem, das wir benutzen, wird heute von den meisten Menschen benutzt. Dass die Basis unseres Stellenwertsystems die Zahl 10 ist, ist wohl damit begründet, dass der Mensch schon seit Urzeiten mit den Fingern zählt.

Statt nach Zehnern zu zählen, wie die meisten Völker dies taten, haben andere, wie die Kelten oder auch die Maya und Azteken in Mittelamerika, schon früh angefangen in Zwanzigereinheiten zu zählen. Sie hatten nicht das Zehnersystem, sondern das Zwanzigersystem. So hatte ein „Monat“ im Maya-Kalender 20 Tage. Die Verwendung des Zwanzigersystems ist wohl darauf zurückzuführen, dass manche Völker zum Zählen die zehn Finger und die zehn Zehen benutzt haben.

Bei dem Stellenwertsystem der Babylonier war die Basis 60. Wir benutzen es heute noch, so z.B. in der 60-Teilung der Zeit- und Winkelmaße; so hat eine Stunde 60 Minuten, eine Minute 60 Sekunden.

Dass man jede Zahl auf einfache Weise allein mithilfe von 10 verschiedenen Ziffern schreiben kann, ist für uns heute ganz selbstverständlich. Doch war dies erst möglich, als die Ziffern und das Zehnersystem mit seiner Stellenschreibweise von den Indern erfunden waren. Insbesondere kamen sie auf den Gedanken, auch dort ein Zeichen zu setzen, wo eine Stelle unbesetzt war. Sie erfanden die Null und machten es dadurch möglich, bei jeder Ziffer sofort zu erkennen, zu welchem Stellenwert sie gehört. Etwa im 5.Jh. n.Chr. kamen dann bei ihnen das arithmetische System und das Dezimalsystem in ihrer heutigen Form mit den Ziffern von Null bis Neun auf.

Die indischen Rechenkenntnisse wurden um das Jahr 800 n.Chr. von den **Arabern** übernommen und von diesen 300 Jahre später über Nordafrika nach Spanien gebracht. Von hier aus verbreitete sich das Dezimalsystem ganz allmählich über Europa und verdrängte das bisher gültige römische Zahlensystem. Die von den Indern stammenden Ziffern werden bei uns als **arabische Ziffern** bezeichnet.

1428 wurde das erste deutsche Rechenbuch mit arabischen Ziffern in Bamberg gedruckt, doch erst Adam Ries konnte durch sein im Jahr 1525 herausgegebenes, weit verbreitetes Rechenbuch sowohl die Kenntnis der arabischen Ziffern als auch das Rechnen im Dezimalsystem verbreiten.

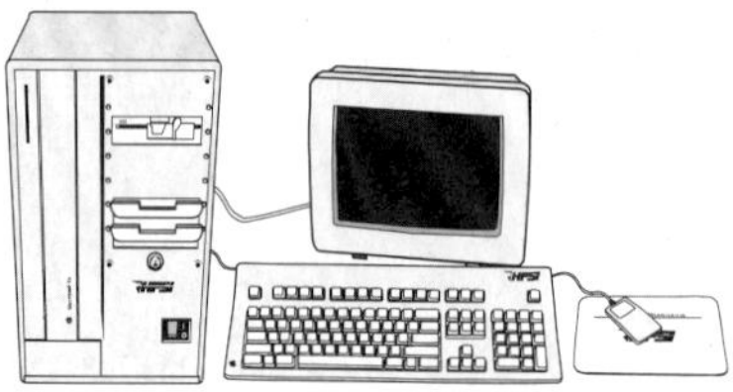

Das einfachste Stellenwertsystem, das Zweier- oder Dualsystem, besteht nur aus den Ziffern 0 und 1. Die Basis dieses Systems ist die Zahl 2. Es spielt für die Datenverarbeitung eine große Rolle.

Taschenrechner und Computer rechnen intern im Dualsystem und brauchen so nur zwei Zustände verarbeiten zu können:

Falsch oder richtig, Strom oder Nicht-Strom, 0 oder 1.

1.13 Bäume und Tupel

Rudi besucht seit zwei Wochen die Grundschule und ist furchtbar vergesslich. Schon am zweiten Tag hat er seine Tafel vergessen, am vierten Tag sein Frühstück, am fünften Tag das Mäppchen und die Tafel und so ging es weiter.

Seine Mama ist ganz verzweifelt: „So viel kann man gar nicht vergessen. Du hast in deinem Ranzen doch nur die Tafel, das Mäppchen und das Frühstück. Da gibt es doch nicht so viele Möglichkeiten."

Weißt du, wie viele Möglichkeiten es für Rudi gibt, etwas von diesen drei Dingen zu vergessen?

Nun, Rudi kann zunächst eines der Dinge, die in seinen Ranzen gehören, vergessen, das sind drei Möglichkeiten.

Er kann aber auch zwei und drei Dinge auf einmal vergessen, damit kommen weitere Möglichkeiten hinzu. Gar nicht so einfach oder?

Herr Schlau, das ist Rudis Lehrer, zeichnet folgende Wegeskizze:

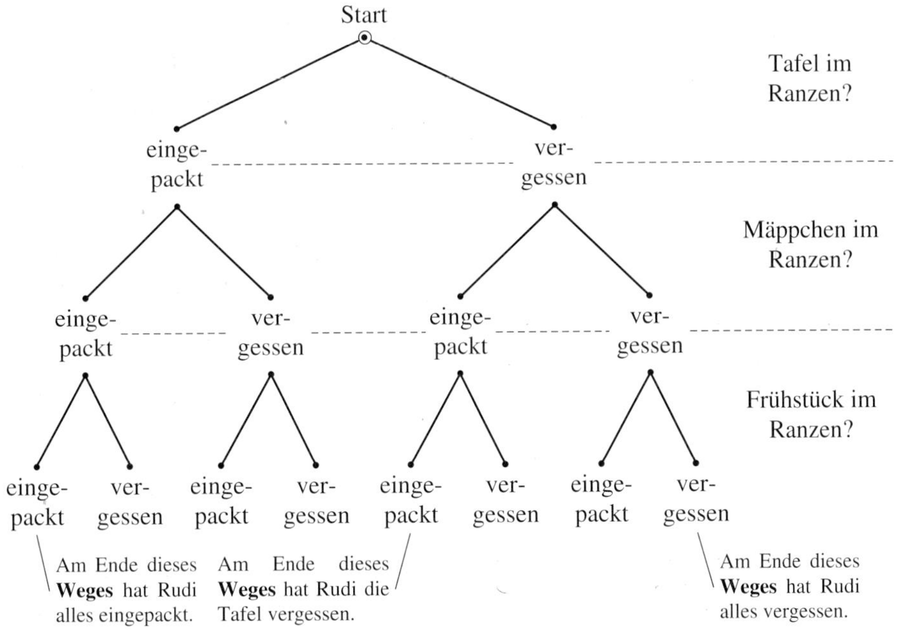

Wenn du dir die Zeichnung genauer betrachtest, stellst du fest, dass sie alle Möglichkeiten enthält, wie Rudi seinen Ranzen packen kann. Es gibt insgesamt 8 Möglichkeiten: eine, bei der Rudi alles eingepackt hat, aber auch 7 weitere, wo er mindestens eine Sache vergessen hat.

Mit einer Zeichnung wie im letzten Bild lassen sich alle Möglichkeiten eines Vorgangs, bei dem du mehrmals hintereinander auswählen oder entscheiden oder sortieren musst, übersichtlich darstellen. Eine solche Darstellung heißt **Baum**. Jeder **Weg** vom Startpunkt bis zu einem Ende des Baumes beschreibt eine Möglichkeit. Durch Abzählen der verschiedenen Wegenden kannst du die Anzahl aller Möglichkeiten bestimmen.

Wir kommen nochmals zurück zu unserem kleinen Freund Rudi. Neben seiner Vergesslichkeit hat Rudi noch ein anderes Problem:

Er weiß oft nicht, welches Trikot und welche Hose er zum Sport anziehen soll, wobei er unter 4 Trikots T_1, T_2, T_3, T_4 und 3 Hosen H_1, H_2, H_3 auswählen kann.

Der folgende **zweistufige Baum** enthält alle Möglichkeiten wie Rudi sich zum Sport anziehen kann:

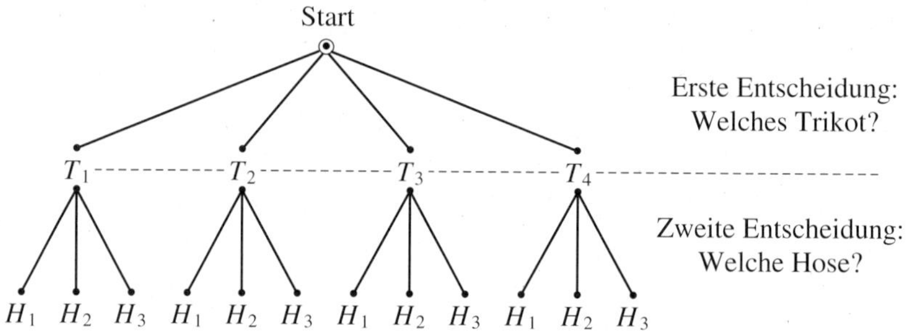

Die Wege durch den Baum beschreiben wir kurz durch **Paare (2-Tupel)**,

z.B. den Weg $\odot\!\!\longrightarrow\!\bullet T_3 \bullet\!\!\longrightarrow\!\bullet H_1$ durch das Paar $(T_3 \mid H_1)$.

Alle Wege von links beginnend werden durch folgende Paare beschrieben:

$(T_1 \mid H_1)$, $(T_1 \mid H_2)$, $(T_1 \mid H_3)$, $(T_2 \mid H_1)$, $(T_2 \mid H_2)$, $(T_2 \mid H_3)$, $(T_3 \mid H_1)$, $(T_3 \mid H_2)$, $(T_3 \mid H_3)$, $(T_4 \mid H_1)$, $(T_4 \mid H_2)$ und $(T_4 \mid H_3)$.

Rudi hat also 12 Kombinationsmöglichkeiten aus Trikot und Hose.

Merke

Wenn du mehrmals hintereinander auswählen oder entscheiden musst, so kannst du alle Möglichkeiten in einem **Baum** darstellen. Jeder Möglichkeit entspricht ein **Weg** durch den Baum.

Die Wege durch den Baum werden mithilfe von **Tupeln** (2-Tupel heißen auch **Paare**, 3-Tupel heißen auch **Tripel**) beschrieben.

Beispiel 1

Bei dem bekannten Spiel „Papier-Schere-Stein“ zeigen zwei Spieler auf „jetzt“ mit einer Hand eines der drei folgenden Zeichen.

Alle Finger ausgestreckt bedeuten „Papier (*P*)“, Zeige- und Mittelfinger gespreizt bedeuten „Schere (*Sch*)“ und eine Faust bedeutet „Stein (*St*)“.

Schere gewinnt gegen Papier, weil die Schere das Papier zerschneidet; Papier gewinnt gegen Stein, weil das Papier den Stein einwickelt; Stein gewinnt gegen die Schere, weil der Stein von der Schere nicht zerschnitten werden kann. Zeigen beide Spieler dasselbe Zeichen, ist das Spiel unentschieden.

Wie viele Möglichkeiten gibt es für jeden Spieler das Spiel zu gewinnen?

Wir zeichnen zunächst einen **zweistufigen Baum**:

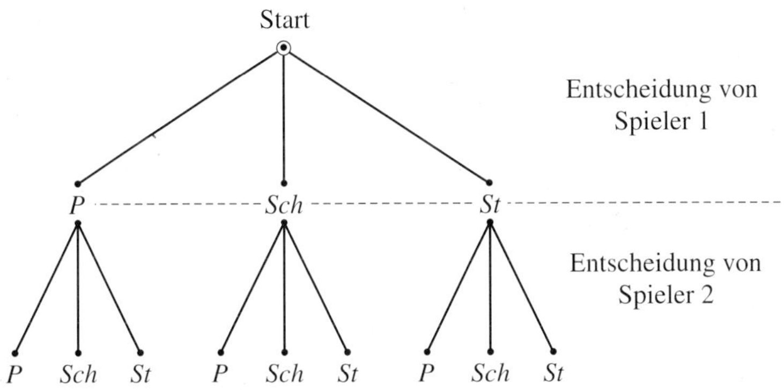

Alle Wege von links beginnend werden durch folgende Paare beschrieben: $(P \mid P)$, $(P \mid Sch)$, $(P \mid St)$, $(Sch \mid P)$, $(Sch \mid Sch)$, $(Sch \mid St)$, $(St \mid P)$, $(St \mid Sch)$ und $(St \mid St)$. Es gibt also 9 verschiedene Möglichkeiten des Spielausgangs.

Bei 3 Möglichkeiten endet das Spiel unentschieden: $(P \mid P)$, $(Sch \mid Sch)$ und $(St \mid St)$.

Bei 3 Möglichkeiten gewinnt Spieler 1: $(P \mid St)$, $(Sch \mid P)$ und $(St \mid Sch)$.

Bei 3 Möglichkeiten gewinnt Spieler 2: $(P \mid Sch)$, $(Sch \mid St)$ und $(St \mid P)$.

Jeder Spieler hat also die gleichen Chancen das Spiel zu gewinnen.

Beispiel 2

Ina möchte jeden Buchstaben ihres Namens in einer anderen Farbe schreiben. Sie hat 4 Filzstifte in den Farben Blau (b), Grün (g), Rot (r) und Schwarz (s).

Der folgende dreistufige Baum stellt alle Möglichkeiten dar, die Ina hat:

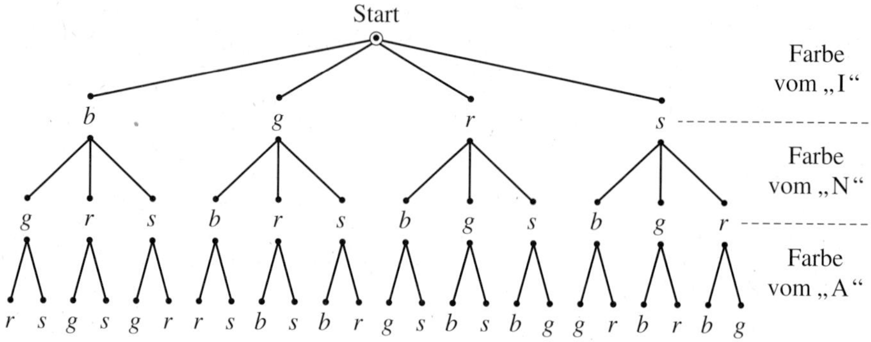

Die Anzahl der Wege zeigt, dass Ina 24 Möglichkeiten hat. Beachte, dass die Farbe, die Ina für einen Buchstaben verwendet hat, für die noch zu schreibenden Buchstaben wegfällt.

Die bisher aufgetretenen Bäume haben alle eine regelmäßige Form, es sind so genannte **regelmäßige Bäume**. Das folgende Beispiel zeigt, dass du auch Bäume erhalten kannst, die nicht regelmäßig sind.

Beispiel 3

Steffen benötigt aus einem Fahrkartenautomat eine Fahrkarte zu 1,50€. Er muss den Betrag passend zahlen und hat nur 1 Euro-Münzen und 50 Cent-Münzen in seinem Geldbeutel.

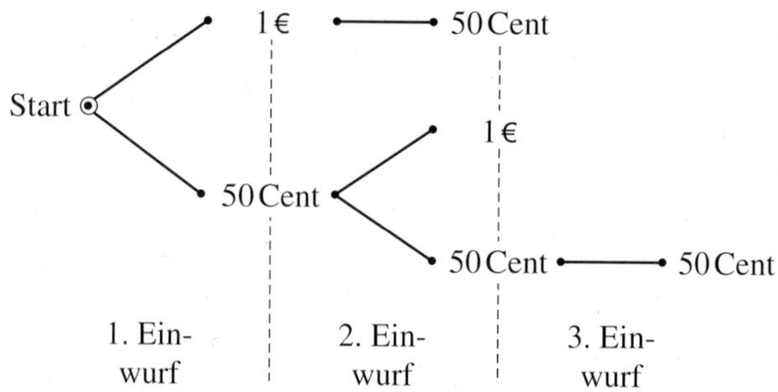

Der gezeichnete Baum zeigt, dass Steffen drei Möglichkeiten hat, den Betrag passend einzuwerfen, falls er genügend 50 Cent-Münzen dabei hat.

Du siehst außerdem, dass der zugehörige Baum hier keine regelmäßige Form hat und die Wege verschieden lang sind.

1.14 Produktregel für Bäume (fakultativ)

Vergleiche bei folgenden regelmäßigen Bäumen die **Verzweigungszahlen** (VZWZ) auf den einzelnen Entscheidungsstufen mit der Gesamtzahl aller Wege:

Baum 1

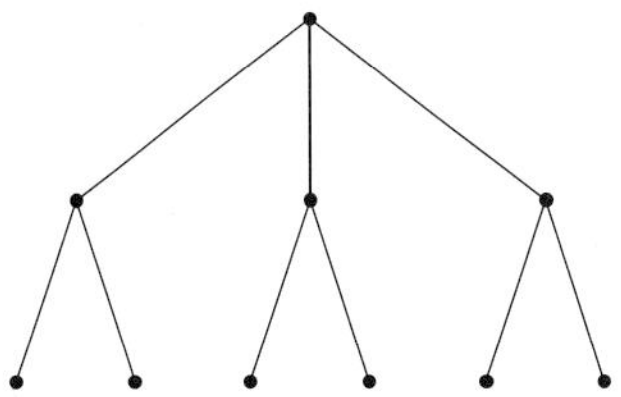

1. Stufe
VZWZ: 3

2. Stufe
VZWZ: 2

Gesamtzahl der Wege: $6 = 3 \cdot 2$

Baum 2

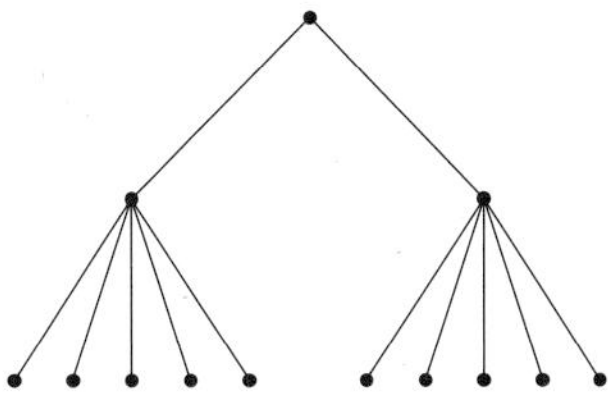

1. Stufe
VZWZ: 2

2. Stufe
VZWZ: 5

Gesamtzahl der Wege: $10 = 2 \cdot 5$

Baum 3

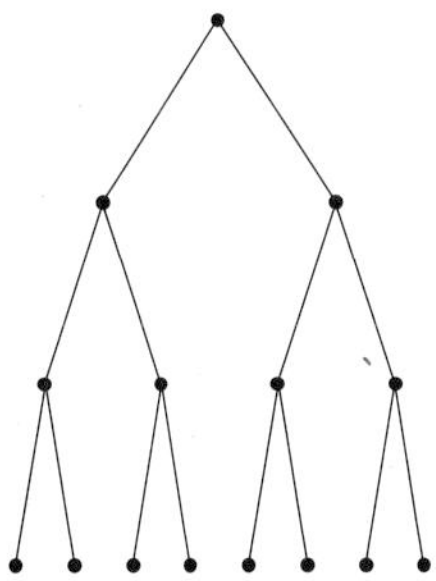

1. Stufe
VZWZ: 2

2. Stufe
VZWZ: 2

3. Stufe
VZWZ: 2

Gesamtzahl der Wege: $8 = 2 \cdot 2 \cdot 2$

Baum 4

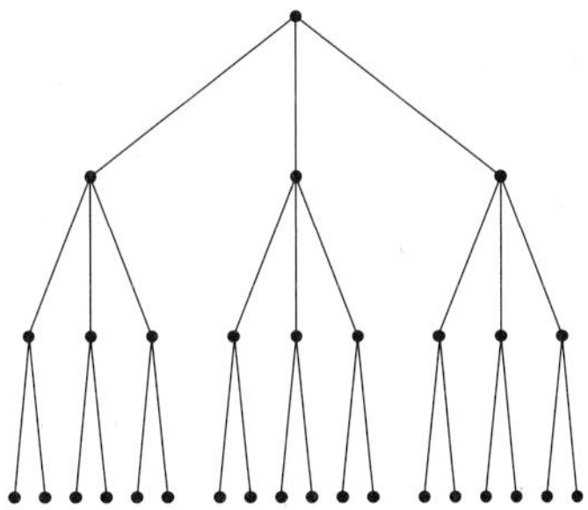

1. Stufe
VZWZ: 3

2. Stufe
VZWZ: 3

3. Stufe
VZWZ: 2

Gesamtzahl der Wege: $18 = 3 \cdot 3 \cdot 2$

Der hier auftretende Zusammenhang zwischen der Gesamtzahl aller Wege und den Verzweigungszahlen bei regelmäßigen Bäumen bestätigt sich auch bei allen Bäumen des vorherigen Abschnittes.

Bei regelmäßigen Bäumen erhältst du immer die Gesamtzahl aller Wege, wenn du alle Verzweigungszahlen miteinander multiplizierst.

Allgemein gilt folgende Regel:

> **Produktregel für Bäume**
> Bei einem regelmäßigen Baum erhalten wir die Anzahl aller Wege (Möglichkeiten), indem wir die **Verzweigungszahlen** des Baumes multiplizieren.

Mithilfe der Produktregel für Bäume kannst du bei Vorgängen, die sich durch regelmäßige Bäume beschreiben lassen, die Gesamtzahl aller Möglichkeiten berechnen, ohne die Bäume zu zeichnen.

Beispiel 1

Auf seiner Speisekarte bietet ein Feinschmeckerlokal 8 Vorspeisen, 15 Hauptgerichte und 6 Nachspeisen an.

Wir bestimmen, wie viele Möglichkeiten ein Gast hat, ein Menü zusammenzustellen, das aus einer Vorspeise, einem Hauptgericht und einer Nachspeise besteht.

Mögliche Menüs können wir als **Tripel (3-Tupel)** angeben:
$(V_3 \mid H_8 \mid N_2)$, $(V_1 \mid H_1 \mid N_1)$, $(V_8 \mid H_{15} \mid N_6)$ usw.

Alle Menüs, die möglich sind, erhalten wir mit einem regelmäßigen dreistufigen Baum mit den Verzweigungszahlen 8 (1. Stufe: Vorspeise), 15 (2. Stufe: Hauptgericht) und 6 (3. Stufe: Nachtisch).

Die Anzahl der möglichen Menüs berechnen wir mit der Produktregel für Bäume: $8 \cdot 15 \cdot 6 = 120 \cdot 6 = 720$.

Beispiel 2

Autokennzeichen aus dem Kreis St. Wendel enthalten neben der Buchstabenfolge WND für den Landkreis häufig einen Buchstaben und eine Zahl von 1 bis 999.

WND - B 503

Wir bestimmen, wie viele Autokennzeichen dieser Art möglich sind.

Zunächst geben wir einige Kennzeichen als Tripel an: (WND | D | 59), (WND | K | 100), (WND | *A* | 1), (WND | *Z* | 999) usw.

Da bei jedem Kennzeichen zunächst die Buchstabenfolge WND auftritt, erhalten wir alle möglichen Kennzeichen mit einem regelmäßigen zweistufigen Baum mit den Verzweigungszahlen 26 (1. Stufe: Buchstabe) und 999 (2. Stufe: Zahl von 1 bis 999).

Die Anzahl der möglichen Kennzeichen berechnen wir mit der Produktregel für Bäume: $26 \cdot 999 = 26 \cdot (1000 - 1) = 26 \cdot 1000 - 26 = 26\,000 - 26 = 25\,974$.

Bei Vorgängen, die durch Bäume beschrieben werden können, die **nicht regelmäßig** sind, darfst du die Produktregel für Bäume **nicht** anwenden. Bestimme in diesem Fall die Anzahl der Möglichkeiten mithilfe eines Baums.

1.15 Vergleich von Mengen (fakultativ)

Wir vergleichen jetzt die beiden Mengen

$$A = \{2, 3, 4, 5\} \text{ und } B = \{5, 3, 2, 4\}.$$

Wie wir leicht sehen, enthalten die beiden Mengen dieselben Elemente. Die beiden Mengen heißen **gleich**. Die Reihenfolge, in der die Elemente einer Menge aufgezählt werden, spielt dabei keine Rolle.

Allgemein ist festgelegt:

Definition 1.3

Zwei Mengen A und B heißen **gleich**, wenn sie die gleichen Elemente enthalten. Wir schreiben dann $\boldsymbol{A = B}$ (lies: A gleich B).

Zwei Mengen A und B heißen **ungleich**, wenn sie nicht die gleichen Elemente enthalten. Wir schreiben dann $\boldsymbol{A \neq B}$ (lies: A ungleich B).

Beispiel

$\{2, 3, 4, 5\} = \{5, 3, 2, 4\}$.

$\{0, 1, 2, 3, 4, 5\} = \{5, 3, 1, 2, 0, 4\}$.

$\{0, 1, 2, 3, 4, 5\} \neq \{8, 3, 1, 2,\}$.

Wir vergleichen jetzt folgende Mengen:

$A = \{1, 2, 3, 4\}$ und

$B = \{2, 3, 1, 4, 8, 6, 7, 5\}$.

Du siehst leicht: $A \neq B$, da $5 \notin A$, jedoch $5 \in B$.

Aber alle Elemente der Menge A sind auch in der Menge B enthalten, wie nebenstehendes Mengendiagramm zeigt.

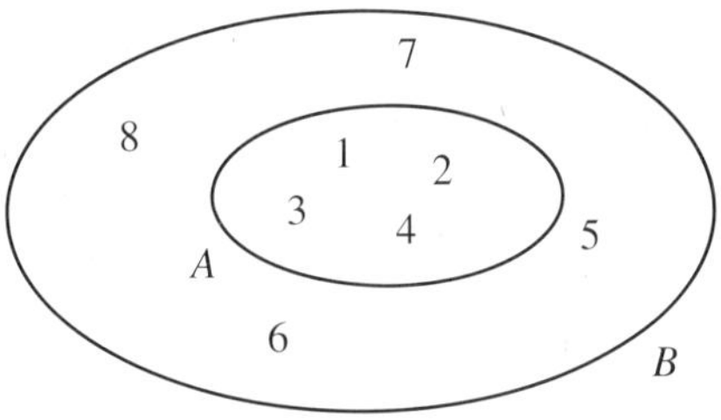

Bild 1.11

Wir sagen deshalb: A ist eine **Teilmenge** von B.

Allgemein ist vereinbart:

Definition 1.4

Die Menge A heißt **Teilmenge** der Menge B, wenn jedes Element der Menge A auch Element der Menge B ist.

Man schreibt dann $\boldsymbol{A \subset B}$ (lies: A ist Teilmenge von B).

Das Zeichen $\subset$ heißt **Teilmengenzeichen**.

Wir vergleichen jetzt die Mengen $A=\{1,2,3,4\}$ und $B-\{2,9,6,1,12\}$.

Es gilt: A ist keine Teilmenge von B, weil es in A (mindestens) ein Element gibt, das nicht in B enthalten ist.

Man schreibt: $\boldsymbol{A \not\subset B}$ (lies: A ist keine Teilmenge von B).

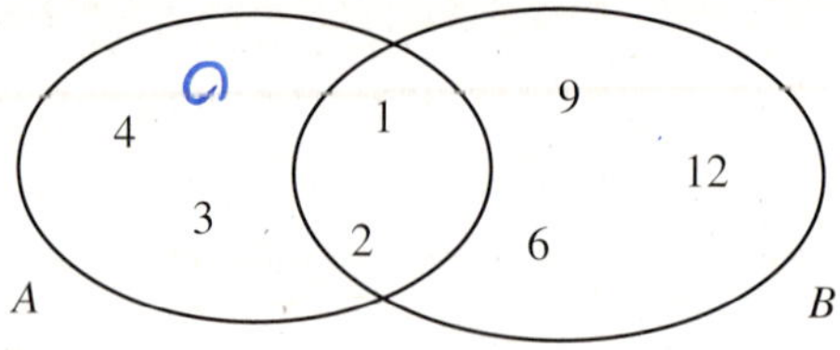

Bild 1.12

Bemerkungen

1. Elementzeichen $\in$ und Teilmengenzeichen $\subset$ dürfen nicht verwechselt werden.

   So muss es z.B. heißen $1 \in \mathbb{N}$, weil 1 ein Element von $\mathbb{N}$ ist und $\{1\} \subset \mathbb{N}$, weil $\{1\}$ eine Teilmenge von $\mathbb{N}$ ist.

2. Jede Menge A ist Teilmenge von sich selbst, also $A \subset A$, da alle Elemente von A in A enthalten sind.

3. Wenn $A \subset B$ und zugleich $A \neq B$, dann heißt A **echte Teilmenge** von B. Dies gilt z.B. für $A=\{1,2,3,4\}$ und $B=\{1,2,3,4,5\}$.

4. Die leere Menge ist Teilmenge von jeder Menge A. Es gilt also stets $\{\ \} \subset A$.

   Warum ist dies sinnvoll? Angenommen $\{\ \} \not\subset A$. Dann gäbe es in $\{\ \}$ ein Element, das nicht in A enthalten wäre. Das ist aber nicht möglich, weil $\{\ \}$ keine Elemente besitzt. Also ist die Festlegung sinnvoll. Natürlich gilt dann auch $\{\ \} \subset \{\ \}$.

Damit weiß man:

> **Merke**
> Jede Menge hat sich selbst und die leere Menge als Teilmenge.

Wir wollen jetzt noch herausfinden, wie viele Teilmengen eine endliche Menge hat.

Zu den folgenden Mengen schreiben wir jeweils alle Teilmengen auf:

$M_0 = \{\ \}$ Teilmengen: $\{\ \}$.

$M_1 = \{1\}$ Teilmengen: $\{\ \}$, $\{1\}$.

$M_2 = \{1, 2\}$ Teilmengen: $\{\ \}$, $\{1\}$, $\{2\}$, $\{1, 2\}$.

Beachte dabei, dass die leere Menge Teilmenge jeder Menge und jede Menge Teilmenge von sich selbst ist.

Um zu der dreielementigen Menge $M_3 = \{1, 2, 3\}$ alle Teilmengen anzugeben, ist der folgende Baum hilfreich:

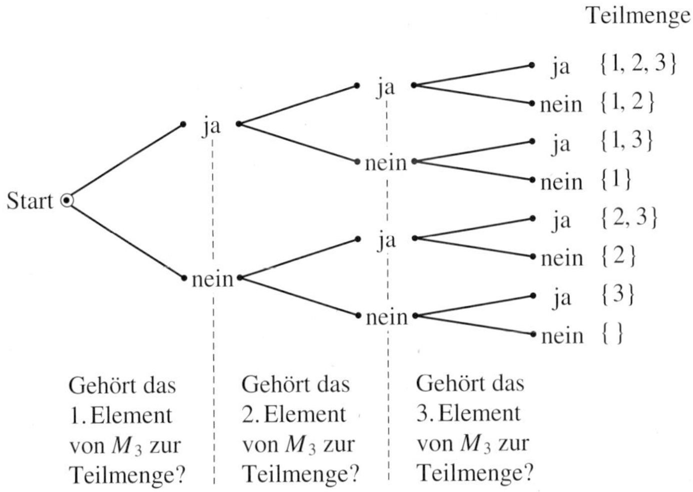

Die Menge $M_3 = \{1, 2, 3\}$ hat also 8 Teilmengen: $\{\ \}$, $\{1\}$, $\{2\}$, $\{3\}$, $\{1, 2\}$, $\{1, 3\}$, $\{2, 3\}$ und $\{1, 2, 3\}$.

Wie viele Teilmengen hat die vierelementige Menge $M_4 = \{1, 2, 3, 4\}$?

Ein 4-stufiger regelmäßiger Baum, der auf jeder Stufe die Verzweigungszahl 2 hat, würde uns wieder alle Teilmengen liefern.

Die Anzahl der Teilmengen können wir mit der Produktregel für Bäume berechnen, ohne den Baum zu zeichnen: $2 \cdot 2 \cdot 2 \cdot 2 = 2^4 = 16$.

Die 16 Teilmengen sind: $\{\ \}$, $\{1\}$, $\{2\}$, $\{3\}$, $\{4\}$, $\{1, 2\}$, $\{1, 3\}$, $\{1, 4\}$, $\{2, 3\}$, $\{2, 4\}$, $\{3, 4\}$, $\{1, 2, 3\}$, $\{1, 2, 4\}$, $\{1, 3, 4\}$, $\{2, 3, 4\}$ und $\{1, 2, 3, 4\}$.

Alle Teilmengen der 5-elementigen Menge $M_5 = \{1, 2, 3, 4, 5\}$ erhalten wir mithilfe eines 5-stufigen regelmäßigen Baumes, der auf jeder Stufe wieder die Verzweigungszahl 2 hat. Nach der Produktregel für Bäume beträgt die Anzahl der Teilmengen: $2 \cdot 2 \cdot 2 \cdot 2 \cdot 2 = 2^5 = 32$.

Wir vergleichen nun die Anzahl der Elemente der Mengen mit der Anzahl ihrer Teilmengen:

Menge M_0:	Elementanzahl 0,	Teilmengenanzahl	$1 = 2^0$.
Menge M_1:	Elementanzahl 1,	Teilmengenanzahl	$2 = 2^1$.
Menge M_2:	Elementanzahl 2,	Teilmengenanzahl	$4 = 2^2$.
Menge M_3:	Elementanzahl 3,	Teilmengenanzahl	$8 = 2^3$.
Menge M_4:	Elementanzahl 4,	Teilmengenanzahl	$16 = 2^4$.
Menge M_5:	Elementanzahl 5,	Teilmengenanzahl	$32 = 2^5$.

Allgemein gilt:

Merke

Für alle $n \in \mathbb{N}$ gilt:

Eine n-elementige Menge hat 2^n Teilmengen.

Beispiel 1

Gegeben ist die Menge $\{a, b, c, d, e, f\}$. Wie viele Teilmengen hat sie?

Da es sich um eine 6-elementige Menge handelt, beträgt die Anzahl ihrer Teilmengen: $2^6 = 64$.

Beispiel 2

Du sollst eine Menge angeben, die genau 256 Teilmengen hat, und eine Menge, die genau 500 Teilmengen hat.

Da 256 die 8te Potenz von 2 ist, ist dies die Teilmengenanzahl, die jede beliebige 8-elementige Menge hat, z. B. die Menge $\{2, 3, 5, 7, 11, 13, 17, 19\}$.

Da es keine Zweierpotenz gibt, die den Wert 500 hat, gibt es keine Menge, die 500 Teilmengen hat. 8-elementige Mengen haben nur 256 Teilmengen und 9-elementige Mengen haben dagegen schon 512 Teilmengen.

1.16 Zahlenfolgen

Fabian und Jan beschäftigen sich gern mit Zahlenrätseln.

Sie schreiben uns die folgenden Zahlen auf: 4, 7, 10, 13, 16.

Welche Zahlen passen noch dazu?

Die Zahlen 4, 7, 10, 13, 16, ... bilden eine **Zahlenfolge**. Der Unterschied zweier benachbarter Zahlen ist immer 3.

Also lautet eine sinnvolle Fortsetzung dieser Folge: 4, 7, 10, 13, 16, **19**, **22**, **25**, ...

Bezeichnung

Stehen mehrere natürliche Zahlen in einer Reihe hintereinander, so sprechen wir von einer **Zahlenfolge**. Die einzelnen Zahlen heißen **Glieder** der Folge.

Wenn von einer Zahlenfolge ihr **Bildungsgesetz** bekannt ist, kannst du Glieder der Folge leicht berechnen.

Beispiel 1

Eine Zahlenfolge hat folgendes Bildungsgesetz: 5 ist die erste Zahl, jede weitere Zahl der Folge ergibt sich, wenn man zum Vorgänger 8 hinzuaddiert.

Die ersten Glieder dieser Folge lauten dann: 5, **13**, **21**, **29**, **37**, **45**, **53**, ...

Wollen wir zu einer gegebenen Zahlenfolge weitere Glieder angeben, müssen wir zunächst das Bildungsgesetz erkennen.

Beispiel 2

Die Zahlen 1, 2, 4, 7, 11, 16, 22 sind die ersten Glieder einer Folge. Wie lauten die nächsten vier Glieder?

Vergleichen wir aufeinanderfolgende Glieder, so stellen wir fest, dass ihr Unterschied immer um 1 größer wird.

Die Zahlen 16 und 22 sind die beiden letzten angegebenen Glieder der Folge. Sie unterscheiden sich um 6. Das nächste Glied, das auf 22 folgt, muss also um 7 größer sein, das nächste muss um 8 größer sein als sein Vorgänger usw.

Wir erhalten die Fortsetzung: 1, 2, 4, 7, 11, 16, 22, **29**, **37**, **46**, **56**, ...

2

Größen

Natürliche Zahlen kommen im täglichen Leben oft mit Benennungen vor, z.B. 4 km, 75 kg, 15 € oder 5 min. Solche Verbindungen heißen ***Größenwerte****. Sie geben den Wert einer* ***Größe*** *an, wie z.B. Länge, Masse, Währung oder Zeitspanne. In folgender Tabelle sind einige Größen mit verschiedenen Größenwerten aus heutiger und früherer Zeit aufgeführt.*

Größe	*Größenwert*
Länge	*3 Meter* *15 Seemeilen* *5 Ellen*
Masse (Gewicht)	*2 Kilogramm* *5 Zentner* *10 Unzen*
Währung	*21 Euro* *53 Pfennige* *100 Taler*
Zeitspanne	*11 Sekunden* *7 Stunden* *6 Monde*

Im Folgenden unterscheiden wir nicht mehr streng zwischen Größenwert und Größe; so sagen wir dann statt Größenwert auch kurz Größe.

Wie man in der obigen Tabelle sieht, besteht eine Größe aus einer Zahl und einer Benennung.

> ***Merke***
> *Jede* ***Größe*** *besteht aus einer Zahl, der so genannten* ***Maßzahl****, und aus einer Benennung, der so genannten* ***Maßeinheit*** *(kurz:* ***Einheit****).*

Beispiel

4 km: 4 = Maßzahl, km = Einheit

75 kg: 75 = Maßzahl, kg = Einheit

2.1 Länge

2.1.1 Messen von Längen

Lisa und Nina entdecken in einem Buch mit so genannten optischen Täuschungen folgende Zeichnung:

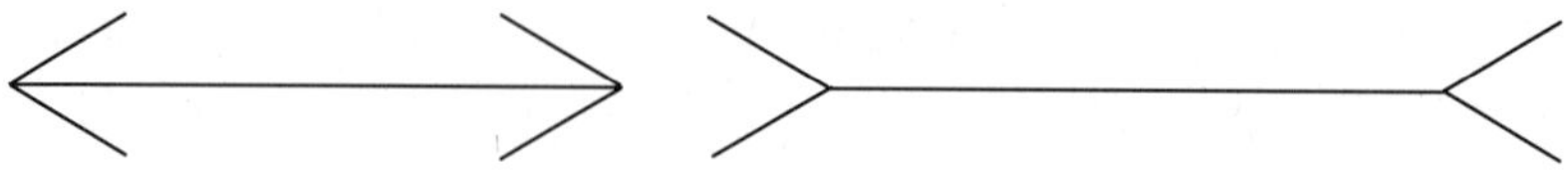

Bild 2.1

Lisa meint, die linke Strecke sei bestimmt kürzer als die rechte. Die Vermutung lässt sich zunächst nicht überprüfen, da die Mädchen die Strecken nicht durch Nebeneinanderlegen unmittelbar vergleichen können und auch gerade kein Lineal dabei haben. Schließlich hat Nina eine Idee. Sie nimmt ein Blatt kariertes Papier und vergleicht damit die **Längen** der beiden Strecken. Sie stellen zu ihrer Verwunderung fest, dass beide Strecken gleich lang sind.

Lisa und Nina **messen** die Längen der beiden Strecken, indem sie deren Längen mit einer vorher festgelegten **Längeneinheit** vergleichen, nämlich der Kantenlänge eines Rechenkästchens auf dem karierten Papier. Sie stellen fest, dass diese Kantenlänge genau neunmal in jede der beiden Strecken hineinpasst.

Merke

Man misst eine Länge, indem man zählt, wie oft eine **Längeneinheit** in der zu messenden Länge enthalten ist. Diese Zahl heißt die **Maßzahl der Länge**.

Also: **Länge = Maßzahl der Länge · Längeneinheit**

Hier: $\text{Länge der Strecke} = \underbrace{9}_{\text{Maßzahl}} \cdot \underbrace{\text{Kantenlänge eines Kästchens}}_{\text{Längeneinheit}}$

Zum Messen einer Länge muss man zuerst eine Längeneinheit festlegen. Diese Einheit kann beliebig gewählt werden.

Natürlich wissen wir alle, dass niemand die Längeneinheit, die Lisa und Nina festgelegt haben, verwendet.

Heute wird fast überall auf der Erde als Längeneinheit **das Meter**[1] (die Abkürzung für das Meter ist **m**) benutzt.

[1] metron (griech.), das Maß

Will man nun die Strecken in Bild 2.1 mit der Einheit Meter messen, so stellt man fest, dass sie zu „groß" dafür ist. Man hat daher **Untereinheiten** festgelegt. Um sehr große Längen zu messen, hat man entsprechende **Obereinheiten** eingeführt.

Merke

Durch Unterteilung der Grundeinheit Meter in 10, 100 und 1000 gleich lange Teile erhält man die Untereinheiten **Dezimeter** (Abkürzung: **dm**), **Zentimeter** (Abkürzung: **cm**) und **Millimeter** (Abkürzung: **mm**).

Es gilt: 1 m = 10 dm; 1 m = 100 cm; 1 m = 1000 mm.

Daraus ergibt sich: 1 m = 10 dm; 1 dm = 10 cm; 1 cm = 10 mm.

Durch Vervielfachung der Grundeinheit Meter mit den Faktoren 10, 100 und 1000 erhält man die Obereinheiten **Dekameter** (Abkürzung: **dam**), **Hektometer** (Abkürzung: **hm**) und **Kilometer** (Abkürzung: **km**).

Es gilt: 10 m = 1 dam; 100 m = 1 hm; 1000 m = 1 km.

Daraus ergibt sich: 1 km = 10 hm; 1 hm = 10 dam; 1 dam = 10 m.

Das 10fache einer Einheit ergibt jeweils die nächstgrößere Einheit.

Der 10te Teil einer Einheit ergibt jeweils die nächstkleinere Einheit.

Die Vorsilben der Unter- und Obereinheiten haben eine ganz bestimmte Bedeutung:

„**Dezi**" bedeutet Zehntel	„**Deka**" bedeutet Zehn
„**Zenti**" bedeutet Hundertstel	„**Hekto**" bedeutet Hundert
„**Milli**" bedeutet Tausendstel	„**Kilo**" bedeutet Tausend

Die Vorsilben für Untereinheiten stammen aus dem Lateinischen: decem – zehn, centum – hundert und mille – tausend. Die Vorsilben für Obereinheiten stammen aus dem Griechischen: deka – zehn, hekaton – hundert und chilioi – tausend.

Die Längeneinheiten Dekameter und Hektometer werden im Alltag aber kaum benutzt. Wir haben sie hier der Vollständigkeit halber angegeben.

Wie unser Meter entstand

Im Altertum und im Mittelalter gab es viele verschiedene Längeneinheiten, die vom menschlichen Körper stammten, z.B. die *Elle*, den *Fuß* oder die *Spanne*. Das war natürlich recht ungenau. Man stellte daher schon früh Ellen aus Holz oder Metall her. Diese waren aber von Land zu Land verschieden, da jeder Herrscher die Längeneinheit immer nur in seinem Herrschaftsbereich festlegen konnte. Eine starke Zentralgewalt, die ein einheitliches Maßsystem hätte durchsetzen können, gab es nicht. Da Handel und Verkehr dadurch erheblich erschwert wurden, strebte man nach einer *gemeinsamen Längeneinheit* für alle Länder.

1795 führte man in Frankreich per Gesetz das metrische Maßsystem ein. Als *Grundeinheit der Länge* wurde *der 40 000 000te Teil der Länge des Nullmeridians*[1] festgelegt. Um diese Länge zu bestimmen wurde die Strecke zwischen Dünkirchen und Barcelona genau vermessen.

Man nannte diese Längeneinheit **das Meter**.

Dazu wurde ein Metallstab hergestellt, der den Namen *mètre des archives* (Archivmeter) trägt. Er wird noch heute im *Bureau International des Poids et des Mesures* (BIPM) im *Pavillon de Breteuil* in *Sèvres* bei Paris aufbewahrt.

Im Jahre 1870 trat die *Internationale Meterkonvention*, bestehend aus Vertretern von 17 Staaten, erstmalig zusammen. England und die USA waren aber nicht dabei. Die Konferenz beschließt die Herstellung eines neuen europäischen Normalmeters, dessen Länge sich von der des französischen *mètre des archives* so wenig wie möglich unterscheiden soll. Weil die Herstellung neuer Musterstäbe jedoch äußerst schwierig war, konnte erst 1889, also fast 20 Jahre später, ein Platin-Iridium-Stab[2] als ***Urmeter*** hergestellt werden. Davon wurden 30 Kopien, so genannte Prototypen, hergestellt und an die Mitgliedsstaaten der Konferenz verlost. Mithilfe dieser Nachbildungen werden die Maßstäbe in den jeweiligen Ländern geeicht. Mit der Gründung des *Deutschen Reiches* im Jahre 1871 wurde das Meter in ganz Deutschland gesetzlich eingeführt.

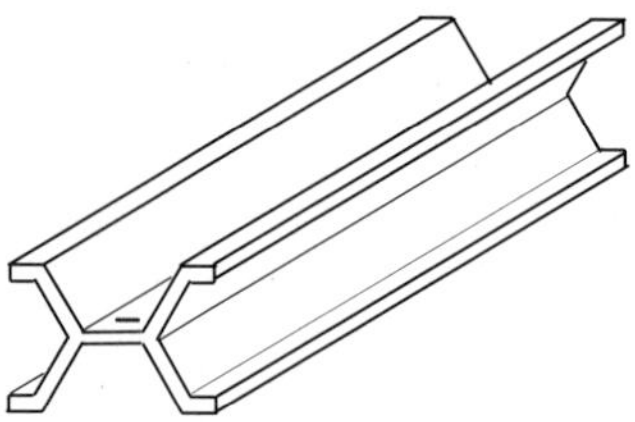

Das Urmeter

Bei der ersten Zusammenkunft der Internationalen Meterkonvention im Jahre 1870 bestand Deutschland noch aus vielen Einzelstaaten.

---

[1] Der Nullmeridian ist der durch Greenwich bei London verlaufende Längengrad

[2] Platin und Iridium sind hochwertige Metalle

Die norddeutschen Staaten (Norddeutscher Bund) erhielten den Prototyp mit der Nummer 18. Aufbewahrt wurde er in der Physikalisch Technischen Reichsanstalt in Berlin. Bayern erhielt den Prototypen mit der Nummer 7.

Während des 2. Weltkriegs (1939-1945) gab Bayern seinen Prototyp für Vergleichsmessungen an die Physikalisch Technischen Reichsanstalt in Berlin ab. Kurz darauf wurden wegen der Kriegsereignisse die Laboratorien von Berlin nach Thüringen verlegt. Nach dem Krieg entstanden zwei deutsche Staaten, die DDR und die Bundesrepublik. Die beiden Prototypen, Nr. 7 und Nr. 18, gelangten in die DDR, die Bundesrepublik hatte keinen Prototypen.

Zum Glück hatte Belgien seinerzeit zwei Prototypen zugeteilt bekommen. So konnte die Bundesrepublik im Jahre 1954 nach 9 „maßlosen" Jahren den Prototyp Nr. 23 erwerben.

Da mittlerweile die beiden deutschen Staaten wieder vereinigt sind, fanden alle drei Prototypen, in Fachkreisen wenig respektvoll „Knüppel" genannt, zueinander. Sie werden in der Physikalisch Technischen Bundesanstalt in Braunschweig (PTB) aufbewahrt.

Im April 2001 gehörten 49 Staaten der Internationale Meterkonvention an.

Die Originalliste des *Bureau International des Poids et des Mesures* (BIPM) ist hier abgedruckt, natürlich in französischer Sprache.

États membres (49) de la Convention du Mètre et Associés (6) à la Conférence générale au 11 avril 2001

États membres:
Afrique du Sud
Égypte
Pakistan
Allemagne
Espagne
Pays-Bas
Argentine
États-Unis
Pologne
Australie
Finlande
Portugal
Autriche
France
Roumanie
Belgique
Grèce
Royaume-Uni
Brésil
Hongrie
Russie (Féd. de)
Bulgarie Inde
Singapour
Cameroun
Indonésie
Slovaquie
Canada
Iran (Rép. Islamique d')
Suède
Chili
Irlande
Suisse
Chine
Israël
Tchèque (Rép.)
Corée (Rép. de)
Italie
Thaïlande
Corée (Rép. pop.dém. de)
Thaïlande
Corée (Rép. pop.dém. de)
Japon
Turquie
Mexique
Uruguay
Danemark
Norvège
Venezuela
Dominicaine (Rép.)
Nouvelle-Zélande

Associés à la Conférence générale:
Cuba
Équateur
Hong Kong,
Chine
Lettonie
Lituanie
Malte

2.1.2 Umrechnen von Längenangaben

Man kann nun ein und dieselbe Länge in verschiedenen Längeneinheiten angeben. Folgendes Diagramm verdeutlicht nochmals die Zusammenhänge zwischen den Ober- und Untereinheiten bei Längen.

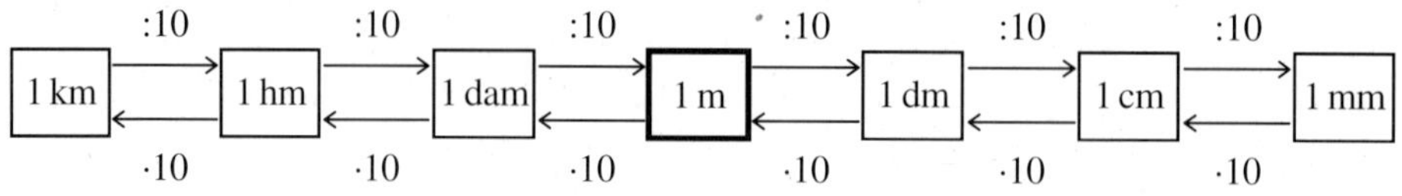

Was bedeuten in dieser Tabelle die Zeichen $\overleftarrow{\cdot 10}$ und $\overrightarrow{:10}$?

Sie bedeuten z.B. „Das 10fache von 1 cm ist 1 dm" oder „1 cm multipliziert mit 10 ergibt 1 dm" bzw. „Der 10te Teil (ein Zehntel) von 1 m ist 1 dm" oder „1 m dividiert durch 10 ist 1 dm".

Achtung: In diesem Diagramm wird also keine Umwandlungsregel zwischen Ober- und Untereinheiten bei Längen verdeutlicht.

Es gilt allgemein folgende Umwandlungsregel:

Umwandlungsregel für Längenangaben

Eine Längenangabe wird **in die nächste Untereinheit** umgewandelt, indem man **die Maßzahl mit 10 multipliziert**.

Eine Längenangabe wird **in die nächste Obereinheit** umgewandelt, indem man **die Maßzahl durch 10 dividiert**.

Beispiel 1

a) 54 m = (54·10) dm = 540 dm = (540·10) cm = 5400 cm

b) 190000 cm = (190000 : 10) dm = 19000 dm = (19000 : 10) m = 1900 m

Oder kurz:

Beispiel 2

a) 23 km = 230 hm = 2300 dam = 23000 m

b) 47000 mm = 4700 cm = 470 dm = 47 m

Längen können auch durch **mehrere** Einheiten angegeben werden. Du kannst die Längen dann auch in der jeweils kleinsten Einheit ausdrücken.

Beispiel 3

a) 3 dm 7 mm = 3 dm + 7 mm = 300 mm + 7 mm = 307 mm

b) 5 m 75 cm = 5 m + 75 cm = 500 cm + 75 cm = 575 cm

c) 8 km 100 m = 8 km + 100 m = 8000 m + 100 m = 8100 m

Im täglichen Leben begegnet uns oft bei Längenangaben die nebenstehende Schreibweise:

↑ **2,8 km** ↑

Beispiel 4

a) 2,8 km (lies: zwei Komma acht Kilometer) bedeutet 2 km 8 hm

b) 5,43 m (lies: fünf Komma vier drei Meter) bedeutet 5 m 4 dm 3 cm

Merke

Diese verkürzte Schreibweise bei Längenangaben heißt **Kommaschreibweise** oder **dezimale Schreibweise**.

Dabei gibt die **Zahl vor dem Komma** (links vom Komma) immer an, wie oft die verwendete Längeneinheit in der gemessenen Länge vollständig enthalten ist.

Die **Stellen hinter dem Komma** (rechts vom Komma) werden ziffernweise gelesen und geben nacheinander an, wie viel Zehntel, Hundertstel, Tausendstel usw. von der verwendeten Einheit in der gemessenen Länge dann noch enthalten sind.

Jede Längenangabe ist mithilfe der Kommaschreibweise darstellbar. Mit der folgenden Tabelle kannst du die Umwandlung von Längenangaben in die Kommaschreibweise üben:

Einheit	km	hm	dam	m	dm	cm	mm
Beispiel 5a)				4	1	2	8
Beispiel 5b)		3	7	6	0	2	
Beispiel 5c)	9	0	6	0			

Beispiel 5

a) 4 m 1 dm 2cm 8 mm = 4,128 m (lies: vier Komma eins zwei acht Meter)

b) 376 m 2 cm = 376 m 0 dm 2 cm = 376,02 m

c) 9 km 60 m = 9 km 0 hm 6 dam 0 m = 9,060 km = 9,06 km

Beachte bei c): Bei der Kommaschreibweise darf man rechts vom Komma am Schluss Nullen weglassen oder hinzufügen, ohne dass sich der Wert des Zahlzeichens ändert.

Die Kommaschreibweise ist sehr praktisch, wenn man eine gegebene Länge in eine Ober- oder Untereinheit umrechnen will. Aus der vorangehenden Tabelle lassen sich die Umwandlungen unmittelbar ablesen.

Beispiel 6

a) 4,128 m = 41,28 dm = 412,8 cm = 4128,0 mm = 4128 mm

b) 376,02 m = 37,602 dam = 3,7602 hm = 03,7602 hm = 0,37602 km

c) 9,06 km = 90,6 hm = 906,0 dam = 906 dam = 9060 m

Allgemein gilt folgende Regel:

Kommaverschiebungsregel für Längenangaben

Längenangaben in dezimaler Schreibweise werden **in die nächste Untereinheit** umgewandelt, indem das Komma **um eine Stelle nach rechts** verschoben wird.

Längenangaben in dezimaler Schreibweise werden **in die nächste Obereinheit** umgewandelt, indem das Komma **um eine Stelle nach links** verschoben wird.

Fehlende Stellen werden dabei jeweils durch Nullen ergänzt.

Alte Längeneinheiten

Bis zur Einführung des Meters gab es auf der Erde eine sehr große Zahl von Längeneinheiten, von denen sich der Englische Fuß bis heute im Gebrauch erhalten hat. Scheinbar hat es über 300 vormetrische Maßeinheiten gegeben. Viele Maßeinheiten haben aber nur einen anderen Namen, während sie an sich gleich lang sind.

Deshalb gibt es etwas mehr als 30 Grundmaße.

Weil diese Maßeinheiten in *Klafter*, *Ellen*, *Fuß*, *Spannen*, *Handbreit*, *Daumen* und *Fingerbreit* eingeteilt waren, sind viele davon überzeugt, dass diese Körpermaße je nach Bedarf immer wieder vom menschlichen Körper abgegriffen worden sind.

Für Handel und Gewerbe sind verbindliche Maße eine unverzichtbare Voraussetzung. Deshalb gehören Maßverkörperungen für Masse, Länge und Rauminhalt zu den frühesten Zeugnissen entwickelter menschlicher Gesellschaft.

Im Alten Orient muss vor mehr als 8000 Jahren die Standardmaßeinheit der Länge einmal festgelegt worden sein.

Die erste nachweisbare Maßeinheit stammt aus dem 6. Jahrtausend v.Chr. Sie ist an Grundrissen von Häusern zu erkennen. Dieselbe Maßeinheit wurde auch an den jüngeren Steinsetzungen der Megalithiker[1] in England, Schottland und der Bretagne nachgewiesen. Daher erhielt sie von ihm den Namen Megalithisches Yard (MY). Die Megalithbauten gehören ins 3. Jahrtausend v.Chr., teils sind sie noch etwas jünger. Das **Megalithische Yard** ist 829,1 mm lang.

In einem Tempel in Nippur, Mesopotamien, fand sich der älteste **dingliche Maßstab** überhaupt. Die so genannte **Nippur-Elle** ist 518,4 mm lang und auf etwa 2800 v. Chr. zu datieren. Sie besteht aus einer Kupferlegierung und befindet sich heute in einem Museum in Istanbul. Von ihr muss es Kopien aus Holz gegeben haben, weil ältere Tempelanlagen nach der auf ihr abgetragenen Maßeinheit errichtet worden sind.

Unabhängig von ihrer absoluten Länge sind die vormetrischen Längenmaßeinheiten in Größenstufen gegliedert worden, analog der heutigen Gliederung in Millimeter, Zentimeter, Dezimeter und Meter.

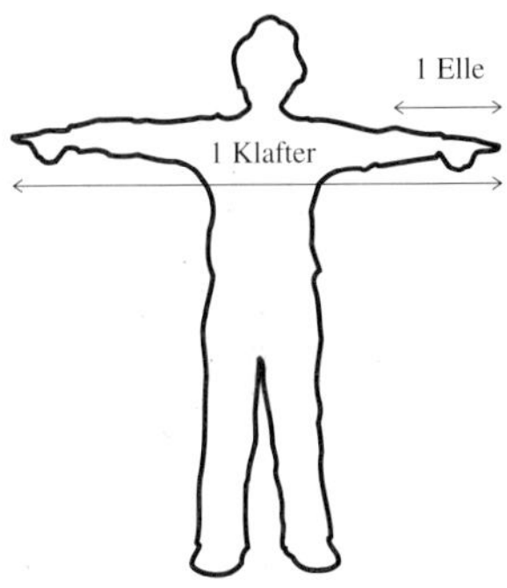

Klafter: Ursprünglich die Länge eines Mannes mit seitlich ausgestreckten Armen von Fingerspitze zu Fingerspitze. Es gilt: 1 Klafter = 6 Fuß. Die Länge des Klafters in mm hängt natürlich von der zugrundeliegenden Länge des Fußes ab. Oft wurde 1Fuß zu 296mm verwendet.

Schritt: Typisch römische Längenmaßeinheit. Sie ist 5 Fuß lang. Im römischen Messwesen benutzte man Messlatten zu 2 Schritt, die so genannte *pertica*, die also 10 Fuß hatte.

Elle: Die Länge einer Elle war zu unterschiedlichen Zeiten unterschiedlich lang Die Handelselle, die zur Römerzeit fast allein im Gebrauch war, ist anderthalb Fuß lang. Vier dieser Ellen bilden das Klafter. Die Länge der Elle in mm hängt natürlich ebenfalls vom jeweiligen Maßsystem ab.

Spanne: Es gibt verschieden definierte Spannen, was immer zu Verwechslungen geführt hat. Bei den Griechen reichte eine Spanne von der Handwurzel bis zur Spitze des Mittelfingers. Es gibt noch eine weitere Spanne, die vom Ende des Daumens zum Ende des kleinen Fingers geht.

Zoll: Im Deutschen auch Unze (von lateinisch uncia, englisch inch) genannt. Die Römer teilten den Fuß in 12 Teile, Zwölftel, woher sprachlich Zoll kommt.

[1] Megalithiker, keltischer Volksstamm

2.2 Masse (Gewicht)

Fritz wiegt 43 Kilogramm. Sein Ranzen wiegt 6 Kilogramm.
Mit diesen Aussagen wird die Menge an Materie, aus der ein Körper besteht, gekennzeichnet. Das Maß dafür ist die **Masse**. In der Umgangssprache spricht man stattdessen meist vom **Gewicht** eines Körpers. In der Physik wird später sorgfältig zwischen der Masse und dem Gewicht unterschieden.

Definition 2.1
Das Maß für die Menge an Materie, aus der ein Körper besteht, heißt die **Masse** des Körpers.

Als **Grundeinheit der Masse** wurde **die Masse von 1 Liter Wasser** festgelegt. Man nennt diese Masseneinheit **das Kilogramm**[1] (Abkürzung: **kg**).
Die Masse ist wie die Länge eine Größe. Sie ist demnach das Produkt aus einer Maßzahl und der Einheit.

Merke

$$\textbf{Masse} = \textbf{Maßzahl} \cdot \textbf{1 kg}$$

$$\text{z.B. } 13\,\text{kg} = 13 \cdot 1\,\text{kg}$$

Massen werden mit einer **Balkenwaage** gemessen. Um die Masse eines Gegenstandes zu bestimmen, legt man ihn auf eine Waagschale und dann auf die andere Waagschale so viele **Wägestücke** eines **Wägesatzes**, bis Gleichgewicht entsteht. Man vergleicht also die unbekannte Masse eines Gegenstandes mit den bekannten Massen von Wägestücken.

Balkenwaage

Schnellwaage

Die Balkenwaage wird seit langer Zeit benutzt. Besonders genaue Balkenwaagen verwenden der Apotheker und der Chemiker. In Geschäften findet man **Schnellwaagen**, bei denen das Messergebnis sofort abgelesen werden kann.

[1] chilioi (griech.), tausend; gramma (griech.), kleines Gewichtssteinchen

Auch bei der Masse hat man Unter- und Obereinheiten eingeführt.

Merke

Durch Unterteilung der Grundeinheit Kilogramm in 1000 und 1 000 000 gleich schwere Teile erhält man als Untereinheiten **Gramm** (Abkürzung: **g**) und **Milligramm** (Abkürzung: **mg**).

Es gilt: 1 kg = 1000 g; 1 kg = 1 000 000 mg.

Daraus ergibt sich: 1 kg = 1000g; 1 g = 1000 mg.

Durch Vervielfachung der Grundeinheit Kilogramm mit dem Faktor 1000 erhält man die Obereinheit **Tonne**[1] (Abkürzung: **t**).

Es gilt: 1000 kg = 1 t.

Das 1000fache einer Einheit ergibt jeweils die nächstgrößere Einheit. Der 1000te Teil einer Einheit ergibt jeweils die nächstkleinere Einheit.

Folgende Tabelle gibt einen Überblick:

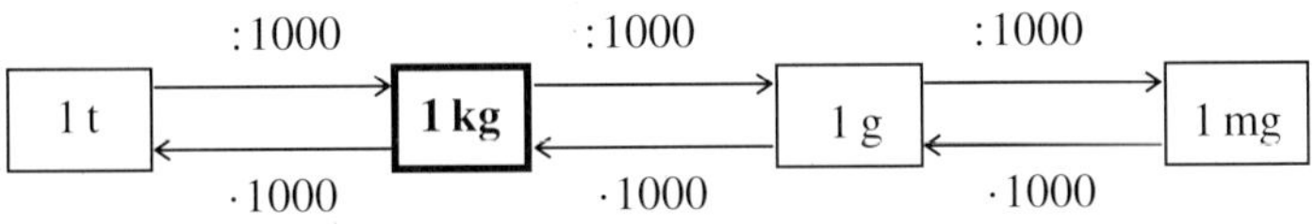

Was bedeuten in dieser Tabelle die Zeichen $\overleftarrow{\cdot 1000}$ und $\overrightarrow{:1000}$?

Sie bedeuten z.B. „Das 1000fache von 1 kg ist 1 t" bzw. „Der 1000te Teil (ein Tausendstel) von 1 kg ist 1 g".

Es gilt allgemein folgende Umwandlungsregel:

Umwandlungsregel für Massenangaben

Eine Massenangabe wird **in die nächste Untereinheit** umgewandelt, indem man **die Maßzahl mit 1000 multipliziert**.

Eine Massenangabe wird **in die nächste Obereinheit** umgewandelt, indem man **die Maßzahl durch 1000 dividiert**.

In Handel und Gewerbe werden noch die Untereinheit **Pfund (Pfd)** und die Obereinheiten **Zentner (Ztr)** und **Doppelzentner (dz)** verwendet.

Es gilt: 1 Pfd = 500 g; 1 Ztr = 100 Pfd = 50 kg; 1 dz = 2 Ztr = 100 kg.

[1] tunna (althochdeutsch), größeres Fass

Auch bei Massen verwendet man die Kommaschreibweise.

Merke
Bei Massenangaben gibt die **Zahl vor dem Komma** an, wie oft die verwendete Einheit in der gemessenen Masse vollständig enthalten ist.
Die **Ziffern hinter dem Komma** geben nacheinander an, wie viel Zehntel, Hundertstel, Tausendstel usw. von der verwendeten Einheit in der gemessenen Masse dann noch enthalten sind.

Beispiel 1

a) 8,35 t bedeutet 8 t + 3 Zehntel einer t + 5 Hundertstel einer t.
   1 Zehntel einer t sind 100 kg und 1 Hundertstel einer t sind 10 kg.
   Also gilt: 8,35 t = 8 t + 300 kg + 50 kg = 8350 kg.

b) 7,046 kg bedeutet 7 kg + 0 Zehntel eines kg + 4 Hundertstel eines kg + 6 Tausendstel eines kg.
   1 Hundertstel eines kg sind 10 g und 1 Tausendstel eines kg ist 1 g.
   Also gilt: 7,046 kg = 7 kg + 40 g + 6 g = 7046 g.

Jede Massenangabe ist mithilfe der Kommaschreibweise darstellbar. Mit der folgenden Tabelle kannst du die Kommaschreibweise üben:

Einheit	t			kg			g			mg		
	H	Z	E	H	Z	E	H	Z	E	H	Z	E
Beispiel 2a)					3	5	1	8	7			
Beispiel 2b)						4	9	7	2	5	0	0
Beispiel 2c)		6	2	0	8	5	2	0	0			
Beispiel 2d)				2	1	0	7	5	0	3	8	0

Beispiel 2

a) 35 kg 187 g = 35,187 kg
b) 4 kg 972 g 500 mg = 4972,500 g = 4972,5 g
c) 62 t 85 kg 200 g = 62,085 200 t = 62,0852 t
d) 210 kg 750 g 380 mg = 210,750 380 kg = 210,750 38 kg

Die Kommaschreibweise ist sehr praktisch, wenn man eine gegebene Masse in eine Ober- oder Untereinheit umrechnen will. Aus der obigen Tabelle lassen sich die Umwandlungen unmittelbar ablesen.

Beispiel 3

a) 35,187 kg = 35 187,0 g = 35 187 g

b) 4972,5 g = 4,9725 kg

c) 62,0852 t = 62085,2 kg = 62085200,0 g = 62085200 g

d) 210750380 mg = 210750,38 g = 210,75038 kg = 0,21075038 t

e) 0,0042 kg = 4,200 g = 4200 mg

Allgemein gilt folgende Regel:

Kommaverschiebungsregel für Massenangaben

Massenangaben in dezimaler Schreibweise werden **in die nächste Untereinheit** umgewandelt, indem das Komma um **drei Stellen nach rechts** verschoben wird.

Massenangaben in dezimaler Schreibweise werden **in die nächste Obereinheit** umgewandelt, indem das Komma um **drei Stellen nach links** verschoben wird.

Fehlende Stellen werden dabei jeweils durch Nullen ergänzt.

Die Masse

Als 1795 auf der Konferenz in Paris die Längeneinheit festgelegt wurde (siehe Seite 106), einigte man sich auch über die Masseneinheit. Als *Grundeinheit der Masse* wurde *die Masse von 1 Liter Wasser* unter gewissen physikalischen Bedingungen (u. a.[1] einer Temperatur von 4° Celsius) festgelegt. Man nannte diese Masseneinheit **das Kilogramm.**

Weil sich Messschwierigkeiten ergaben, hat man 1889 einen Platin-Iridium-Zylinder mit 39 mm Höhe und 39 mm Durchmesser als **Urkilogramm** hergestellt. Er wird durch eine dreifache Glasglocke geschützt und in einem Stahlschrank im Untergeschoss im *Bureau international des poids et mesures* in Sèvres bei Paris aufbewahrt.

Es wurden damals insgesamt 62 Kilogrammprototypen hergestellt, deren Massen maximal 1 mg voneinander abwichen. 60 davon wurden unter den Mitgliedsstaaten der Meterkonvention verlost. Deutschland erhielt den Prototyp mit der Nummer 52.
Er wird unter zwei Glasglocken bei normalen Umgebungsbedingungen in der PTB Braunschweig aufbewahrt. Etwa alle 10 Jahre wird er mit dem internationalen Prototyp im BIPM verglichen.

Bei einem Gegenstand wie dem Urmeter oder dem Urkilogramm besteht aber ein großes Problem: Es kann sich im Laufe der Zeit verändern. Das Urmeter kann etwas länger oder kürzer werden, die Masse des Urkilogramms kann etwas kleiner oder größer werden. Ebenso ist eine Zerstörung oder gar der Verlust eines der Objekte möglich. Dies ist zwar sehr unwahrscheinlich, denn tatsächlich werden die Prototypen in den einzelnen Ländern in staubfreien Räumen und in bombensicheren Tresoren aufbewahrt.

Da sich die physikalischen Möglichkeiten seit der ersten Meterdefinition sehr verbessert haben, hat man im Jahre 1983 das Meter neu definiert.

Ein Meter ist die Länge der Strecke, die Licht im Vakuum während der Dauer des 299 792 458 ten Teils einer Sekunde durchläuft.

Das Kilogramm wird aber nach wie vor über das Urkilogramm definiert.

[1] u. a. ist die Abkürzung für „unter anderem“

2.3 Rechnen mit Größen

2.3.1 Addieren und Subtrahieren

Beispiel 1

7 m + 2 m = 9 m;

14 km − 9 km = 5 km;

8 km + 12 km − 5 km = 15 km;

200 kg − 60 kg = 140 kg;

125 g + 255 g = 380 g;

5 m − 2 kg **gibt keinen Sinn!**

Merke

Gleichartige Größen (z.B. zwei Längen) kann man addieren oder subtrahieren; bei ungleichartigen Größen ist dies nicht möglich.

Größen mit gleicher Maßeinheit werden addiert bzw. subtrahiert, indem man ihre Maßzahlen addiert bzw. subtrahiert und die Maßeinheit beibehält.

Es kann aber auch vorkommen, dass man gleichartige Größen zu addieren oder zu subtrahieren hat, die in verschiedenen Maßeinheiten angeben sind.

Beispiel 2

a) 4 m + 27 dm = 40 dm + 27 dm = 67 dm = 6 m 7 dm = 6,7 m

b) 510 mg + 0,25 g = 510 mg + 250 mg = 760 mg = 0,76 g

c) 11 kg 200 g − 5,9 kg = 11 200 g − 5900 g = 5300 g = 5 kg 300 g = 5,3 kg

Merke

Gleichartige Größen mit verschiedenen Maßeinheiten werden **addiert** (voneinander **subtrahiert**), indem man zuerst alle Größenangaben durch die kleinste vorkommende Maßeinheit ausdrückt und dann addiert (voneinander subtrahiert).

Größen in Kommaschreibweise wandelt man dabei so um, dass kein Komma mehr vorkommt und addiert (subtrahiert) dann.

Man kann Größen unter Verwendung der dezimalen Schreibweise auch addieren und subtrahieren, wenn sie in der gleichen Maßeinheit angegeben sind.

Beispiel 3

a) 56,73 km + 12,40 km = ?

Lösung:

$$\begin{array}{r} 56{,}73\,\text{km} \\ +\ 12{,}40\,\text{km} \\ \hline 69{,}13\,\text{km} \end{array}$$

56,73 km + 12,40 km = 69,13 km

b) 3,458 kg − 1,84 kg = ?

Lösung:

$$\begin{array}{r} 3{,}458\,\text{kg} \\ -\ 1{,}840\,\text{kg} \\ \hline 1{,}618\,\text{kg} \end{array}$$

3,458 kg − 1,84 kg = 1,618 kg

Merke

Größen in Kommaschreibweise werden **addiert** (voneinander **subtrahiert**), indem man sie zuerst Komma unter Komma (**stellengerecht**) schreibt, fehlende Stellen durch Nullen ausfüllt, dann stellenweise addiert (voneinander subtrahiert) und im Ergebnis das Komma entsprechend setzt.

2.3.2 Multiplizieren und Dividieren

♦ Multiplikation einer Größe mit einer Zahl

Ein Urlauber wandert täglich 7 km. Welche Strecke legt er in 12 Tagen zurück?

Wir berechnen die Strecke: $\underbrace{12}_{\text{Zahl}} \cdot \underbrace{7\,\text{km}}_{\text{Größe}} = (12 \cdot 7)\,\text{km} = \underbrace{84\,\text{km}}_{\text{Größe}}$.

Merke

Man **multipliziert eine Größe mit einer Zahl**, indem man die Maßzahl mit der Zahl multipliziert und die Maßeinheit beibehält.

Größen in Kommaschreibweise wandelt man dabei so um, dass kein Komma mehr vorkommt und multipliziert dann.

Beispiel 1

a) $8 \cdot 13\,\text{kg} = (8 \cdot 13)\,\text{kg} = 104\,\text{kg}$

b) $6 \cdot 1{,}8\,\text{m} = 6 \cdot 18\,\text{dm} = (6 \cdot 18)\,\text{dm} = 108\,\text{dm} = 10{,}8\,\text{m}$

c) $3 \cdot 0{,}7\,\text{t} = 3 \cdot 700\,\text{kg} = 2100\,\text{kg} = 2{,}1\,\text{t}$

♦ Division einer Größe durch eine Zahl

Vier Kinder wollen eine 60 cm lange Lakritzschlange gerecht aufteilen. Welche Länge hat das Stück, das jedes Kind bekommt?

Wir berechnen die gesuchte Länge: $\underbrace{60\,\text{cm}}_{\text{Größe}} : \underbrace{4}_{\text{Zahl}} = (60:4)\,\text{cm} = \underbrace{15\,\text{cm}}_{\text{Größe}}$.

> **Merke**
>
> Man **dividiert eine Größe durch eine Zahl**, indem man die Maßzahl durch die Zahl dividiert und die Maßeinheit beibehält.
>
> **Größen in Kommaschreibweise** wandelt man dabei so um, dass kein Komma mehr vorkommt und dividiert dann.

Beispiel 2

a) $84\,\text{g} : 7 = (84:7)\,\text{g} = 12\,\text{g}$

b) $3{,}2\,\text{m} : 40 = 320\,\text{cm} : 40 = (320:40)\,\text{cm} = 8\,\text{cm}$

♦ Division von gleichartigen Größen

3000 kg Zement werden in 25 kg Säcke abgepackt. Wie viele Säcke erhält man?

Wir müssen feststellen, wie oft 25 kg in 3000 kg enthalten sind.

Dies gelingt mit folgender Rechnung: $\underbrace{3000\,\text{kg}}_{\text{Größe}} : \underbrace{25\,\text{kg}}_{\text{Größe}} = \underbrace{120}_{\text{Zahl}}$.

25 kg sind also 120mal in 3000 kg enthalten. Man erhält demnach 120 Säcke.

> **Merke**
>
> Man **dividiert eine Größe durch eine maßgleiche Größe**, indem man die Maßzahlen dividiert und die Maßeinheit weglässt.
>
> Man **dividiert gleichartige Größen mit verschiedenen Maßeinheiten,** indem man zuerst alle Größenangaben durch die kleinste vorkommende Maßeinheit ausdrückt und dann dividiert.
>
> **Größen in Kommaschreibweise** wandelt man dabei so um, dass kein Komma mehr vorkommt und dividiert dann.

Beispiel 3

a) $165\,\text{mm} : 15\,\text{mm} = 11$

b) $3\,\text{kg} : 250\,\text{g} = 3000\,\text{g} : 250\,\text{g} = 12$

♦ Rechnen mit Größen in Kommaschreibweise

Man kann Größen auch unter Verwendung der Kommaschreibweise mit einer Zahl multiplizieren.

Beispiel 7

a) $34{,}56\,\text{m} \cdot 12 = ?$

Lösung:

$$\begin{array}{r} 34{,}56\,\text{m} \cdot 12 \\ \hline 3456 \\ 6912 \\ \hline 414{,}72\,\text{m} \end{array}$$

$34{,}56\,\text{m} \cdot 12 = 414{,}72\,\text{m}$

b) $35 \cdot 6{,}4\,\text{kg} = ?$

Lösung:

$$\begin{array}{r} 35 \cdot 6{,}4\,\text{kg} \\ \hline 210 \\ 140 \\ \hline 224{,}0\,\text{kg} \end{array}$$

$35 \cdot 6{,}4\,\text{kg} = 224{,}0\,\text{kg} = 224\,\text{kg}$

Merke

Eine **Größe in Kommaschreibweise wird mit einer Zahl multipliziert**, indem man zunächst ohne Rücksicht auf das Komma multipliziert und dann im Ergebnis das Komma an dieselbe Stelle wie in der Kommazahl setzt.

Man kann Größen auch in Kommaschreibweise durch eine Zahl dividieren.

Beispiel 8

a) $100{,}8\,\text{kg} : 14 = ?$

Lösung:

$$\begin{array}{l} 100{,}8\,\text{kg} : 14 = 7{,}2\,\text{kg} \\ \underline{-98}\downarrow \qquad\qquad \uparrow \\ \quad 28 \longrightarrow \text{Komma} \\ \quad \underline{-28} \\ \qquad 0 \end{array}$$

$100{,}8\,\text{kg} : 14 = 7{,}2\,\text{kg}$

b) $42{,}03\,\text{m} : 9 = ?$

Lösung:

$$\begin{array}{l} 42{,}03\,\text{m} : 9 = 4{,}67\,\text{m} \\ \underline{-36}\downarrow \qquad\qquad \uparrow \\ \quad 60 \longrightarrow \text{Komma} \\ \quad \underline{-54} \\ \qquad 63 \\ \quad \underline{-63} \\ \qquad 0 \end{array}$$

$42{,}03\,\text{m} : 9 = 4{,}67\,\text{m}$

Merke

Eine **Größe in Kommaschreibweise wird durch eine Zahl dividiert**, indem man wie üblich dividiert und beim Überschreiten des Kommas auch im Ergebnis das Komma setzt.

Das britische und amerikanische Maßsystem

England gehörte nicht zu den 17 Staaten der internationalen Meterkonvention.
Die Folge ist ein eigenständiges Maßsystem, das bis heute in Gebrauch ist. Auch in den USA wird es noch im Alltag verwendet.

Längeneinheiten	Masseneinheiten
1 foot (ft) = 12 inches = 30,48 cm	1 ounce (oz) = 28,35 g
1 inch (in) = 2,54 cm	1 pound (lb) = 16 oz = 453,59 g
1 yard (Yd) = 3 ft = 91,44 cm	1 stone (st) = 14 lb = 6,35 kg
1 mile (mi) = 1,60934 km	1 quarter (qr) = 2 st = 12,70 kg
1 nauticmile (nmi) = 1,852 km	1 hundredweight (cwt) = 4 qr = 50,802 kg
	1 long ton (lt) = 20 cwt = 1016,05 kg

Die EU hatte bereits 1979 eine Richtlinie erlassen, nach der innerhalb von zehn Jahren nur noch metrische Maße innerhalb der EU, also auch für Großbritannien, erlaubt sein sollten. Die Frist wurde später bis Ende 1999 verlängert.

Bisher geben amerikanische Hersteller beide Maßeinheiten nebeneinander an. Dies wäre unter der neuen Regelung auf dem europäischen Markt nicht mehr möglich. Nun wird der Termin erneut um 10 Jahre verschoben werden. Dadurch besteht die Hoffnung, dass die USA bis 2009 das internationale System übernehmen und man so zu einem einheitlichen Maßsystem gelangen könne.

In Großbritannien wächst dagegen weiterhin die Abneigung gegen diese Vorhaben. Mit Inch und Pound begehrt das Inselreich gegen die EU-Richtlinien auf.

J. K. Rowling, die Schöpferin von Harry Potter, zählt als Schirmherrin der British Weight and Measures Association zu einer illustren Schar von Sportlern und Künstlern, die sich der Umstellung auf das metrische System mit seinen Grammen und Metern widersetzen; es gilt ihnen als künstliches „Kopfprodukt", das Großbritannien von seiner Geschichte und seinem Maßsystem trennen würde. Also werden auch Harry Potters Abenteuer in Zoll und Fuß gemessen. Nicht aber so in der deutschen Übersetzung.
Der Kampf gegen das metrische System, das seit Januar 2001 gesetzlich vorgeschrieben ist, verschärft sich und bringt „metrische Märtyrer" hervor:

In Sunderland, im englischen Nordosten, wird jetzt einem widerborstigen Gemüsehändler der Prozess gemacht. Er wehrte sich, seine Waren wie von der EU vorgeschrieben, nach Kilogramm zu verkaufen. Er beharrte auf dem alten britischen System und wog Gemüse und Früchte weiterhin in Pounds.

Britische Tradidionalisten verehren den Gemüsehändler jetzt als „Märtyrer".

2.4 Währung

Der Wert einer Ware wird überall auf der Welt in **Geldwerten** angegeben. In jedem Land ist eine bestimmte **Geldeinheit** (**Währung**) als Zahlungsmittel gesetzlich festgelegt. Seit dem 1. Januar 2002 ist in Deutschland **die Grundeinheit des Geldes der Euro** (Abkürzung: **EUR**[1]).
Das graphische Symbol ist **€**.

Auch der Geldwert ist, wie die Länge und die Masse, eine Größe. Er ist das Produkt aus einer Maßzahl und der Einheit.

Merke

	Geldwert	=	Maßzahl	·	1€
z.B.	12€	=	12	·	1€

Es gibt keine Obereinheit des Euro, aber eine Untereinheit.

Merke
Durch Unterteilung der Grundeinheit Euro in 100 wertgleiche Teile erhält man die Untereinheit **Cent**[2]. Für den Cent hat sich bisher keine Abkürzung durchgesetzt[3]. Es gilt: 1 € = 100 Cent.

Die Rechtschreibung für die Wörter Euro und Cent wurde für die einzelnen Sprachen offiziell festgelegt. Es folgt ein Auszug aus der offiziellen Tabelle der Europäischen Union:

	als Betrag		mit bestimmtem Artikel	
Sprache	eine Einheit	mehrere Einheiten	Singular	Plural
Deutsch	1 Euro 1 Cent	100 Euro[4] 100 Cent[4]	der Euro der Cent	die Euro[4] die Cent[4]
Französisch	1 euro 1 cent	100 euros 100 cents	l'euro le cent	les euros les cents
Englisch	1 euro 1 cent	100 euro[5] 100 cent[5]	the euro the cent	the euro[5] the cent[5]

[1] Die offizielle Abkürzung für den Euro ist EUR. Sie wurde bei der International Standards Organisation (ISO 4217) registriert und wird, so wie z.B. GBP (Pfund Sterling) oder USD (US-Dollar) im Finanz- und Geschäftssektor und im Handel gebräuchlich sein.

[2] centum (lat.), Hundert

[3] Eventuell wird sich „c" oder „ct" als Abkürzung durchsetzen.

[4] Bei der Bildung der Mehrzahl wird auf das Plural-S verzichtet.

[5] Auch im Englischen wird von der üblichen Schreibweise für Währungen abgewichen.

Auch bei Geldwerten benutzt man gerne die Kommaschreibweise.

Beispiel 1

a) 24,58 € bedeutet 24 € + 5 Zehntel eines € + 8 Hundertstel eines €.
1 Zehntel eines € sind 10 Cent und 1 Hundertstel eines € ist 1 Cent.
Also gilt: 24,58 € = 24 € + 50 Cent + 8 Cent = 24 € + 58 Cent = 2458 Cent.

b) 6,05 € = 6 € + 5 Cent = 605 Cent.

Mit der folgenden Tabelle kannst du die Kommaschreibweise wiederholen:

Einheit	Euro				Cent	
	...	H	Z	E	Z	E
Beispiel 2a)			9	2	3	5
Beispiel 2b)		3	2	0	7	0

Beispiel 2

a) 92 € 35 Cent = 92,35 € = 9235 Cent

b) 320 € 70 Cent = 320,70 € = 32070 Cent

Von der Mark zum Euro

Wie du sicherlich schon weißt, wurde am 1.1.1999 in vielen europäischen Staaten, auch in Deutschland, der Euro als gemeinsame Währung eingeführt; zunächst aber nur an den Finanzmärkten und der Börse als so genanntes Buchgeld. Die Geldscheine und Münzen kamen am 1.1.2002 in Umlauf. 1 Euro wird in 100 Cent unterteilt.

Eurozeichen

Von der Währungsreform im Jahre 1948 bis zur Einführung des Euro war in Deutschland die Grundeinheit des Geldes die **Deutsche Mark**[1] (Abkürzung: **DM**).

Am 7. Februar 1992 wurde im niederländischen Maastricht der Vertrag (Maastrichter Vertrag) über die Europäische Union unterzeichnet. Kernstück dieses Vertrages ist die Schaffung einer Europäischen Währungsunion. Dabei werden die nationalen Zahlungsmittel von einer einheitlichen europäischen Währung abgelöst; das hieß für Deutschland: die Deutsche Mark wird durch den **Euro** ersetzt.

[1] marc (mittelhochdeutsch), Zeichen, mit Stempel versehener Metallblock, Münzeinheit

Länder, die schon zur Währungsunion gehören, sind grau unterlegt. Stand Juli 2007.

Seit 1. Januar 1999 wurde im Finanzsektor schon in Euro gerechnet. Die Zentralbanken der Länder, die damals zur Währungsunion gehörten, rechneten untereinander und mit den Banken, Sparkassen, Fonds und anderen großen Kapitalsammelstellen in Euro ab.

Die Umrechnungskurse für die einzelnen nationalen Währungen wurden verbindlich festgelegt.

Für die Deutsche Mark galt:

1 Euro = 1,95583 DM

1 DM = 0,511292 Euro

Für den Euro wurde eigens ein Symbol entworfen.

Das Logo für den Euro zeigt einen rechts unterbrochenen Kreis, den in der Mitte zwei waagerechte parallele Striche unterteilen; sie stehen für die Stabilität des Euro.

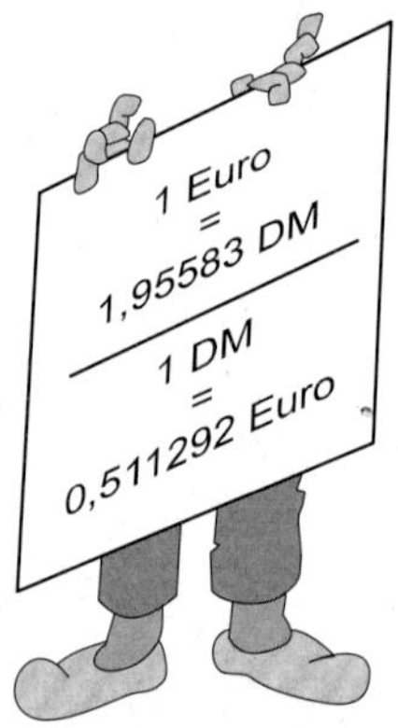

Vom Epsilon ...

ε

Es ist von dem griechischen Buchstaben Epsilon abgeleitet (entspricht unserem Buchstaben e), weil Griechenland als die Wiege der europäischen Kultur gilt und weil Epsilon der erste Buchstabe des Wortes „Europa“ ist.

Am 1. Januar 2002 begann die Ausgabe der Euro-Banknoten und -Münzen. Bis 1. Juli 2002 verloren die nationalen Banknoten und Münzen ihre Gültigkeit als gesetzliches Zahlungsmittel. Die Banken werden aber noch eine ganze Zeit lang DM-Scheine und -Münzen in Euro-Scheine und -Münzen umtauschen.

€

... zum Euro-Symbol

Es gibt 7 Euro-Banknoten und 8 Euro-Münzen.

Euro-Banknoten:

5 Euro, 10 Euro, 20 Euro, 50 Euro, 100 Euro, 200 Euro und 500 Euro.

Euro-Münzen:

1 Cent, 2 Cent, 5 Cent, 10 Cent, 20 Cent, 50 Cent, 1 Euro und 2 Euro.

Staat	KFZ Abkürzung	Größe in km²	Einwohner in Mio.	Währung	Euro Einführung	Beitritt zur EU
Andorra	AND	468	76875	Euro *	01.01.2002	
Belgien	B	30520	10,17	Euro	01.01.2002	1952
Bulgarien	BG	110910	7,32	Lew		2007
Dänemark	DK	43094	5,39	Dänische Krone		1973
Deutschland	D	357023	81,85	Euro	01.01.2002	1952
Estland	EST	45227	1,34	Estnische Krone	01.01.2007	2004
Finnland	FIN	338144	5,16	Euro	01.01.2002	1995
Frankreich	F	543964	58,42	Euro	01.01.2002	1952
Griechenland	GR	131991	10,52	Euro	01.01.2002	1981
Großbritannien	GB	244821	60,44	Britisches Pfund		1973
Irland	IRL	70282	3,58	Euro	01.01.2002	1973
Italien	I	301267	57,26	Euro	01.01.2002	1952
Lettland	LV	64590	2,23	Lettische Lats	01.01.2008	2004
Litauen	LT	65201	3,44	Litauische Litas	01.01.2007	2004
Luxemburg	L	2586	0,415	Euro	01.01.2002	1952
Malta	MT	316	0,397	Maltesische Lira	01.01.2008	2004
Monaco	MC	1,95	0,032	Euro	01.01.2002	
Niederlande	NL	41500	15,71	Euro	01.01.2002	1952
Österreich	A	83852	8,06	Euro	01.01.2002	1995
Polen	PL	312686	38,56	Polnische Zloty		2004
Portugal	P	91981	9,8	Euro	01.01.2002	1986
Rumänien	Ro	237500	22,45	Leu		2007
San Marino	RSM	60,5	0,026	Euro	01.01.2002	
Schweden	S	449963	9,04	Schwedische Kronen		1990
Slowakische Rep.	SK	48845	5,43	Slowakische Kronen	01.01.2009	2004
Slowenien	SLO	20253	1,96	Slowenische Tolar	01.01.2007	2004
Spanien	E	505992	39,73	Euro	01.01.2002	1986
Tschechische Rep.	CZ	78866	10,25	Tschechische Kronen	01.01.2010	2004
Ungarn	H	93029	10,09	Ungarische Forint	01.01.2010	2004
Vatikan	V	0,43	0,00045	Euro	01.01.2002	
Zypern	CY	9250	0,78	Zypriotische Pfund	01.01.2008	2004
* Im Kleinstaat Andorra wird mit Euro bezahlt. Es darf jedoch keine eigene Euro-Münzen prägen.						
Tabelle: Stand Juli 2007						

Die Banknoten sind für das gesamte Euro-Gebiet einheitlich. Die Abbildungen auf den Scheinen symbolisieren das architektonische Erbe Europas. Die Vorderseite jeder Banknote zeigt Fenster und Portale als Symbol der Offenheit und Zusammenarbeit in der EU. Die Rückseite zeigt jeweils eine Brücke aus einer bestimmten Epoche als Symbol der Verbindung zwischen den Völkern Europas und zwischen Europa und dem Rest der Welt.

Anders dagegen die Münzen. Jede Euro-Münze hat eine gemeinsame europäische Seite. Die Rückseite kann jeder Mitgliedstaat nach Belieben gestalten. Jede der Münzen kann überall in den Mitgliedstaaten verwendet werden. Die gemeinsame Bildseite stellt die Karte der Europäischen Union dar, vor dem Hintergrund transversaler Linien, an denen die Sterne der europäischen Flagge hängen. Die Abbildungen auf den 1, 2 und 5 Cent-Münzen symbolisieren die Stellung Europas in der Welt, die 10, 20 und 50 Cent-Münzen die Union als Bund von Nationen. Die 1 und 2 Euro-Münzen stellen Europa ohne Grenzen dar.

Weitere Währungen

Mit der Einführung des Euro verschwanden in Europa 16 nationale Währungen. Jedoch gehören z.B. die Schweiz und Großbritannien nicht der Europäischen Währungsunion an. Ihre nationalen Währungen haben aber international weiterhin eine große Bedeutung.

Die nationale Währungseinheit der Schweiz ist der **Schweizer Franken**[1]. Die Abkürzung für den Schweizer Franken lautet SFR. Er ist aufgeteilt in hundert Rappen (Rp). Der Schweizer Franken wurde 1799 eingeführt. Er gilt als eine der stabilsten Währungen der Welt.

£

Die Landeswährung in Großbritannien ist das **Pfund Sterling** (Abkürzung GBP, Symbol £). Es ist aufgeteilt in hundert New Pence. Die Bank von England, gegründet 1694, wurde 1946 verstaatlicht. Sie ist die Zentralnotenbank für England und Wales. Verschiedene Banken in Schottland und Nordirland haben daneben das Recht, in beschränktem Umfang Banknoten auszugeben.

$

Die wohl bekannteste Währung der Welt ist der **amerikanische Dollar** (US-Dollar). Das Zeichen für den US-Dollar ist US$ oder kurz $. Er ist in hundert cent unterteilt. Dollar[2] ist Name für verschiedene Währungen. So gibt es u.a. noch den australischen Dollar (A$), den kanadischen Dollar (kan$) und den Hongkong Dollar.

Die ersten Dollars, die in den Vereinigten Staaten geprägt wurden, gab die amerikanische Bundesregierung in Philadelphia 1794 heraus. Der Dollar (US$) gilt weltweit als vorrangige internationale Währungsreserve, obwohl seine Rolle in den neunziger Jahren kleiner wurde. Gegenwärtig werden etwa 60 Prozent der globalen Devisenreserven in Dollar gehalten sowie mehr als die Hälfte des weltweiten Privatvermögens. Zwei Drittel des Welthandels werden in Dollar abgerechnet.

Die japanische Währungseinheit ist der **Yen**, der aus 100 Sen besteht. Sein Zeichen ist ¥. Da Japan wirtschaftlich sehr stark ist und die Tokyoter Börse zu den zentralen Finanzmärkten der Welt zählt, spielt der Yen weltweit eine wichtige Rolle.

¥

---

[1] franc (französisch), frei

[2] dollar (englisch), von daler (niederdeutsch, niederländisch), Taler

2.5 Sachaufgaben

Das richtige Rechnen mit Größen ist die Grundlage für die Lösung von Sachaufgaben. Zum Lösen solcher Sachaufgaben müssen wir zunächst einen geeigneten **Rechenausdruck** aufstellen. Dann bestimmen wir den Wert dieses Ausdrucks und schließen die Lösung mit einem **Antwortsatz** ab.

Beispiel 1

Während einer dreitägigen Wanderung der Klasse 8a werden Strecken von 21 km, 27 km und 23 km zurückgelegt. Die gesamte Weglänge soll bestimmt werden.

Lösung:

Wir geben den Rechenausdruck, der die gesamte Weglänge beschreibt, an:

Gesamte Weglänge: $21\,\text{km} + 27\,\text{km} + 23\,\text{km} = (21 + 27 + 23)\,\text{km} = 71\,\text{km}$.

Antwort:

Die gesamte Wanderstrecke beträgt 71 km.

Es gibt Sachaufgaben, bei denen du mehrere Rechenausdrücke benötigst, um das Endergebnis zu erhalten. Mithilfe der einzelnen Rechenausdrücke erhältst du dann zunächst so genannte **Zwischenergebnisse**.

Beispiel 2

Ein Hauswirt bezahlt in einem Jahr 746 € Wassergeld, 804 € Kanalgebühren, 550 € für Müllabfuhr und 447 € für Straßenreinigung. Die Kosten werden auf drei Mieter zu gleichen Teilen umgelegt. Wie hoch sind die Nebenkosten, die jeder Mieter bezahlen muss?

Lösung:

Zuerst berechnen wir die Gesamtkosten (Zwischenergebnis).

Gesamtkosten: 746 € + 804 € + 550 € + 447 € = 2547 €.

Mit diesem Zwischenergebnis können wir nun die Nebenkosten pro Mieter berechnen.

Nebenkosten pro Mieter: 2547 € : 3 = 849 €.

Antwort:

Jeder Mieter muss 849 € Nebenkosten bezahlen.

Beispiel 3

Eine Kiste soll 400 kg wiegen. Es kommen 12 Pakete zu je 20 kg hinein. Wie schwer müssen die weiteren Pakete sein, wenn für den Rest 5 gleich schwere Pakete vorgesehen sind?

Lösung:

Gesamtmasse der 20 kg-Pakete: $12 \cdot 20\,\text{kg} = 240\,\text{kg}$.

Verfügbare Masse für weitere Pakete: $400\,\text{kg} - 240\,\text{kg} = 160\,\text{kg}$.

Paketmasse bei 5 weiteren Paketen: $160\,\text{kg} : 5 = 32\,\text{kg}$.

Antwort:

Jedes der 5 weiteren Pakete muss eine Masse von 32 kg haben.

Bei **Zweisatzaufgaben** gelingt die Lösung mithilfe von zwei Sätzen:

Beispiel 4

1 kg Kartoffeln kostet 86 Cent. Wie viel muss man für 32 kg bezahlen?

Lösung:

1 kg	kostet	86 Cent	(erster Satz)
32 kg	kosten	86 Cent · 32 = 2752 Cent = 27,52 €	(zweiter Satz)

Nebenrechnung:

```
 86·32
 -----
 258
   172
 ------
 2752
```

Antwort: 32 kg Kartoffeln kosten 27,52 €

Beispiel 5

Für ein Klassenfest kauft Daniel 16 Flaschen Limonade. Er muss dafür 24 € bezahlen. Was kostet eine Flasche?

Lösung:

16 Flaschen	kosten	24 €	(erster Satz)
1 Flasche	kostet	24 € : 16 = 1,50 €	(zweiter Satz)

Antwort:

1 Flasche Limonade kostet 1,50 €

2.6 Zeit

2.6.1 Zeitspannen

Lisa läuft die 50 m Strecke in 9 Sekunden. Jonas läuft die 1000 m Strecke in 4 Minuten. Die Klasse 5a wandert zu einem Weiher in 3 Stunden.

Mit diesen Aussagen wird die Dauer von bestimmten Vorgängen beschrieben. Die Größe, die die Dauer eines Vorganges ausdrückt, heißt **Zeitspanne** oder **Zeit**. Zeitspannen werden mit einer **Uhr** gemessen. Was für Uhren kennst du? Worin unterscheiden sie sich?

Weltweit ist als **Grundeinheit der Zeit die Sekunde**[1] (Abkürzung: **s**) eingeführt. Auch die Zeit ist als Größe das Produkt aus einer Maßzahl und der Einheit.

Merke

	Zeit	=	Maßzahl	·	1s
z.B.	12s	=	12	·	1s

Auch bei der Zeit gibt es neben der Grundeinheit noch weitere Einheiten. Diese Zeiteinheiten wurden nicht willkürlich festgelegt. Man hat sich dabei seit dem Altertum nach der scheinbaren Bewegung der Sonne gerichtet. Der Lauf der Sonne ist aber nicht ganz gleichmäßig. Deshalb handelt es sich bei den Einheiten um so genannte Mittelwerte.

Wie du vielleicht schon weißt, bewegt sich die Erde angenähert auf einer Kreisbahn, in deren Mittelpunkt die Sonne steht. Die Zeitspanne, **in der sich die Erde einmal auf ihrer Bahn um die Sonne bewegt**, heißt **1 Jahr**.

Bei dieser Bewegung dreht sich die Erde auch jeweils noch um ihre eigene Achse. **1 Tag** ist die Zeitspanne, **in der sich die Erde einmal um ihre eigene Achse dreht**.

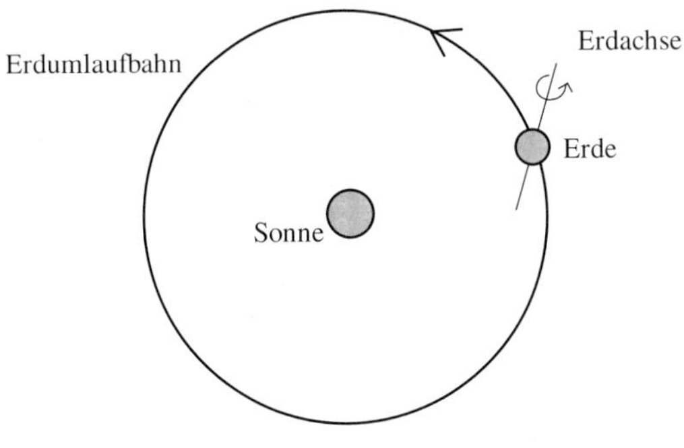

[1] 1 s ist der 86400te Teil eines Tages. Diese Zahl ist historisch bedingt. Genaueres lernst du später im Fach Physik.

Die Astronomen[1] haben in langjährigen Beobachtungen festgestellt, dass ein Jahr rund 365¼ Tage dauert. Da es sehr umständlich ist, mit dieser Angabe im praktischen Leben zu rechnen, hat man sich geeinigt, für das **Kalenderjahr** nur 365 Tage zu zählen. Nach 3 Normaljahren folgt im Allgemeinen ein **Schaltjahr** zu 366 Tagen, bei dem die Restzeit als **Schalttag** (29. Februar) eingeschoben wird. Das Jahr 1996 z. B. war ein Schaltjahr. Der Schalttag wurde von dem römischen Staatsmann **Julius Cäsar** im Jahr 46 v. Chr. eingeführt.

Ein Jahr unterteilt man in 12 **Monate**. Die Monate haben 28, 29, 30 oder 31 Tage. Eine weitere Zeiteinheit ist die **Woche**. Sie besteht aus sieben Tagen.

Merke

Neben der Grundeinheit Sekunde werden die Einheiten **Minute** (Abkürzung: **min**), **Stunde** (Abkürzung: **h**[2]), **Tag** (Abkürzung: **d**[3]) und **Jahr** (Abkürzung: **a**[4]) verwendet.

Es gilt: 60 s = 1 min; 60 min = 1 h; 24 h = 1 d; 365 d = 1 a.

Daraus ergibt sich:

1 h = 60 min = 3600 s; 1 d = 24 h = 1 440 min = 86 400 s.

Folgende Tabelle gibt einen Überblick:

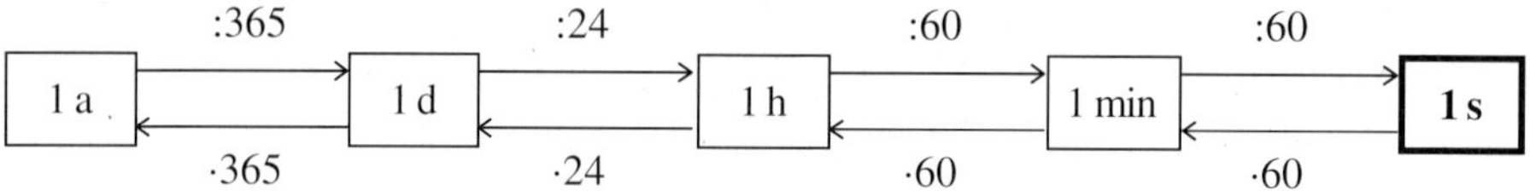

Die Tabelle unterstützt dich beim Umrechnen:

Beispiel 1

Wir geben in Sekunden an: $3\,\text{min}\ 25\,\text{s} = 3\cdot 60\,\text{s} + 25\,\text{s} = 180\,\text{s} + 25\,\text{s} = 205\,\text{s}$.

Wir geben in Stunden an: $2\,\text{d}\ 15\,\text{h} = 2\cdot 24\,\text{h} + 15\,\text{h} = 48\,\text{h} + 15\,\text{h} = 63\,\text{h}$.

Beispiel 2

Wir schreiben in Stunden und Minuten:

$395\,\text{min} = 360\,\text{min} + 35\,\text{min} = 6\cdot 60\,\text{min} + 35\,\text{min} = 6\,\text{h}\ 35\,\text{min}$.

---

[1] Astronomie, wissenschaftliche Stern- und Himmelskunde; Astronom, Stern- und Himmelsforscher

[2] hora (lat.), Stunde

[3] dies (lat.), Tag

[4] annus (lat.), Jahr

Die Zeit

Schon die Menschen in der Urzeit erkannten, dass zwischen zwei Sonnenhöchstständen immer etwa die gleiche Zeitspanne verging, die man **Tag** nannte. Sehr früh bemerkten die Menschen auch, dass der Mond nicht jede Nacht gleich aussieht. Einmal sieht man ihn überhaupt nicht oder nur eine schmale Sichel und dann sieht man ihn als Vollmond. Zwischen zwei solchen Vollmondstellungen liegen etwa 30 Tage. Man nannte diese Zeitspanne ein **Monat**. Bald erkannten die Menschen auch, dass sich z.B. in Ägypten die Überschwemmungen des Nils regelmäßig wiederholten, und dass diese Vorgänge mit den regelmäßigen Höchst- bzw. Tiefständen der Sonne während des Jahres zusammen hingen. Zwischen zwei Frühlingsanfängen lag immer die gleiche Zeitspanne von etwa 365 Tagen. Man nannte diese Zeitspanne ein **Jahr**.

Die Menschen wussten aber Jahrtausende hindurch nicht, wie es zu diesen Himmelserscheinungen tatsächlich kommt.

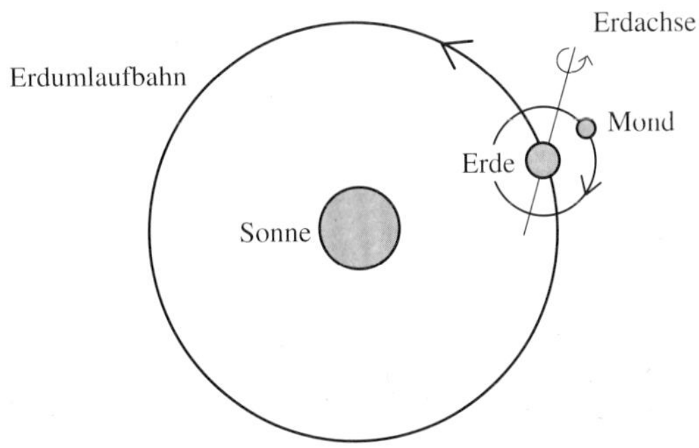

Doch seit einigen Jahrhunderten wissen die Menschen, dass sich die Erde auf einer Kreisbahn bewegt, in deren Mittelpunkt die Sonne steht. Die Zeitspanne, in der sich die Erde einmal auf ihrer Bahn um die Sonne bewegt, ist gerade ein Jahr.

Bei ihrem Umlauf um die Sonne dreht sich die Erde auch jeweils noch um ihre eigene Achse. Ein Tag ist die Zeitspanne, in der sich die Erde einmal um ihre eigene Achse dreht. Der Mond wiederum bewegt sich auf einer Kreisbahn um die Erde. Für einen Umlauf benötigt er einen Monat.

Die Einteilung der Zeit in Jahre, Monate und Tage ergibt sich also aus bestimmten Himmelserscheinungen. Es gibt aber keine auffällige Erscheinung am Himmel, die sich alle sieben Tage wiederholt. Allerdings vergehen zwischen Neumond und dem zunehmenden Halbmond sieben Tage. Ebenso zwischen dem zunehmenden Halbmond und dem Vollmond, dem Vollmond und dem abnehmenden Halbmond, sowie dem abnehmenden Halbmond und dem Neumond. Man kann also annehmen, dass dies zur Einführung der Woche geführt hat.

Die weitere Unterteilung in Stunden, Minuten und Sekunden dagegen ist willkürlich. Sie ist dabei auch für uns noch sehr unpraktisch, da sie nicht in unser Dezimalsystem passt. Ein Tag wird in 24 Stunden, eine Stunde in 60 Minuten und eine Minute in 60 Sekunden unterteilt. Daraus ergibt sich, dass eine Sekunde der **86 400 te** Teil eines Tages ist.

Die Astronomen[1] haben in langjährigen Beobachtungen festgestellt, dass ein Jahr rund 365 ¼ Tage dauert. Da es sehr umständlich ist, mit dieser Angabe im praktischen Leben zu rechnen, hat man sich geeinigt, für das **Kalenderjahr** nur 365 Tage zu zählen. Nach 3 Normaljahren folgt im Allgemeinen ein **Schaltjahr** zu 366 Tagen, bei dem die Restzeit als **Schalttag** (29. Februar) eingeschoben wird. Das Jahr 1996 z.B. war ein Schaltjahr. Der Schalttag wurde von dem römischen Staatsmann **Julius Cäsar** im Jahr 46 v. Chr. eingeführt. Ein Jahr unterteilt man in 12 **Monate**. Die Monate haben 28, 29, 30 oder 31 Tage.

Immer genauere Zeitmessungen ergaben aber, dass die Bewegungen der Gestirne für hohe Genauigkeitsansprüche nicht konstant genug sind, weshalb die Zeiteinheit heute mithilfe eines atomaren Vorgangs festgelegt wird.

[1] Astronomie, wissenschaftliche Stern- und Himmelskunde; Astronom, Stern- und Himmelsforscher

2.6.2 Zeitpunkte

Von Zeitspannen musst du **Zeitpunkte** unterscheiden. Während eine Zeitspanne die Dauer eines Vorganges beschreibt, gibt ein Zeitpunkt an, wann ein Ereignis stattfindet.

Durch die Angabe einer **Uhrzeit** kann Tag und Nacht jeder Zeitpunkt genau bezeichnet werden. Eine bestimmte Uhrzeit gibt einen Zeitpunkt als Ende einer ab Mitternacht (0 Uhr) gemessenen Zeitspanne an. So bedeutet z.B. die Angabe 6 Uhr, dass zu diesem Zeitpunkt seit Mitternacht eine Zeitspanne von 6 Stunden vergangen ist.

Zeitpunkte sind keine Größen und werden durch eine besondere Schreibweise gekennzeichnet. ☞

Beispiel 1

a) Die erste Schulstunde beginnt um 7 Uhr 30 Minuten (schreibe: 7.30 Uhr oder $7^{h}\ 30^{min}$, lies: sieben Uhr dreißig bzw. sieben Uhr dreißig Minuten).

   Das bedeutet: Um 7.30 Uhr ist seit Mitternacht eine Zeitspanne von 7 h 30 min vergangen.

b) Zeitansage der Telekom: „Beim nächsten Ton ist es 14 Uhr 12 Minuten und 50 Sekunden“ (schreibe: 14.12.50 Uhr oder $14^{h}\ 12^{min}\ 50^{s}$).

   Das bedeutet: Um 14.12.50 Uhr ist seit Mitternacht eine Zeitspanne von 14 h 12 min 50 s vergangen.

Sind zwei verschiedene Zeitpunkte gegeben, so kannst du die dazwischen liegende Zeitspanne folgendermaßen berechnen:

Beispiel 2

Wir berechnen die Zeitspanne von 7.20 Uhr bis 12.35 Uhr.

Erste Lösung:

Von 7.20 Uhr bis 8.00 Uhr sind 40 min, von 8.00 Uhr bis 12.00 Uhr sind 4 h und von 12.00 Uhr bis 12.35 Uhr sind 35 min vergangen.

Zeitspanne von 7.20 Uhr bis 12.35 Uhr:

40 min + 4 h + 35 min = 4 h 75 min = 5 h 15 min.

Zweite Lösung:

Um 7.20 Uhr ist seit 0 Uhr eine Zeitspanne von 7 h 20 min vergangen, um 12.35 Uhr seit 0 Uhr eine Zeitspanne von 12 h 35 min.

Zeitspanne von 7.20 Uhr bis 12.35 Uhr:

12 h 35 min − 7 h 20 min = 5 h 15 min.

Wie viel Uhr ist es?

Nun, man wird wohl auf eine Uhr schauen. Aber woher weiß die Uhr wie spät es ist? Klar, man hat sie gestellt und achtet immer darauf, dass sie richtig geht. Und wonach hat man sich beim Stellen der Uhr gerichtet? Vielleicht nach dem Radio oder einer Funkuhr? Richtig! Aber irgendwo muss es doch jemand geben, der für alle verbindlich festlegt, wie spät es ist.

Noch zu Beginn des 19. Jahrhunderts stellte man in Deutschland die Uhren nach der „wahren Sonne". Wenn sie die höchste Stellung erreicht hat, so sagt man, es ist 12 Uhr **wahre Ortszeit** (WOZ). Der Schatten eines senkrecht in die Erde ragenden Stabes ist dann am kürzesten.

Doch wegen verschiedener Unregelmäßigkeiten beim Umlauf der Erde um die Sonne, erreicht die Sonne nicht genau alle 24 Stunden ihre höchste Stellung.

Dann blickten Uhrenträger entsetzt zum Himmel, wenn die Sonne ihre höchste Stellung erreicht hatte und der Vergleich mit der Taschenuhr sie schier verzweifeln ließ. Entweder ging die Uhr vor oder sie tickte hinterher.

Eine Lösung bot die „mittlere Sonnenzeit", die nach damaligen Erkenntnissen gleichförmig ablief. Sie differierte maximal um +/– 15 Minuten von der „wahren Sonnenzeit". Man denkt sich eine regelmäßig laufende „mittlere Sonne“. Hat sie ihre höchste Stellung erreicht, so ist es 12 Uhr mittlere Ortzeit (MOZ). Die Zeit wurde den Uhren angepasst. Berlin war in Deutschland die erste Stadt, die die „mittlere Ortszeit" einführte. Aber auch diese Zeit ist nur eine Ortszeit.

Die verschiedenen Ortszeiten gerieten erst dann zu einem Problem, als der Mensch lange Reisen von Ost nach West oder von West nach Ost unternahm. Die Uhr, in Berlin gestellt, zeigte in Stuttgart eine spätere Zeit als Stuttgarter Uhren. Für die Eisenbahngesellschaften war dies fatal. Ein zuverlässiger Betrieb konnte so nicht gewährleistet werden. Die Gesellschaften mussten eine sogenannte Normalzeit einführen, die nur für den internen Betrieb galt.

1873 gab es in den USA 71 verschiedene Eisenbahnzeiten. Fortan mussten sich die Bürger mit den Ortszeiten und den Normalzeiten plagen. Den Weg aus diesem Dilemma zeichnete ein Ingenieur der kanadischen Pazifikbahn. Er machte 1876 den Vorschlag, die Erde in 24 Zeitzonen einzuteilen. Jede dieser Zeitzonen soll sich über 360 Grad : 24 = 15 Längengrade erstrecken. Jede Zeitzone ist eine Stunde lang, in der nur eine mittlere Ortszeit gilt. Der Längengrad durch Greenwich bei London soll Bezugspunkt für die Weltzeiten sein. In Deutschland wurden erst am 1.4.1893 die Ortszeiten abgeschafft und durch Zonen-Zeiten ersetzt. Seitdem gilt in Deutschland die mittlere Sonnenzeit des 15ten Längengrades östlicher Länge von Greenwich als gesetzliche Zeit auch für das bürgerliche Leben.

40 Jahre später, im Jahre 1933, wurde in Berlin die erste genaue Quarzuhr entwickelt. Man fand heraus, dass die „Erduhr" unregelmäßig geht. Eine Sekunde ist nicht gleich eine Sekunde. Auf ihrer Bahn um die Sonne hat die Erde nicht immer dieselbe Geschwindigkeit. Ferner taumelt ihre Umdrehungsachse und trägt zur Unvorhersagbarkeit der Drehung bei. Im Frühjahr zeigt dadurch die Erduhr zu spät, im Herbst zu früh. Ein mathematisches Gesetz konnten die Wissenschaftler aber nicht formulieren. Keine Chance für genaue Uhren?

Vier genaue Cäsium-Atomuhren „ticken" bei der Physikalisch Technischen Bundesanstalt (PTB) in Braunschweig. Geeicht wurde die erste Atomuhr mit der bis dato genauesten Erd-Sekunde (Ephemeridenzeitsekunde). Die internationale Atomzeit berechnet sich heute aus den Daten von 250 Atomuhren und weicht nach einem Jahr (geschätzt) etwa 0,3 Millionstel Sekunden ab. Auch eine Atomuhr altert, denn das Cäsium reicht nur für 25 Jahre. Dann hört sie abrupt auf, geht nicht vor, geht nicht nach. Darüber wachen die Hüter der Zeit - § 2 Zeitgesetz vom 25. Juli 1978, 16 Uhr 17 Bonner Ortszeit. Aus Braunschweig kommt der Takt, den Deutschlands Uhren ticken.

Nach der Einführung der Atomsekunde wurde folgerichtig auch eine international einheitliche Atomzeitskala festgelegt, die Grundlage der im öffentlichen Leben verwendeten Zeit ist. Sie trägt den Namen „Universal Time" (UT). Es ist die mittlere Sonnenzeit am Meridian durch Greenwich (Nullmeridian). Nach dem Zeitgesetz aus dem Jahr 1978 ist entweder die mitteleuropäische Zeit (MEZ) oder die mitteleuropäische Sommerzeit (MESZ) die gesetzliche Zeit in Deutschland. Die MEZ hat gegenüber der UT eine Stunde Vorsprung. Ob MESZ eingeführt wird, bestimmt eine Rechtsverordnung der Bundesregierung für einige Jahre im voraus, die nach Absprache mit den europäischen Nachbarstaaten erlassen wird.

In Deutschland besteht die Möglichkeit sich die genaue und offizielle Uhrzeit ins Haus zu holen. Mittels komplizierter und teuerer Technik war es früher nur großen Firmen und Institutionen, wie z.B. Rundfunk und Fernsehen, möglich das offizielle Zeitsignal zu empfangen. Doch heutzutage kann die Technik verkleinert und billiger hergestellt werden. Deshalb erfreuen sich Funkuhren im privaten Sektor nicht nur aufgrund des geringen Preises immer größerer Beliebtheit.

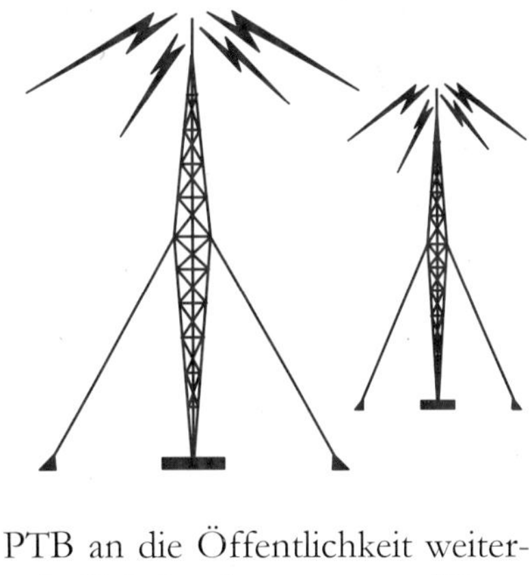

Damit diese Genauigkeit der Atomuhren der PTB an die Öffentlichkeit weitergegeben werden kann, wird aus diesen Uhren ein Zeitsignal gewonnen. Dieses Zeitsignal wird über 2 Langwellensender in Mainflingen bei Frankfurt ausgestrahlt. Es ist das so genannte DCF 77-Signal. Es kann in einem Umkreis von 2000 km rund um Frankfurt empfangen werden.

3

Rechengesetze

In Kapitel 1 haben wir uns mit den Grundrechenarten bei den natürlichen Zahlen beschäftigt. In diesem Kapitel wirst du Eigenschaften dieser Rechenarten kennen lernen, die du beim Rechnen beachten musst und mit denen du dir Rechenvorteile verschaffen kannst.

3.1 Kommutativgesetze

Wir berechnen folgende Summen und vergleichen die Ergebnisse:

$27+16=43$ und $16+27=43$, also gilt: $27+16=16+27$.

$241+164=405$ und $164+241=405$, also gilt: $241+164=164+241$.

Wir sind auf eine Eigenschaft der Addition gestoßen. Diese Eigenschaft ist so bedeutsam, dass sie in Form eines **Rechengesetzes** angegeben wird.

Merke
Es gilt das **Kommutativgesetz**[1] **(Vertauschungsgesetz) der Addition**:
Vertauscht man in einer Summe natürlicher Zahlen die beiden Summanden, so erhält man das gleiche Ergebnis.
Wir schreiben dafür kurz:
K$^+$: Für alle $a, b \in \mathbb{N}$ gilt: $a+b=b+a$.

Die Redewendung „Für alle $a, b \in \mathbb{N}$ gilt:“ wird dir noch öfters begegnen. Sie bedeutet, dass die nachfolgende Formel richtig ist, egal welche natürlichen Zahlen für die Platzhalter a und b eingesetzt werden.

Beispiel 1

Die Summe $3+14598$ soll im Kopf berechnet werden.

Wir rechnen $14598+3=14601$, weil das einfacher ist.

Dazu haben wir das Kommutativgesetz der Addition verwendet.

---

[1] commutare (lat.), vertauschen

Wir berechnen folgende Produkte und vergleichen die Ergebnisse:

$17 \cdot 6 = 102$ und $6 \cdot 17 = 102$, also gilt: $17 \cdot 6 = 6 \cdot 17$.

$21 \cdot 15 = 315$ und $15 \cdot 21 = 315$, also gilt: $21 \cdot 15 = 15 \cdot 21$.

Uns fällt eine wichtige Eigenschaft der Multiplikation auf:

Merke

Es gilt das **Kommutativgesetz (Vertauschungsgesetz) der Multiplikation**:

Vertauscht man in einem Produkt natürlicher Zahlen die beiden Faktoren, so erhält man das gleiche Ergebnis.

Kurz: $\mathbf{K}^{\bullet}$: Für alle $a, b \in \mathbb{N}$ gilt: $a \cdot b = b \cdot a$.

Beispiel 2

Das Produkt $24 \cdot 3$ soll im Kopf berechnet werden.

Wir rechnen $3 \cdot 24 = 72$, weil das einfacher ist.

Dazu haben wir das Kommutativgesetz der Multiplikation verwendet.

Gibt es auch Vertauschungsgesetze für die Subtraktion und die Division?

Wir vergleichen dazu geeignete Differenzen und Quotienten.

$10 - 3 = 7$, aber $3 - 10$ ergibt keine natürliche Zahl, also gilt: $10 - 3 \neq 3 - 10$.

$20 : 4 = 5$, aber $4 : 20$ ergibt keine natürliche Zahl, also gilt: $20 : 4 \neq 4 : 20$.

Merke

Die Subtraktion und die Division sind nicht kommutativ.

☞ Beachte, dass $a - b$ nur dann eine natürliche Zahl ergibt, wenn a mindestens so groß wie b ist.

Auch bei Potenzen darfst du nicht Grundzahl und Hochzahl vertauschen, ohne dass sich der Wert ändert.

So ist zum Beispiel $2^5 = 32$ und $5^2 = 25$, also gilt: $2^5 \neq 5^2$.

3.2 Rechnen mit 0 und 1

Wir berechnen folgende Summen:

$1+0=1$, $0+7=7$, $5127+0=5127$, $0+0=0$, ...

Du siehst, dass die Addition der Zahl 0 nichts bewirkt.

Allgemein gilt:

> **Merke**
> Es gilt das **Gesetz vom neutralen Element der Addition**: Das Addieren der 0 ist „ohne Wirkung". Die Zahl 0 verhält sich bei der Addition neutral. 0 ist das **neutrale Element der Addition**.
> Kurz: $\mathbf{N}^{+}$: Für alle $a \in \mathbb{N}$ gilt: $a+0=0+a=a$.

Wir berechnen folgende Produkte:

$3\cdot 1=3$, $1\cdot 14=14$, $324\cdot 1=324$, $1\cdot 1=1$, $0\cdot 1=0$, ...

Du siehst, dass die Multiplikation mit der Zahl 1 nichts bewirkt.

Allgemein gilt:

> **Merke**
> Es gilt das **Gesetz vom neutralen Element der Multiplikation**: Das Multiplizieren mit der Zahl 1 ist „ohne Wirkung". Die Zahl 1 verhält sich bei der Multiplikation neutral. 1 ist das **neutrale Element der Multiplikation**.
> Kurz: $\mathbf{N}^{\bullet}$: Für alle $a \in \mathbb{N}$ gilt: $a\cdot 1=1\cdot a=a$.

Wir berechnen folgende Produkte:

$7\cdot 0=0$, $0\cdot 23=0$, $804\cdot 0=0$, $0\cdot 1=0$, $0\cdot 0=0$, ...

Du siehst, dass Produkte mit dem Faktor 0 den Wert 0 haben.

Wir berechnen folgende Quotienten:

$5:1=5$, $13:1=13$, $534:1=534$, $0:1=0$, ...

Wenn du eine Zahl durch 1 dividierst, erhältst du als Ergebnis diese Zahl.

Wir fassen zusammen:

> **Merke**
> (1) Für alle $a \in \mathbb{N}$ gilt: $a\cdot 0=0\cdot a=0$.
> (2) Für alle $a \in \mathbb{N}$ gilt: $a:1=a$.

3.3 Mehrgliedrige Summen und Differenzen

Sicher sind dir schon Rechenausdrücke folgender Art begegnet:

- **mehrgliedrige Summen**, z.B. $8+10+5$,
- **mehrgliedrige Differenzen**, z.B. $16-7-4$,
- mehrgliedrige Rechenausdrücke, in denen sowohl addiert als auch subtrahiert werden soll, z.B. $40-18+5-22$.

Beachte bei der Berechnung dieser mehrgliedrigen Rechenausdrücke:

Merke
Berechne mehrgliedrige Rechenausdrücke ohne Klammern schrittweise von links nach rechts.

Beispiel 1
$27+18-38+13=45-38+13=7+13=20$

Soll bei der Berechnung mehrgliedriger Rechenausdrücke von dieser Reihenfolge abgewichen werden, sind **Klammern** gesetzt.

Der Rechenausdruck $35-21+12$ muss von links nach rechts berechnet werden, also:
$35-21+12=14+12=26$.

Der nebenstehende **Rechenbaum** verdeutlicht die Vorgehensweise.

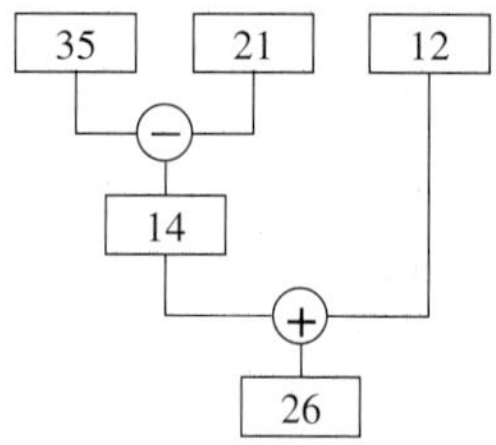

Dagegen darf der Rechenausdruck $35-(21+12)$ **nicht** von links nach rechts berechnet werden, sondern hier müssen zunächst die in der Klammer stehenden Zahlen 21 und 12 addiert und dann ihre Summe von 35 subtrahiert werden.

Wir rechnen also: $35-(21+12)=35-33=2$.

Der nebenstehende Rechenbaum verdeutlicht dies.

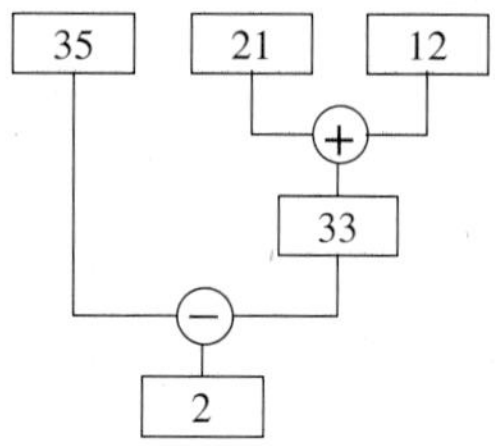

Merke
Bei mehrgliedrigen Rechenausdrücken mit Klammern müssen diese zuerst berechnet werden.

Beispiel 2
$35-(13+9)+(25-16)=35-22+9=13+9=22$

Der Rechenausdruck $20-[17-(8+5)]$ enthält zwei Klammern, die ineinander **geschachtelt** sind. Wenn wir ihn berechnen wollen, müssen wir mit der innersten Klammer beginnen.

Wir rechnen also:

$20-[17-(8+5)]=20-[17-13]=20-4=16$.

Nebenstehender Rechenbaum veranschaulicht dies.

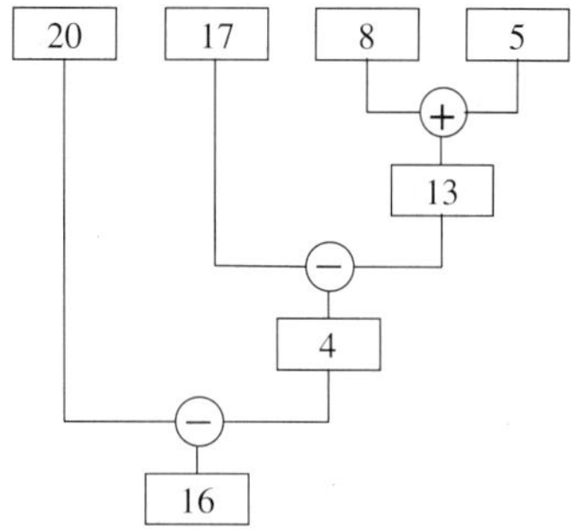

Merke
Berechne bei mehrgliedrigen Rechenausdrücken mit geschachtelten Klammern die innerste Klammer zuerst.

Beispiel 3
$43+[(23+19)-32]=43+[42-32]=43+10=53$

Rechenanweisungen werden durch Rechenausdrücke kürzer und verständlicher ausgedrückt.

Beispiel 4
a) Die Rechenanweisung lautet:
Addiere zur Summe von 14 und 10 die Differenz von 21 und 15.
Der passende Rechenausdruck ist $\underbrace{(14+10)}_{\text{zur Summe von 14 und 10}}\underbrace{+}_{\text{addiere}}\underbrace{(21-15)}_{\text{die Differenz von 21 und 15}}$.

Wir rechnen ihn aus: $(14+10)+(21-15)=24+6=30$.

b) Die Rechenanweisung lautet:
Subtrahiere die Summe von 11 und 14 von der Differenz von 48 und 23.
Der passende Rechenausdruck ist $\underbrace{(48-23)}_{\text{von der Differenz von 48 und 23}}\underbrace{-}_{\text{subtrahiere}}\underbrace{(11+14)}_{\text{die Summe von 11 und 14}}$.

Wir rechnen ihn aus: $(48-23)-(11+14)=25-25=0$.

3.4 Klammerregeln

Rechne nach und vergleiche folgende Rechenausdrücke:

$(18+21)+9=39+9=48$ und $18+(21+9)=18+30=48$.

Also gilt: $(18+21)+9=18+(21+9)$.

Ebenso:

$(6+24)+39=30+39=69$ und $6+(24+39)=6+63=69$.

Also gilt: $(6+24)+39=6+(24+39)$.

Merke

Es gilt das **Assoziativgesetz**[1] **(Zusammenfassungsgesetz) der Addition**:
In jeder Summe von drei Summanden darf man die Summanden beliebig durch Klammern zu Teilsummen zusammenfassen, ohne dass sich der Wert der Summe ändert.

Kurz: $\mathbf{A}^+$: Für alle $a, b, c \in \mathbb{N}$ gilt: $(a+b)+c=a+(b+c)$.

Durch geschicktes Zusammenfassen von Teilsummen kannst du dir mithilfe des Assoziativgesetzes Rechenvorteile verschaffen.

Beispiel 1

$$47+38+22 \underset{\substack{\text{Assoziativgesetz}\\ \text{anwenden}}}{=} 47+(38+22)=47+60=107$$

☞ Die Regel kann auch auf mehr als drei Summanden erweitert werden.

Beispiel 2

$$17+46+14+27+13 \underset{\substack{\text{Regel}\\ \text{anwenden}}}{=} 17+(46+14)+(27+13)=17+60+40$$

$$\underset{\substack{\text{Regel}\\ \text{anwenden}}}{=} 17+(60+40)=17+100=117$$

Rechne nach und vergleiche folgende Rechenausdrücke:

$13+(17-9)=13+8=21$ und $13+17-9=30-9=21$.

Also gilt: $13+(17-9)=13+17-9$.

[1] associare (lat.), sich verbinden

Merke
Statt eine Differenz zu addieren, kannst du auch die Klammer weglassen und von links nach rechts rechnen.
Als Formel erhalten wir $a+(b-c)=a+b-c$, falls $b-c$ eine natürliche Zahl ergibt, d.h. falls sich die Differenz $b-c$ berechnen lässt.

Diese Regel können wir verwenden, um Klammern für einen Rechenvorteil aufzulösen oder zu setzen.

Beispiel 3

a) $64+(136-87) \underset{\substack{\text{Regel}\\\text{anwenden}}}{=} 64+136-87=200-87=113$

b) $56+178-78 \underset{\substack{\text{Regel rückwärts}\\\text{anwenden}}}{=} 56+(178-78)=56+100=156$

Rechne nach und vergleiche folgende Rechenausdrücke:
$26-(16+7)=26-23=3$ und $26-16-7=10-7=3$.
Also gilt: $26-(16+7)=26-16-7$.

Merke
Statt eine Summe zu subtrahieren, kannst du auch jeden einzelnen Summanden subtrahieren.
Als Formel erhalten wir $a-(b+c)=a-b-c$, falls sich die vorkommenden Differenzen berechnen lassen.

Auch diese Regel können wir verwenden, um Klammern für einen Rechenvorteil aufzulösen oder zu setzen.

Beispiel 4

a) $168-(68+79) \underset{\substack{\text{Regel}\\\text{anwenden}}}{=} 168-68-79=100-79=21$

b) $256-178-32 \underset{\substack{\text{Regel rückwärts}\\\text{anwenden}}}{=} 256-(178+32)=256-210=46$

Rechne nach und vergleiche folgende Rechenausdrücke:
$34-(24-15)=34-9=25$ und $34-24+15=10+15=25$.
Also gilt: $34-(24-15)=34-24+15$.

Merke
Statt eine Differenz zu subtrahieren, kannst du auch den Minuenden subtrahieren und den Subtrahenden addieren.
Als Formel erhalten wir $a-(b-c)=a-b+c$, falls sich die vorkommenden Differenzen berechnen lassen.

Wir verwenden diese Regel um Klammern vorteilhaft aufzulösen.

Beispiel 5
a) $177-(107-49) \underset{\text{Regel anwenden}}{=} 177-107+49=70+49=119$

b) $100-(73-28)+43 \underset{\text{Regel anwenden}}{=} 100-73+28+43=27+28+43=55+43=98$

Zum Abschluss folgen noch einmal alle Regeln in einer Übersicht:

Regeln zum Behandeln von Plusklammern
$a+(b+c)=a+b+c$ $\qquad$ $a+(b-c)=a+b-c$

Regeln zum Behandeln von Minusklammern
$a-(b+c)=a-b-c$ $\qquad$ $a-(b-c)=a-b+c$

Die beiden Regeln können zum Auflösen von Klammern folgendermaßen in Worte gefasst werden:

Plusklammerregel
KR^{+}: Steht ein Pluszeichen vor einer Klammer, so kannst du die Klammer weglassen.

Minusklammerregel
KR^{-}: Steht ein Minuszeichen vor einer Klammer, so kannst du die Klammer nur dann weglassen, wenn du innerhalb der Klammer jedes Rechenzeichen „+“ durch „–“ und „–“ durch „+“ ersetzt.

3.5 Vertauschungsregel

Adrian und Felix spielen ein Glücksspiel. Adrian hat zu Beginn 150 Spielmarken. Im Spielverlauf gewinnt er 55 Spielmarken hinzu und verliert 30.

Adrian rechnet: $150+55-30=205-30=175$
Felix rechnet: $150-30+55=120+55=175$
Wir rechnen: $55-30+150=25+150=175$
Adrian hat also am Ende des Spiels 175 Spielmarken.

Vergleichst du die Rechenausdrücke, so erkennst du folgende Regel:

Vertauschungsregel für mehrgliedrige Rechenausdrücke

VR: In mehrgliedrigen Rechenausdrücken darf man die **Rechenglieder** (d.h. eine Zahl und ihr vorausgehendes Rechenzeichen + oder –) vertauschen, ohne dass sich der Wert des Rechenausdrucks ändert.

Bei der Anwendung der Vertauschungsregel musst du noch Folgendes beachten:
Gelangt ein Rechenglied, vor dem ein Pluszeichen steht, dabei an den Anfang, so fällt dieses Pluszeichen weg. Rechenglieder, vor denen ein Minuszeichen steht, darfst du nicht an den Anfang stellen. Tritt eine Zahl, die am Anfang steht, nach Vertauschung an einer anderen Stelle des Rechenausdrucks auf, so musst du ein Pluszeichen vor diese Zahl setzen.

Mithilfe dieser Regel kannst du dir Rechenvorteile verschaffen:

Beispiel 1

a) $263-148-103 \underset{\substack{\text{Vertauschungs-}\\ \text{regel anwenden}}}{=} 263-103-148=160-148=12$

b) $87+74-57-24 \underset{\substack{\text{VR}\\ \text{anwenden}}}{=} 87-57+74-24$

$\underset{\substack{\text{Klammern}\\ \text{setzen}}}{=} (87-57)+(74-24) \underset{\substack{\text{Klammern}\\ \text{ausrechnen}}}{=} 30+50=80$

Manchmal musst du zunächst Klammern auflösen, bevor du die Vertauschungsregel anwenden kannst um geschickt zusammenzufassen:

Beispiel 2

a) $67+(85-57) \underset{\substack{\text{KR}^+\\ \text{anwenden}}}{=} 67+85-57 \underset{\substack{\text{VR}\\ \text{anwenden}}}{=} 67-57+85=10+85=95$

b) $184-(57+114)+28 \underset{\substack{\text{KR}^-\\ \text{anwenden}}}{=} 184-57-114+28 \underset{\substack{\text{VR}\\ \text{anwenden}}}{=} 184-114+28-57=41$

3.6 Terme

Definition 3.1
Eine sinnvolle Zusammenstellung von Zahlzeichen und Rechenzeichen, auch mit Klammern, heißt **Term**[1] (Rechenausdruck).

Beispiel 1
Folgende Zusammenstellungen sind Terme:
458 ; $7+43$; $32-25$; $25\cdot(5+18)$; $10:2$; $8\cdot\left[(58+12):5+3^2\right]-157$

Bemerkungen
1. Ein Zahlzeichen allein ist ebenfalls ein Term.
2. Die Zeichen $=$, $\neq$, $<$, $>$ sind keine Rechenzeichen und können daher in einem Term nicht vorkommen.

Bezeichnung
Lässt sich ein Term unter Anwendung bekannter Regeln und Gesetze in eine natürliche Zahl umformen, so heißt diese Zahl **Wert des Terms**.

Beispiel 2

Term	$7+43$	$32-25$	$25\cdot 4+18$	$10:(2+3)$	5^3
Wert	50	7	118	2	125

Betrachte folgende Terme: $3+2\cdot\mathbf{1}$, $3+2\cdot\mathbf{2}$, $3+2\cdot\mathbf{3}$, $3+2\cdot\mathbf{4}$, $3+2\cdot\mathbf{5}$.
Die Terme haben alle die Form $3+2\cdot\boldsymbol{x}$.
Der Buchstabe x steht stellvertretend für 1, 2, 3 oder irgendeine andere Zahl.
Er hält den Platz frei für Zahlen, die dafür eingesetzt werden können. Man nennt x deshalb einen **Platzhalter** oder eine **Variable**[2].
Der Rechenausdruck $3+2\cdot\boldsymbol{x}$ ist ein **Term mit der Variablen** $\boldsymbol{x}$.

☞ Statt x können auch andere Buchstaben wie z.B. a, b, c, y, z benutzt werden.
Kommen in Termen außer Zahlzeichen und Rechenzeichen auch Variablen vor, heißen sie **Terme mit Variablen**.

---

[1] terminus (lat.), Grenze, Begriff, Ausdruck
[2] varius (lat.), verschieden, wechselnd

Beispiel 3

a) $x+6$ ist ein Term mit der Variablen x.

b) $(x+7)-(y+3)$ ist ein Term mit den Variablen x und y.

Terme mit Variablen lassen sich unter Anwendung bekannter Regeln und Gesetze sehr oft vereinfachen:

Beispiel 4

a) $x+x+x \underset{\text{Zusammenfassen}}{=} 3\cdot x$

b) $a+4-a+1 \underset{\text{Zusammenfassen}}{=} 5$

c) $6-(y+4) \underset{\text{Klammer auflösen}}{=} 6-y-4 \underset{\text{Zusammenfassen}}{=} 2-y$

Ersetzt man in einem Term mit Variablen diese durch geeignete Zahlen, so nimmt der Term einen **Wert** an.

Beispiel 5

Wir setzen in den Term $x-5$ für die Variable x Zahlen ein und berechnen jeweils den sich dann ergebenden Wert des Terms.
Setzen wir für x die Zahl 8 ein, so erhalten wir: $\mathbf{8}-5=3$;
setzen wir für x die Zahl 5 ein, so erhalten wir: $\mathbf{5}-5=0$.
Setzen wir für x dagegen die Zahl 3 ein, so erhalten wir: $\mathbf{3}-5$.
Für die Einsetzung 3 nimmt der Term $x-5$ (noch) keinen Wert an.
Wir sagen: Der Term ist für $x=3$ **nicht definiert**.

Beispiel 6

Wir untersuchen mit einer Tabelle, für welche Zahlen der Term $n-4$ definiert ist.

n	0	1	2	3	4	5	6	7	8	9
$n-4$	–	–	–	–	0	1	2	3	4	5

Für die Zahlen 0, 1, 2 und 3 nimmt der Term (noch) keinen Wert an, er ist also für n kleiner oder gleich 3 (in Zeichen: $\boldsymbol{n \leq 3}$) nicht definiert.

Für die Zahlen 4, 5, 6, 7, … hat der Term einen Wert, er ist also für n größer oder gleich 4 (in Zeichen: $\boldsymbol{n \geq 4}$) definiert.

Merke

Beim Vergleichen von Zahlen kannst du die Zeichen ≤ (lies: kleiner oder gleich) und ≥ (lies: größer oder gleich) verwenden.

3.7 Mehrgliedrige Produkte

Besteht ein Produkt aus mehr als zwei Faktoren, so sprechen wir von einem **mehrgliedrigen Produkt**. Wenn wir solche Produkte berechnen wollen, sind folgende Regeln zu beachten:

Merke

(1) Berechne Produkte ohne Klammern schrittweise von links nach rechts.

(2) Berechne bei Produkten, was in Klammern, steht zuerst.

(3) Berechne bei geschachtelten Klammern die innerste Klammer zuerst.

Beispiel 1

a) $5\cdot 6\cdot 7\cdot 8 \underset{\substack{5\cdot 6\\ \text{berechnen}}}{=} 30\cdot 7\cdot 8 \underset{\substack{30\cdot 7\\ \text{berechnen}}}{=} 210\cdot 8=1680$

b) $7\cdot(4\cdot 5)\cdot 9 \underset{\substack{4\cdot 5\\ \text{berechnen}}}{=} 7\cdot 20\cdot 9 \underset{\substack{7\cdot 20\\ \text{berechnen}}}{=} 140\cdot 9=1260$

c) $[2\cdot(7\cdot 5)]\cdot 9 \underset{\substack{7\cdot 5\\ \text{berechnen}}}{=} [2\cdot 35]\cdot 9 \underset{\substack{2\cdot 35\\ \text{berechnen}}}{=} 70\cdot 9=630$

Rechne nach und vergleiche folgende Ausdrücke:
$(8\cdot 2)\cdot 9=16\cdot 9=144$ und $8\cdot(2\cdot 9)=8\cdot 18=144$.
Also gilt: $(8\cdot 2)\cdot 9=8\cdot(2\cdot 9)$.

Ebenso:
$(15\cdot 11)\cdot 3=165\cdot 3=495$ und $15\cdot(11\cdot 3)=15\cdot 33=495$.
Also gilt: $(15\cdot 11)\cdot 3=15\cdot(11\cdot 3)$.

Merke

Es gilt das **Assoziativgesetz (Zusammenfassungsgesetz) der Multiplikation**:
In jedem Produkt von drei Faktoren darf man die Faktoren beliebig durch Klammern zu Teilprodukten zusammenfassen, ohne dass sich der Wert des Produktes ändert.
Kurz: $\mathbf{A}^{\bullet}$: Für alle $a, b, c \in \mathbb{N}$ gilt: $(a\cdot b)\cdot c=a\cdot(b\cdot c)$.

Durch geschicktes Zusammenfassen von Teilprodukten kannst du dir mithilfe des Assoziativgesetzes Rechenvorteile verschaffen.

Beispiel 2

$37\cdot 4\cdot 25 \underset{\substack{\text{Assoziativgesetz}\\ \text{anwenden}}}{=} 37\cdot(4\cdot 25)=37\cdot 100=3700$

Die Regel kann auch auf mehr als drei Faktoren erweitert werden:

Beispiel 3

$8 \cdot 14 \cdot 20 \cdot 5 \underset{\substack{\text{Regel}\\ \text{anwenden}}}{=} (8 \cdot 14) \cdot (20 \cdot 5) = 112 \cdot 100 = 11200$

Gibt es auch Assoziativgesetze für die Subtraktion und die Division?
Wir vergleichen dazu geeignete Rechenausdrücke.
$(10-4)-1=6-1=5$ und $10-(4-1)=10-3=7$,
also gilt: $(10-4)-1 \neq 10-(4-1)$.
$(125:25):5=5:5=1$ und $125:(25:5)=125:5=25$,
also gilt: $(125:25):5 \neq 125:(25:5)$.

Merke
Die Subtraktion und die Division sind nicht assoziativ.

Als Zusammenfassung des Kommutativgesetzes und des Assoziativgesetzes der Multiplikation ergibt sich folgende Rechenregel:

Vertauschungsregel für Produkte
VR•: In jedem mehrgliedrigen Produkt darf man die Faktoren beliebig vertauschen und zu Teilprodukten zusammenfassen, ohne dass sich der Wert des Produktes ändert.

Beispiel 4

a) $20 \cdot 17 \cdot 5 \underset{\substack{\text{Vertauschungs-}\\ \text{regel anwenden}}}{=} 20 \cdot 5 \cdot 17 = 100 \cdot 17 = 1700$

b) $8 \cdot 7 \cdot 31 \cdot 125 \underset{\substack{\text{VR}^\bullet\\ \text{anwenden}}}{=} 7 \cdot 31 \cdot 8 \cdot 125$

$\underset{\substack{\text{Teilprodukte}\\ \text{bilden}}}{=} (7 \cdot 31) \cdot (8 \cdot 125) \underset{\substack{\text{Teilprodukte}\\ \text{ausrechnen}}}{=} 217 \cdot 1000 = 217\,000$

3.8 Punkt- und Strichrechnung

Bei Termen ohne Klammern, in denen die Addition, die Subtraktion und die Multiplikation vorkommen, musst du dich an folgende Festlegung halten:

Prioritätsregel
In einem Term ohne Klammern hat die Multiplikation Vorrang vor der Addition und vor der Subtraktion.
Kurz: Punktrechnung geht vor Strichrechnung.

Beispiel 1

a) $4 \cdot 13 - 5 \cdot 9 \underset{\text{Produkte zuerst berechnen}}{=} 52 - 45 = 7$

b) $88 + 12 \cdot 3 - 4 \cdot 5 \cdot 6 \underset{\text{Produkte zuerst berechnen}}{=} 88 + 36 - 120 \underset{\text{Von links nach rechts berechnen}}{=} 124 - 120 = 4$

Wenn Potenzen vorkommen, musst du sie zuerst berechnen:

Beispiel 2

$21 + 4 \cdot 3^2 - 5 \cdot 2^3 \underset{\text{Potenzen zuerst berechnen}}{=} 21 + 4 \cdot 9 - 5 \cdot 8 \underset{\text{Produkte berechnen}}{=} 21 + 36 - 40 \underset{\text{Von links nach rechts}}{=} 17$

Weiter sind – wie bisher – folgende Regeln zu beachten:

Merke
(1) Der Inhalt einer Klammer muss zuerst berechnet werden.
(2) Bei geschachtelten Klammern muss die innerste zuerst berechnet werden.

Beispiel 3

a) $6 \cdot (19 - 7) \underset{\text{Klammer zuerst berechnen}}{=} 6 \cdot 12 = 72$

b) $3 \cdot [58 - 5 \cdot (6 + 4)] \underset{\text{Innere Klammer zuerst berechnen}}{=} 3 \cdot [58 - 5 \cdot 10] \underset{\text{Äußere Klammer berechnen}}{=} 3 \cdot 8 = 24$

Aus einem alten Rechenbuch:

Die Klammer sagt: Zuerst komm ich!
Denk ferner dran: Stets Punkt vor Strich!
Und was noch nicht zum Rechnen dran,
das schreibe unverändert an!

3.9 Distributivgesetz

Ronald lädt an seinem Geburtstag seine Freundin Ronalda, seinen Freund Donut und dessen Freundin Fanta ein.

Er bestellt 4 Big Mac zu je 3 € und 4 Cola zu je 2 €. Weil er wissen will, ob sein Geld ausreicht, rechnet er: $4 \cdot 3 + 4 \cdot 2 = 12 + 8 = 20$.

Seine clevere Freundin Ronalda schlägt ihm folgende Rechnung vor: $4 \cdot (3+2) = 4 \cdot 5 = 20$.

Beide erhalten dasselbe Ergebnis.

Also gilt wohl: $4 \cdot (3+2) = 4 \cdot 3 + 4 \cdot 2$.

Allgemein gilt folgender Sachverhalt:

Merke

Es gilt das **Distributivgesetz**[1] **(Verteilungsgesetz) für Summen**:
Eine Summe wird mit einer Zahl multipliziert, indem man jeden Summanden mit der Zahl multipliziert und dann die Teilprodukte addiert.
Kurz: **D**: Für alle $a, b, c \in \mathbb{N}$ gilt: $a \cdot (b+c) = a \cdot b + a \cdot c$.

Das Distributivgesetz gilt **auch für Differenzen**.

Rechne dazu folgende Ausdrücke nach und vergleiche sie:

$3 \cdot (7-2) = 3 \cdot 5 = 15$ und $3 \cdot 7 - 3 \cdot 2 = 21 - 6 = 15$.

Also gilt: $3 \cdot (7-2) = 3 \cdot 7 - 3 \cdot 2$.

Ebenso:

$15 \cdot (10-2) = 15 \cdot 8 = 120$ und $15 \cdot 10 - 15 \cdot 2 = 150 - 30 = 120$.

Also gilt: $15 \cdot (10-2) = 15 \cdot 10 - 15 \cdot 2$.

Allgemein gilt:

Eine Differenz wird mit einer Zahl multipliziert, indem man den Minuenden und den Subtrahenden mit der Zahl multipliziert und dann die Teilprodukte subtrahiert.

Kurz: Für alle $a, b, c \in \mathbb{N}$ mit $b \geq c$ gilt: $a \cdot (b-c) = a \cdot b - a \cdot c$.

[1] distribuere (lat.), verteilen

Beispiel 1

a) $3\cdot(5+8) \underset{\substack{\text{Distributivgesetz}\\ \text{für Summen}}}{=} 3\cdot5+3\cdot8 \underset{\substack{\text{Produkte}\\ \text{berechnen}}}{=} 15+24=39$

b) $16\cdot(20-3) \underset{\substack{\text{Distributivgesetz}\\ \text{für Differenzen}}}{=} 16\cdot20-16\cdot3 \underset{\substack{\text{Produkte}\\ \text{berechnen}}}{=} 320-48=272$

Bemerkungen

1. Die Anwendung des Distributivgesetzes wie im vorangehenden Beispiel heißt **Ausmultiplizieren**. Beim Ausmultiplizieren wird ein Produkt aus einer Zahl und einer Summe (Differenz) in eine Summe (Differenz) von Teilprodukten umgewandelt, die **vorkommende Klammer** wird also **aufgelöst**.
2. Wegen des Kommutativgesetzes der Multiplikation gelten auch die Formeln: $(a+b)\cdot c=a\cdot c+b\cdot c$ und $(a-b)\cdot c=a\cdot c-b\cdot c$.
3. Für Produkte aus einer Zahl und einem mehrgliedrigen Ausdruck gelten erweiterte Formen des Distibutivgesetzes, z.B.:
   $a\cdot(b+c+d)=a\cdot b+a\cdot c+a\cdot d$ oder $a\cdot(b-c+d)=a\cdot b-a\cdot c+a\cdot d$.

Beispiel 2

a) $(10+3)\cdot18 \underset{\substack{\text{Ausmulti-}\\ \text{plizieren}}}{=} 10\cdot18+3\cdot18 \underset{\substack{\text{Produkte}\\ \text{berechnen}}}{=} 180+54=234$

b) $13\cdot(200+30+7) \underset{\substack{\text{Ausmulti-}\\ \text{plizieren}}}{=} 13\cdot200+13\cdot30+13\cdot7$

$\underset{\substack{\text{Produkte}\\ \text{berechnen}}}{=} 2600+390+91 \underset{\substack{\text{Von links}\\ \text{nach rechts}}}{=} 2990+91=3081$

Mithilfe des Distributivgesetzes kann man sich Rechenvorteile verschaffen:

Beispiel 3

a) $17\cdot34 \underset{\substack{\text{Größere Zahl}\\ \text{zerlegen}}}{=} 17\cdot(30+4) \underset{\substack{\text{D}\\ \text{anwenden}}}{=} 17\cdot30+17\cdot4 \underset{\substack{\text{Produkte}\\ \text{berechnen}}}{=} 510+68=578$

b) $198\cdot14 \underset{\substack{\text{Größere Zahl}\\ \text{zerlegen}}}{=} (200-2)\cdot14 \underset{\substack{\text{D}\\ \text{anwenden}}}{=} 200\cdot14-2\cdot14 \underset{\substack{\text{Produkte}\\ \text{berechnen}}}{=} 2800-28=2772$

Susi und Vera kaufen für ihre Katze 3 Dosen Kitekat zu je 47 Cent und 3 Beutel Katzenschleck zu je 53 Cent. Sie überlegen, was sie an der Kasse bezahlen müssen.

Susi rechnet:

$3 \cdot 47 \text{ Cent} + 3 \cdot 53 \text{ Cent} = 141 \text{ Cent} + 159 \text{ Cent} = 300 \text{ Cent} = 3\,€$.

Vera rechnet:

$3 \cdot 47 \text{ Cent} + 3 \cdot 53 \text{ Cent} = 3 \cdot (47 \text{ Cent} + 53 \text{ Cent}) = 3 \cdot 100 \text{ Cent} = 300 \text{ Cent} = 3\,€$.

Beim Vergleich der Rechnungen stellst du fest, dass Veras Rechnung einfacher ist.

Vera hat sich mithilfe des Distributivgesetzes einen Rechenvorteil verschafft.

Bemerkung

Von Vera wurde das Distributivgesetz in der Form $a \cdot b + a \cdot c = a \cdot (b + c)$ angewendet.

Die Anwendung des Distributivgesetzes auf diese Art heißt **Ausklammern**. Beim Ausklammern wird eine Summe (oder eine Differenz) von Produkten, die alle einen gleichen Faktor haben, in ein Produkt umgewandelt.

Dieses Produkt besteht dann aus diesem Faktor und einer Summe (oder einer Differenz) der anderen Faktoren. Die Summe (oder die Differenz) wird in eine **Klammer gesetzt**.

Beispiel 4

a) $7 \cdot 18 + 7 \cdot 12 \underset{\text{Gemeinsamen Faktor 7 ausklammern}}{=} 7 \cdot (18 + 12) \underset{\text{Klammer berechnen}}{=} 7 \cdot 30 = 210$

b) $46 \cdot 32 - 46 \cdot 27 \underset{\text{Gemeinsamen Faktor 46 ausklammern}}{=} 46 \cdot (32 - 27) \underset{\text{Klammer berechnen}}{=} 46 \cdot 5 = 230$

Anwendungen des Distributivgesetzes

Ausmultiplizieren →

$$a \cdot (b + c) = a \cdot b + a \cdot c$$
$$a \cdot (b - c) = a \cdot b - a \cdot c$$

← **Ausklammern**

3.10 Termumformungen

Wenn wir die Gesetze und Regeln des Zahlenrechnens auf Terme mit Variablen anwenden, ergeben sich **umgeformte Terme**, die zu den Ausgangstermen **gleichwertig** sind. Zwischen den Ausgangsterm und den umgeformten Term setzen wir ein Gleichheitszeichen.

Die wichtigsten **Termumformungen** erhalten wir durch Anwendung

- der Kommutativ- und Assoziativgesetze der Addition und Multiplikation,
- der Vertauschungsregeln,
- der Regeln zum Behandeln von Klammern und
- des Distributivgesetzes.

Beispiel 1

a) $2\cdot x+4\cdot x \underset{\substack{\text{Variable } x\\ \text{ausklammern}}}{=} (2+4)\cdot x \underset{\substack{\text{Klammer}\\ \text{ausrechnen}}}{=} 6\cdot x$

b) $7\cdot a+2\cdot a-8\cdot a \underset{\substack{\text{Variable } a\\ \text{ausklammern}}}{=} (7+2-8)\cdot a \underset{\substack{\text{Klammer}\\ \text{ausrechnen}}}{=} 1\cdot a \underset{\text{N}^{\bullet}}{=} a$

Bemerkungen

1. Die Rechnung im vorherigen Beispiel kannst du abkürzen, indem du nur noch wie in Beispiel 2 mit den Zahlenfaktoren rechnest.
2. In Produkten mit einer Zahl und einer Variablen, in Produkten mit Variablen und einer Klammer oder in Produkten mit Variablen wird zur Vereinfachung der Schreibweise der Malpunkt oft weggelassen.

   Wir schreiben z.B. statt $6\cdot x$ kurz $6x$, statt $3\cdot(x+y)$ kurz $3(x+y)$ oder statt $a\cdot b$ kurz ab.

Beispiel 2

a) $14x-5x \underset{\substack{\text{Rechne}\\ 14-5=9}}{=} 9x$

b) $8y+6y-11y \underset{\substack{\text{Rechne}\\ 8+6-11=3}}{=} 3y$

c) $7b-b+4b \underset{\substack{\text{Produkt}\\ \text{erzeugen}\\ \text{mit N}^{\bullet}}}{=} 7b-1\cdot b+4b \underset{\substack{\text{Rechne}\\ 7-1+4=10}}{=} 10b$

Fasse in mehrgliedrigen Ausdrücken nur gleichartige Glieder zusammen:

Beispiel 3

a) $5x+8-4x \underset{\substack{\text{Rechne}\\ 5x-4x=x}}{=} x+8$

b) $8u+18-13 \underset{\substack{\text{Rechne}\\ 18-13=5}}{=} 8u+5$

c) $\underline{11}+\underline{6v}-\underline{2}+\underline{v} \underset{\substack{\text{Gleichartige Glieder}\\ \text{zusammenfassen}}}{=} 7v+9$

Fasse in mehrgliedrigen Produkten nur gleichartige Faktoren zusammen:

Beispiel 4

a) $5x\cdot 3 \underset{\substack{\text{Zahlfaktoren}\\ \text{zusammenfassen}}}{=} (5\cdot 3)\cdot x \underset{\substack{\text{Klammer}\\ \text{berechnen}}}{=} 15x$

b) $a\cdot 2a \underset{\substack{\text{Variablenfaktoren}\\ \text{zusammenfassen}}}{=} 2\cdot(a\cdot a) \underset{\substack{\text{Klammer}\\ \text{berechnen}}}{=} 2a^2$

c) $4\cdot 3b\cdot 6b \underset{\substack{\text{Gleichartige Faktoren}\\ \text{zusammenfassen}}}{=} (4\cdot 3\cdot 6)\cdot(b\cdot b) \underset{\substack{\text{Klammern}\\ \text{berechnen}}}{=} 72b^2$

Unterscheide beim Zusammenfassen Summen mit gleichen Variablensummanden und Produkte mit gleichen Variablenfaktoren:

Beispiel 5

a) $\underbrace{y+y+y+y}_{\text{gleiche Summanden}} = 4y$

b) $\underbrace{y\cdot y\cdot y\cdot y}_{\text{gleiche Faktoren}} = y^4$

Zum Schluss wollen wir noch Terme durch Ausmultiplizieren umformen:

Beispiel 6

a) $3\cdot(x+4) \underset{\substack{\text{Ausmulti-}\\ \text{plizieren}}}{=} 3\cdot x+3\cdot 4 \underset{\substack{\text{Produkte}\\ \text{vereinfachen}}}{=} 3x+12$

b) $(8d-5)\cdot 2 \underset{\substack{\text{Ausmulti-}\\ \text{plizieren}}}{=} 8d\cdot 2-5\cdot 2 \underset{\substack{\text{Produkte}\\ \text{vereinfachen}}}{=} 16d-10.$

c) $6\cdot(3y+1)-10y \underset{\substack{\text{Ausmultiplizieren}\\ \text{und Produkte vereinfachen}}}{=} \underline{18y}+6-\underline{10y} \underset{\substack{\text{Zusammen-}\\ \text{fassen}}}{=} 8y+6.$

3.11 Division in Rechenausdrücken

Wenn wir Rechenausdrücke berechnen müssen, in denen multipliziert und dividiert werden soll, sind die bekannten Regeln zu beachten:

Merke

(1) Rechne ohne Klammern schrittweise von links nach rechts.

(2) Berechne was in Klammern steht zuerst.

(3) Berechne bei geschachtelten Klammern die innerste Klammer zuerst.

Beispiel 1

a) $12 \cdot 6 : 8 \underset{\substack{12\cdot 6\\ \text{berechnen}}}{=} 72 : 8 = 9$

b) $325 : (5 \cdot 13) \underset{\substack{\text{Klammer}\\ \text{berechnen}}}{=} 325 : 65 = 5$

c) $[240 : (6 \cdot 2)] : 4 \underset{\substack{\text{Innere Klammer}\\ \text{berechnen}}}{=} [240 : 12] : 4 \underset{\substack{\text{Äußere Klammer}\\ \text{berechnen}}}{=} 20 : 4 = 5$

Rechne nach und vergleiche folgende Ausdrücke:

$(18+42):6 = 60:6 = 10$ und $18:6+42:6 = 3+7 = 10$.

Also gilt: $(18+42):6 = 18:6+42:6$.

Ebenso:

$(55+88):11 = 143:11 = 13$ und $55:11+88:11 = 5+8 = 13$.

Also gilt: $(55+88):11 = 55:11+88:11$.

Merke

Es gilt die **Divisionsregel für Summen**

Statt eine Summe durch eine Zahl zu dividieren, können wir jeden Summanden durch die Zahl dividieren und die Quotienten addieren.

Kurz: Falls die Quotienten definiert sind, gilt: $(a+b):c = a:c+b:c$.

Beim Dividieren kann dir diese Regel Rechenvorteile verschaffen.

Beispiel 1

a) $(65+39):13 \underset{\substack{\text{Regel}\\ \text{anwenden}}}{=} 65:13+39:13 \underset{\substack{\text{Quotienten}\\ \text{berechnen}}}{=} 5+3 = 8$

b) $(180+36):18 \underset{\substack{\text{Regel}\\ \text{anwenden}}}{=} 180:18+36:18 \underset{\substack{\text{Quotienten}\\ \text{berechnen}}}{=} 10+2 = 12$

c) $518:7 \underset{\substack{518\ \text{geeignet}\\ \text{zerlegen}}}{=} (490+28):7 \underset{\substack{\text{Regel}\\ \text{anwenden}}}{=} 490:7+28:7 \underset{\substack{\text{Quotienten}\\ \text{berechnen}}}{=} 70+4 = 74$

Rechne nach und vergleiche folgende Ausdrücke:
$(18 \cdot 5):6 = 90:6 = 15$ und $(18:6) \cdot 5 = 3 \cdot 5 = 15$.

Also gilt: $(18 \cdot 5):6 = (18:6) \cdot 5$.

Ebenso:
$(7 \cdot 16):8 = 112:8 = 14$ und $(16:8) \cdot 7 = 2 \cdot 7 = 14$.

Also gilt: $(7 \cdot 16):8 = (16:8) \cdot 7$.

Merke

Es gilt die **Divisionsregel für Produkte**:

Statt ein Produkt durch eine Zahl zu dividieren, können wir einen Faktor des Produktes durch die Zahl dividieren und den Quotienten mit dem anderen Faktor multiplizieren.

Kurz: Falls die Quotienten definiert sind, gilt $(a \cdot b):c = (a:c) \cdot b$.

Die Divisionsregel für Produkte kann dir Rechenvorteile verschaffen.

Beispiel 2

a) $(95 \cdot 53):19 \underset{\substack{\text{Regel}\\ \text{anwenden}}}{=} (95:19) \cdot 53 \underset{\substack{95:19\\ \text{berechnen}}}{=} 5 \cdot 53 = 265$

b) $(67 \cdot 46):23 \underset{\substack{\text{Regel}\\ \text{anwenden}}}{=} 67 \cdot (46:23) \underset{\substack{46:23\\ \text{berechnen}}}{=} 67 \cdot 2 = 134$

c) $8500:17 \underset{\substack{\text{8500 geeignet}\\ \text{zerlegen}}}{=} (85 \cdot 100):17 \underset{\substack{\text{Regel}\\ \text{anwenden}}}{=} (85:17) \cdot 100 \underset{\substack{85:17\\ \text{berechnen}}}{=} 5 \cdot 100 = 500$

Du kannst die Regel auch bei Termumformungen anwenden:

Beispiel 3

a) $12x:4 \underset{\substack{\text{Regel}\\ \text{anwenden}}}{=} (12:4) \cdot x \underset{\substack{12:4\\ \text{berechnen}}}{=} 3x$

b) $36a:3 \underset{\substack{\text{Regel}\\ \text{anwenden}}}{=} (36:3) \cdot a \underset{\substack{36:3\\ \text{berechnen}}}{=} 12a$

c) $5z:5 \underset{\substack{\text{Regel}\\ \text{anwenden}}}{=} (5:5) \cdot z = 1 \cdot z = z$

3.12 Verbindung der vier Grundrechenarten

Folgende Tabelle gibt dir eine Übersicht über die vier Grundrechenarten:

Rechenarten		Bezeichnungen	Rechenzeichen	
der ersten Stufe	Additon	Summand + Summand = Summe	+	Striche
	Subtraktion	Minuend – Subtrahend = Differenz	–	
der zweiten Stufe	Multiplikation	Multiplikand · Multiplikator = Produkt oder Faktor · Faktor = Produkt	·	Punkte
	Division	Dividend : Divisor = Quotient	:	

☞ Beachte, dass in der Menge der natürlichen Zahlen uneingeschränkt addiert und multipliziert werden kann.
Dagegen kann nur subtrahiert werden, wenn der Minuend mindestens so groß wie der Subtrahend ist; dividieren ist nur möglich, wenn der Dividend ein Vielfaches des Divisors ist.

Wenn Rechenausdrücke berechnet werden müssen, in denen die vier Grundrechenarten zusammentreffen, sind folgende Regeln zu beachten:

Merke

(1) Potenz- geht vor Punktrechnung, Punkt- geht vor Strichrechnung.

(2) Berechne was in Klammern steht zuerst.

(3) Berechne bei geschachtelten Klammern die innerste Klammer zuerst (von innen nach außen).

Beispiel

a) $4\cdot 3^2+28:7 \underset{\substack{\text{Zuerst } 3^2\\ \text{berechnen}}}{=} 4\cdot 9+28:7 \underset{\substack{4\cdot 9 \text{ und } 28:7\\ \text{berechnen}}}{=} 36+4=40$

b) $125:(38-13) \underset{\substack{\text{Klammer}\\ \text{berechnen}}}{=} 125:25=5$

c) $[140:(11+24)]\cdot 5 \underset{\substack{\text{Innere Klammer}\\ \text{berechnen}}}{=} [140:35]\cdot 5 \underset{\substack{\text{Äußere Klammer}\\ \text{berechnen}}}{=} 4\cdot 5=20$

4

Grundbegriffe der Gleichungslehre

Wenn wir in der Mathematik Gleichheit zum Ausdruck bringen wollen, so schreiben wir häufig Gleichungen. Sie sind dir schon bei Rechnungen und in Gesetzen begegnet. Du kannst sie stets an dem Gleichheitszeichen „=“, das Zahlen, Rechenausdrücke oder andere Objekte verknüpft, erkennen. Gleichungen haben in der Mathematik eine große Bedeutung, sodass wir uns in diesem Kapitel mit ihnen ausführlich beschäftigen. In der Gleichungslehre, einem Teilgebiet der Mathematik, werden die vielen verschiedenen Typen von Gleichungen systematisch behandelt.

4.1 Aussagen

In einer Unterrichtsstunde treten verschiedene sprachliche Gebilde auf.

Beispiel 1

a) Ottweiler liegt im Saarland. (Aussage)
b) 3 ist eine ungerade Zahl. (Aussage)
c) Die Saar mündet in den Bostalsee. (Aussage)
d) Wie viel Uhr ist es? (Frage)
e) Herzlichen Glückwunsch! (Ausruf)
f) Schaukel nicht mit dem Stuhl! (Befehl)
g) 3 kg sind mehr als 4 m. (Unsinn)

In der Mathematik interessieren wir uns vor allem für solche sprachlichen Gebilde, die sinnvoll sind und bei denen eindeutig entschieden werden kann, ob sie entweder richtig oder falsch sind.

Definition 4.1
Ein Satz, von dem grundsätzlich eindeutig entschieden werden kann, ob er richtig oder falsch ist, heißt **Aussage**.

Gemäß dieser Definition sind die obigen Beispiele a), b) und c) Aussagen, alle anderen Beispiele sind keine Aussagen.

Bemerkungen

1. Ist eine Aussage richtig, so sagen wir: Sie hat den **Wert r**. Wir kennzeichnen dies mit einem eingeklammerten „r“ hinter der Aussage.
2. Ist eine Aussage falsch, so sagen wir: Sie hat den **Wert f**. Wir kennzeichnen dies mit einem eingeklammerten „f“ hinter der Aussage.
3. Eine Aussage ist entweder richtig oder falsch, beides zugleich ist nicht möglich.
4. Eine weitere Möglichkeit als richtig oder falsch gibt es nicht.

Beispiel 2

a) Koblenz liegt am Rhein.	(r)
b) 10 ist eine Primzahl.	(f)
c) Die Kuh ist ein Raubtier.	(f)
d) Die Differenz von 12 und 5 ist 7.	(r)
e) 13 ist ein Teiler von 20.	(f)
f) $50 + 20 + 10 = 80$.	(r)

4.2 Aussageformen

Wir betrachten folgende Aussagen:

1 ist Vielfaches von 2	(f),	denn 1 ist nicht durch 2 teilbar.
2 ist Vielfaches von 2	(r),	denn $2:2=1$.
3 ist Vielfaches von 2	(f),	denn 3 ist nicht durch 2 teilbar.
4 ist Vielfaches von 2	(r),	denn $4:2=2$.
5 ist Vielfaches von 2	(f),	denn 5 ist nicht durch 2 teilbar.

usw.

Diese unendlich vielen Aussagen haben die gemeinsame Form:

x ist Vielfaches von 2.

Der Satz „x ist Vielfaches von 2“ ist **keine** Aussage, denn wir können nicht entscheiden, ob er richtig oder falsch ist. Er **geht aber in eine Aussage über**, wenn wir die Variable x durch eine Zahl aus $\mathbb{N}$ ersetzen.

Betrachten wir jetzt den Satz „x ist ein Säugetier“.

Ersetzen wir die Variable x durch eine Zahl aus $\mathbb{N}^*$ oder $\mathbb{N}$, so entsteht keine Aussage, sondern ein Quatschsatz.

Ersetzen wir dagegen x durch ein Element der Menge $G = \{$Hund, Katze, Fisch, Regenwurm, Biene$\}$, so geht der Satz in eine Aussage über.

Es gilt folgende Definition:

Definition 4.2

Ein Satz mit einer Variablen, der beim Ersetzen der Variablen in geeigneter Form in eine Aussage übergeht, heißt **Aussageform**.

Die Menge, aus der die Einsetzungen für die Variable zu entnehmen sind, heißt **Grundmenge *G*** der Aussageform.

Bemerkungen

1. Zu einer Aussageform gehört immer die Angabe der Grundmenge G. Man spricht dann von einer **Aussageform über der Grundmenge *G***.
2. Ist keine Grundmenge angegeben, so gilt bis auf weiteres $G = \mathbb{N}$.

Beispiel 1

a) „x liegt an der Saar“ ist eine Aussageform über $G = \{$Saarlouis, Homburg, Merzig$\}$, denn „Saarlouis liegt an der Saar“ (r), „Homburg liegt an der Saar“ (f) „Merzig liegt an der Saar“ (r) sind Aussagen.

b) „x ist eine Quadratzahl“ ist eine Aussageform über $\mathbb{N}$, denn „0 ist eine Quadratzahl“ (r), „1 ist eine Quadratzahl“ (r), „2 ist eine Quadratzahl“ (f) usw. sind Aussagen.

c) Die Gleichung $x+3=7$ ist eine Aussageform über $\mathbb{N}$, denn $0+3=7$ (f), $1+3=7$ (f), $2+3=7$ (f), $3+3=7$ (f), $4+3=7$ (r), $5+3=7$ (f) usw. sind Aussagen.

Betrachten wir jetzt die **Ungleichung** $x+1<5$ über der Grundmenge $\mathbb{N}$.

Ungleichungen und Gleichungen sind spezielle Aussageformen.

Setzt man die Zahlen 0, 1, 2 und 3 in die Ungleichung $x+1<5$ ein, so geht die Aussageform in eine richtige Aussage über. Man sagt, die Zahlen 0, 1, 2 und 3 **erfüllen** oder **lösen** die Aussageform. Es sind **Lösungen** der Ungleichung.

Allgemein ist festgelegt:

Definition 4.3

Jedes Element der Grundmenge G, das beim Einsetzen in die Aussageform diese zu einer richtigen Aussage macht, heißt **Lösung der Aussageform**.

Die Menge aller Lösungen einer Aussageform heißt die **Lösungsmenge *L*** der Aussageform.

Beispiel 2

a) Gegeben ist die Gleichung $x+2=6$ mit $G=\{3,4,5\}$.
Die Zahl 4 ist Lösung der Gleichung (erfüllt bzw. löst sie), weil beim Ersetzen der Variablen x durch die Zahl 4 die Gleichung in eine richtige Aussage übergeht. Die Zahlen 3 und 5 sind keine Lösungen. Also gilt: $L=\{4\}\subset G$.

b) Gegeben ist die Gleichung $x+5=3$ mit $G=\mathbb{N}$.
Da es **keine Lösung** gibt, gilt: $L=\{\ \}\subset G$. Die Gleichung ist **unlösbar**.

c) Gegeben ist die Gleichung $x+x=2x$ mit $G=\mathbb{N}$.
Da **jede Zahl** Lösung ist, gilt: $L=\mathbb{N}=G$. Die Gleichung ist **allgemeingültig**.

Merke

(1) **Gleichungen** und **Ungleichungen** mit einer Variablen sind spezielle Aussageformen.

(2) Die Lösungsmenge L einer Aussageform ist stets Teilmenge der Grundmenge G.

(3) Eine Aussageform über G heißt **erfüllbar** oder **lösbar**, wenn $L\neq\{\ \}$ ist, sie heißt **unerfüllbar** oder **unlösbar**, wenn $L=\{\ \}$ ist und sie heißt **allgemeingültig**, wenn $L=G$ ist.

Beispiel 3

a) Die Gleichung $3+x=5$ ist erfüllbar über $\mathbb{N}$, denn die Zahl 2 ist Lösung. Sie ist nicht allgemeingültig, weil nur die Zahl 2 die Gleichung löst.

b) Die Gleichung $5+x=3$ ist unerfüllbar über $\mathbb{N}$, denn keine natürliche Zahl löst die Gleichung.

c) Die Gleichung $2x+x=3x$ ist allgemeingültig über $\mathbb{N}$, denn jede natürliche Zahl löst die Gleichung.

4.3 Umformen von Gleichungen

Wir betrachten jetzt spezielle Aussageformen, nämlich Gleichungen.

Bisher haben wir Gleichungen durch Probieren oder „intelligentes" Raten gelöst. Jetzt wollen wir ein Verfahren entwickeln, mit dem wir Gleichungen **systematisch** lösen können.

Beginnen wir mit einer einfachen Gleichung: $x+3=7$.

Du erkennst sofort:

4 ist die einzige Lösung der Gleichung, also gilt $L=\{4\}$.

Aber wie kann man diese Gleichung systematisch lösen?
Dazu vergleichen wir die Gleichung mit einer Balkenwaage (Bild 4.1). Die Zahlen der Gleichung entsprechen den Wägestücken, die Variable x entspricht dem zu wiegenden Körper.
Für die Gleichung $x+3=7$ ergibt sich demnach die Anordnung in Bild 4.1.

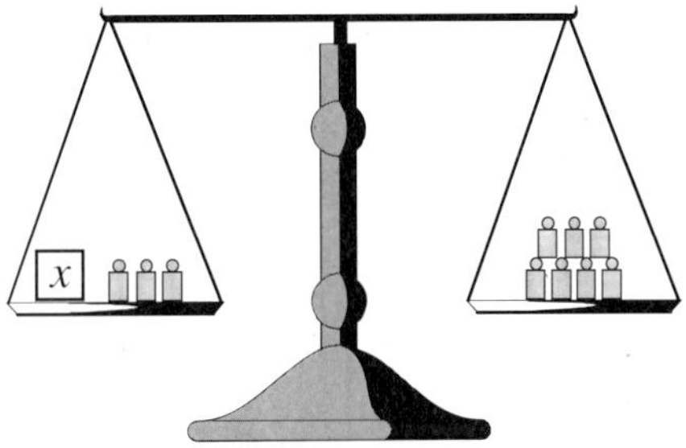

Bild 4.1

Um den unbekannten Körper auszuwiegen, ist es günstig, wenn er alleine auf einer Waagschale steht.
Man muss dazu die drei Wägestücke auf der linken Waagschale entfernen. Dabei kommt aber die Waage aus dem Gleichgewicht (Bild 4.2).

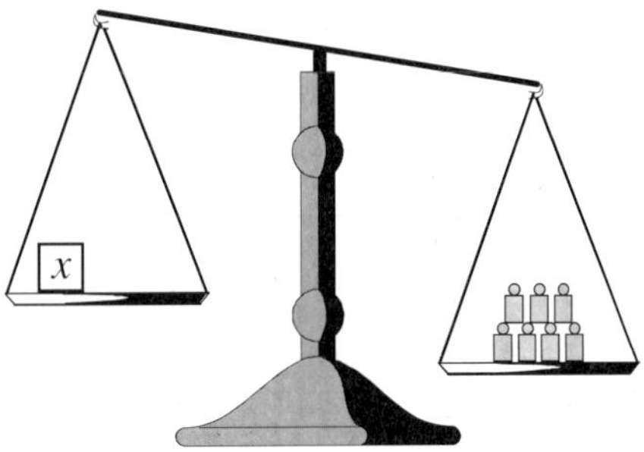

Bild 4.2

Damit der Gleichgewichtszustand der Waage erhalten bleibt, muss man auf der rechten Seite auch drei Wägestücke entfernen (Bild 4.3).

Man liest dann ab: $x=4$.

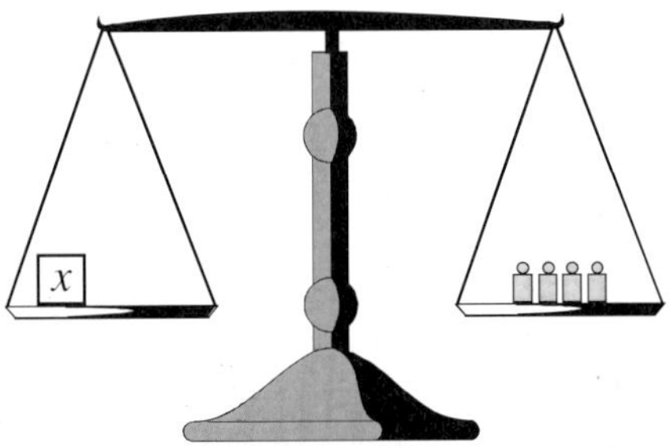

Bild 4.3

Rechnerisch bedeutet das Entfernen von jeweils 3 Wägestücken von beiden Waagschalen:

Auf **beiden Seiten** der Gleichung wird die Zahl 3 subtrahiert. Die Lösungsmenge der Gleichung ändert sich dabei nicht.

Das sieht dann so aus:

$$\begin{aligned} x+3&=7 && \big|-3 \\ x+3-3&=7-3 && \text{(vereinfachen)} \\ x&=4 \end{aligned}$$

Dabei bedeutet die Schreibweise $\big|-3$ hinter der ersten Zeile:

Subtrahiere 3 auf beiden Seiten der Gleichung.

Die Zahl 4 wird durch Einsetzen in die Ausgangsgleichung bei der **Probe** als Lösung bestätigt:

Probe: $4+3=7$ (r)

Zum Abschluss wird die Lösungsmenge L angegeben:

Ergebnis: $L=\{4\}$.

Du weißt, dass sich bei einer Waage das Gleichgewicht auch dann nicht ändert, wenn man auf beiden Seiten dieselbe Anzahl von Wägestücken dazustellt. Rechnerisch bedeutet dies: Auf **beiden Seiten** der Gleichung wird die **gleiche Zahl** addiert. Die Lösungsmenge der Gleichung ändert sich dabei nicht.

Dies verwenden wir bei der nächsten Gleichung: $x-8=20$.

$$\begin{aligned} x-8&=20 && \big|+8 \\ x-8+8&=20+8 && \text{(vereinfachen)} \\ x&=28 \end{aligned}$$

Hier wurde auf beiden Seiten der Gleichung 8 addiert.

Probe: $28-8=20$ (r)

Ergebnis: $L=\{28\}$

Zusammenfassend gilt:

Merke

Die Lösungsmenge einer Gleichung ändert sich nicht, wenn man auf beiden Seiten der Gleichung dieselbe Zahl addiert oder subtrahiert.

Betrachten wir jetzt die folgende Gleichung:

$$4x = 12.$$

Die Waage würde aussehen wie in Bild 4.4.

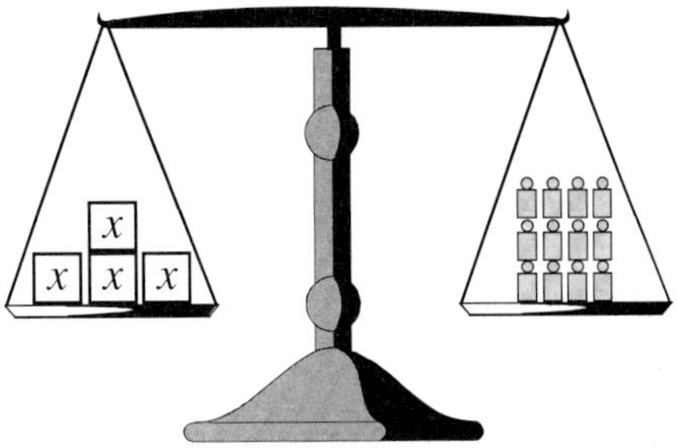

Bild 4.4

Was ist zu tun? Auf beiden Seiten dasselbe wegnehmen? Aber wie sollen wir das machen?

Nehmen wir links zwei der zu wiegenden Körper weg, müssten wir dies rechts auch tun. Das geht aber nicht, da sich auf der rechten Waagschale keine zu wiegenden Körper befinden.

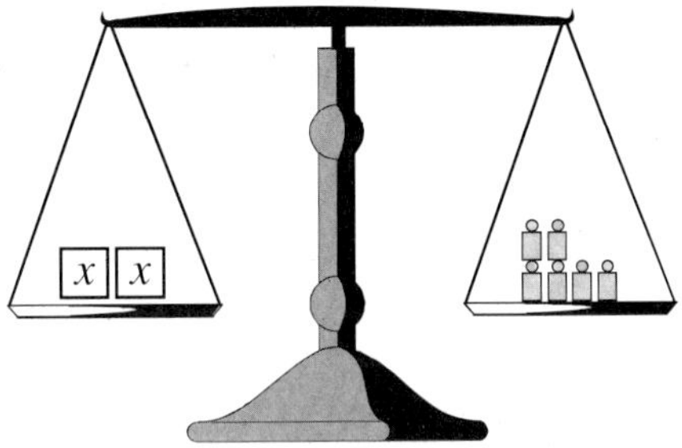

Bild 4.5

Hier hilft ein Trick. Wenn wir die Inhalte beider Waagschalen z.B. halbieren, bleibt die Waage sicherlich im Gleichgewicht. Es ergibt sich dann schon eine wesentlich einfachere Situation (Bild 4.5).

Jetzt wiederholen wir den Vorgang nochmals (Bild 4.6) und erhalten:

$$x = 3.$$

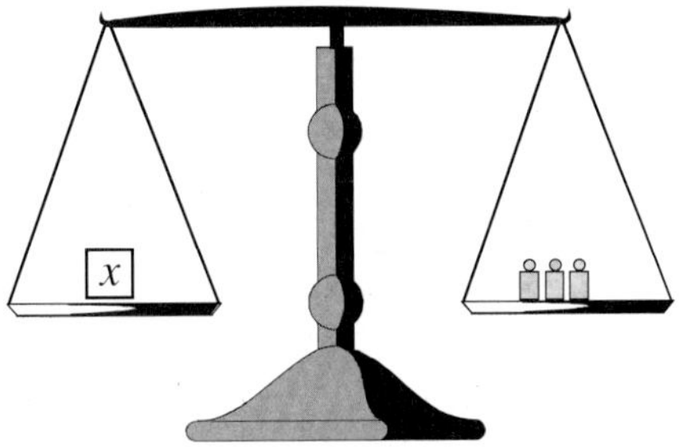

Bild 4.6

Statt 2mal hintereinander zu halbieren, kann man auch durch 4 dividieren. Dies nutzen wir jetzt aus:

$$4x = 12 \qquad |:4$$
$$(4x):4 = 12:4 \quad \text{(vereinfachen)}$$
$$x = 3$$

Wir haben **beide Seiten** der Gleichung durch 4 dividiert. Die Lösungsmenge der Gleichung ändert sich dabei nicht.

Probe: $4 \cdot 3 = 12$ (r)

Ergebnis: $L = \{3\}$

Natürlich ändert sich das Gleichgewicht einer Waage auch dann nicht, wenn wir die Inhalte beider Waagschalen verdoppeln, verdreifachen, vervierfachen usw. Dies wenden wir bei der nächsten Gleichung an:

$$x:3=8 \quad \mid \cdot 3$$
$$(x:3)\cdot 3=8\cdot 3 \quad \text{(vereinfachen)}$$
$$x=24$$
$$\text{Ergebnis: } L=\{24\}$$

Wir haben **beide Seiten** der Gleichung mit 3 multipliziert. Auch hier bleibt die Lösungsmenge der Gleichung unverändert.

Zusammenfassend gilt:

Merke
Die Lösungsmenge einer Gleichung ändert sich nicht, wenn man beide Seiten der Gleichung mit derselben Zahl ungleich null multipliziert oder dividiert.

Betrachten wir jetzt folgende Gleichung: $7x+4=25$.

Auch hier ist es unser Ziel, die Gleichung so umzuformen, dass auf der linken Seite x alleine steht.

Dies ist aber nicht in einem Schritt zu erreichen. Zuerst subtrahieren wir 4 auf beiden Seiten und erhalten:

$$7x+4=25 \quad \mid -4$$
$$7x+4-4=25-4 \quad \text{(vereinfachen)}$$
$$7x=21$$

Jetzt müssen wir beide Seiten der Gleichung noch durch 7 dividieren und erhalten insgesamt:

$$7x+4=25 \quad \mid -4$$
$$7x=21 \quad \mid :7$$
$$7x:7=21:7 \quad \text{(vereinfachen)}$$
$$x=3$$

Führen wir noch die Probe durch:

$$\text{Probe: } 7\cdot 3+4\stackrel{?}{=}25$$
$$25=25 \quad \text{(r)}$$
$$\text{Ergebnis: } L=\{3\}$$

Jetzt betrachten wir die Gleichung:

$$5x = 2 + 3x\,.$$

Hier steht auf jeder Seite der Gleichung ein Term mit x. Dies veranschaulichen wir wieder an der Waage (Bild 4.7).

Du siehst sofort, wie wir vorgehen müssen.

Wir nehmen auf jeder Seite der Waage 3 der unbekannten Körper weg. Die Waage bleibt im Gleichgewicht (Bild 4.8).

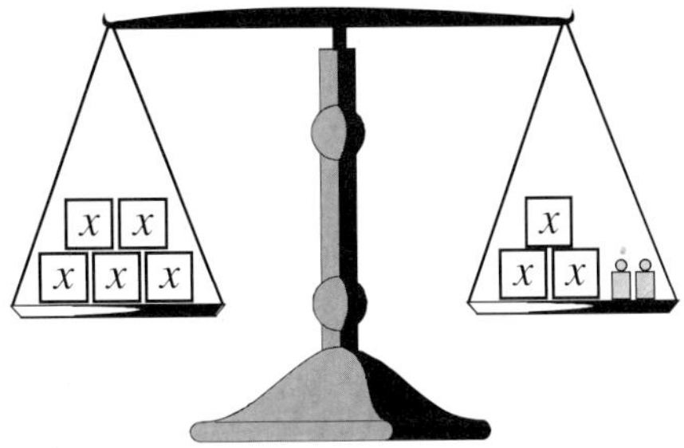

Bild 4.7

Was bedeutet dies rechnerisch?

Auf jeder Seite der Waage 3 der unbekannten Körper wegnehmen bedeutet:

Subtrahiere auf jeder Seite der Gleichung den Term $3x$.

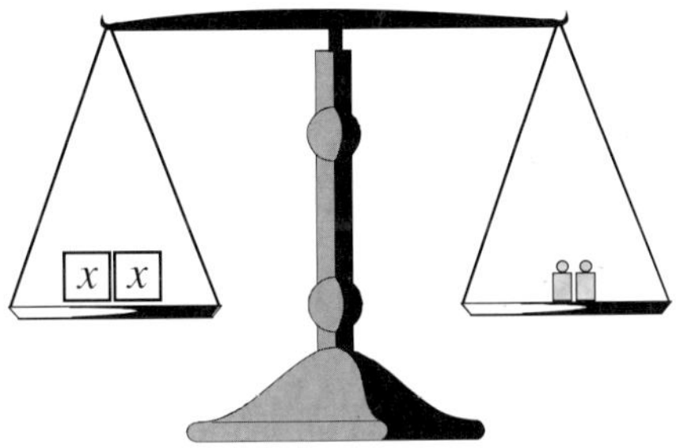

Bild 4.8

Also:

$$5x = 2 + 3x \quad \big| -3x$$
$$5x - 3x = 2 + 3x - 3x \quad \text{(vereinfachen)}$$
$$2x = 2$$

Jetzt dividieren wir beide Seiten der Gleichung noch durch 2 und erhalten:

$$2x = 2 \quad \big| :2$$
$$2x:2 = 2:2 \quad \text{(vereinfachen)}$$
$$x = 1$$

Führen wir noch die Probe durch:

Probe: $5 \cdot 1 = 2 + 3 \cdot 1$

$5 = 5$ (r)

Ergebnis: $L = \{1\}$

Natürlich würde die Waage auch dann im Gleichgewicht bleiben, wenn man auf jeder Seite die gleiche Anzahl von unbekannten Körpern dazustellen würde.

Zusammenfassend gilt:

Merke
Die Lösungsmenge einer Gleichung ändert sich nicht, wenn man auf beiden Seiten der Gleichung denselben Term addiert oder subtrahiert.

Nicht alle Gleichungen lassen sich an einer Waage veranschaulichen. Man muss sich dann von dieser Vorstellung lösen. Betrachten wir dazu die Gleichung $9-2x=1$. Hier müssen wir zunächst auf beiden Seiten der Gleichung $2x$ addieren.

$$
\begin{aligned}
9-2x&=1 && |+2x\\
9-2x+2x&=1+2x && \text{(zusammenfassen)}\\
9&=1+2x && |-1\\
8&=2x && |:2\\
4&=x
\end{aligned}
$$

Probe: $9-2\cdot 4=1$ (r)

Ergebnis: $L=\{4\}$

Viele Gleichungen lassen sich nicht direkt mithilfe der oben beschriebenen Verfahren lösen. Oft müssen die in der Gleichung vorkommenden Terme zuerst umgeformt bzw. die beiden Seiten getrennt so weit wie möglich zusammengefasst werden, um weiterzukommen. Die folgenden Beispiele sollen dir dabei helfen, selbst solche Gleichungen zu lösen.

Beispiel 1

$$
\begin{aligned}
2x+3(x+1) &= x+15 && \text{(ausmultiplizieren)}\\
2x+3x+3 &= x+15 && \text{(zusammenfassen)}\\
5x+3 &= x+15 && \big|-x\\
5x+3-x &= x+15-x && \text{(zusammenfassen)}\\
4x+3 &= 15 && \big|-3\\
4x &= 12 && \big|:4\\
x &= 3
\end{aligned}
$$

Führen wir noch die Probe durch:

$$
\begin{aligned}
\text{Probe:}\quad 2\cdot 3+3(3+1) &\overset{?}{=} 3+15\\
6+3\cdot 4 &\overset{?}{=} 18\\
18 &= 18 \quad \text{(r)}\\
\text{Ergebnis:}\quad L &= \{3\}
\end{aligned}
$$

Beispiel 2

$$
\begin{aligned}
13y-(4y-3) &= 8+5(y+4) && \text{(ausmultiplizieren)}\\
13y-(4y-3) &= 8+(5y+20) && \text{(Klammern auflösen)}\\
13y-4y+3 &= 8+5y+20 && \text{(zusammenfassen)}\\
9y+3 &= 5y+28 && \big|-5y\\
4y+3 &= 28 && \big|-3\\
4y &= 25 && \big|:4\\
\text{Ergebnis:}\quad L &= \{\ \} && \text{(25 ist nicht durch 4 teilbar)}.
\end{aligned}
$$

Beispiel 3

$$
\begin{aligned}
3u+(4+3u)\cdot 3 &= 2(6u+10)-8 && \text{(ausmultiplizieren)}\\
3u+(12+9u) &= (12u+20)-8 && \text{(Klammern auflösen)}\\
3u+12+9u &= 12u+20-8 && \text{(zusammenfassen)}\\
12u+12 &= 12u+12 && \big|-12\\
12u &= 12u && \text{(allgemeingültig)}\\
\text{Ergebnis:}\quad L &= \mathbb{N}
\end{aligned}
$$

4.4 Textaufgaben

Probleme, die in Textaufgaben enthalten sind, können oft mithilfe von Gleichungen systematisch gelöst werden.

Beispiel 1

Wir betrachten folgendes **Zahlenrätsel**:

Addiert man 13 zu einer Zahl, so erhält man die Zahl, die um die gedachte Zahl kleiner als 25 ist. Wie heißt die Zahl?

Wir beschreiben zuerst die gesuchte Zahl durch die Variable x.

Aus „Addiert man 13 zu einer Zahl, …" wird dann der Term: $x+13$.

Zu „… die Zahl, die um die gedachte Zahl kleiner als 25 ist" gehört der Term: $25-x$.

Da beide Teile des Rätsels mit „… , **so erhält man** …" verbunden sind, muss die gesuchte Zahl folgende Gleichung erfüllen: $x+13=25-x$.

Diese Gleichung heißt **Bestimmungsgleichung** oder **Ansatz** zum Zahlenrätsel.

Jetzt lösen wir diese Gleichung:

$$\begin{aligned} x+13 &= 25-x && \mid +x \\ x+13+x &= 25-x+x && \text{(zusammenfassen)} \\ 2x+13 &= 25 && \mid -13 \\ 2x &= 12 && \mid :2 \\ x &= 6 \end{aligned}$$

Um sicher zu sein, dass uns kein Fehler unterlaufen ist, prüfen wir nun, ob unsere Lösung, also die Zahl 6, den Aufgabentext erfüllt:

Addieren wir 13 zu 6, so erhalten wir 19. Die Zahl 19 ist auch um 6 kleiner als 25. Damit ist unsere Lösung in der **Probe mit dem Aufgabentext** bestätigt.

Wir schließen unsere Lösung mit einem **Antwortsatz** ab:

Die gesuchte Zahl ist 6.

Beispiel 2

Wir betrachten folgendes **Altersproblem**:

Anne, Laura und Steffi sind zusammen 32 Jahre alt. Anne ist 3 Jahre jünger als Steffi, Laura ist 2 Jahre älter als Anne. Wie alt sind die Mädchen?

Wahl der Variable: a sei das Alter von Anne in Jahren.

Da Anne 3 Jahre jünger als Steffi ist und somit Steffi 3 Jahre älter als Anne, wird das Alter von Steffi durch den Term $a+3$ beschrieben.

Da Laura 2 Jahre älter als Anne ist, wird Lauras Alter durch den Term $a+2$ beschrieben.

Da die drei Mädchen **zusammen** 32 Jahre alt sind, muss folgende Gleichung gelten:

Bestimmungsgleichung: $\underbrace{a}_{\text{Anne}} + \underbrace{(a+2)}_{\text{Laura}} + \underbrace{(a+3)}_{\text{Steffi}} = 32$.

Wir lösen die Gleichung:

$$\begin{aligned} a+(a+2)+(a+3) &= 32 && \text{(Klammern auflösen)} \\ a+a+2+a+3 &= 32 && \text{(zusammenfassen)} \\ 3a+5 &= 32 && \mid -5 \\ 3a &= 27 && \mid :3 \\ a &= 9 && \text{(Annes Alter)} \end{aligned}$$

Probe mit dem Aufgabentext: Laura ist dann 11 Jahre und Steffi muss 12 Jahre alt sein. Zusammen sind sie also 32 Jahre alt, wie es im Aufgabentext steht. Die Probe ist damit gelungen.

Antwort: Anne ist 9, Laura ist 11 und Steffi ist 12 Jahre alt.

5

Geometrische Grundbegriffe

Gegenstände des täglichen Lebens unterscheiden sich durch ihre Farbe, ihr Material, ihre Form, ihre Größe und durch viele andere Merkmale. Wenn wir uns in der ***Geometrie***[1] *mit solchen Gegenständen beschäftigen, so interessieren uns von allen diesen Eigenschaften nur die* ***Form*** *und die* ***Größe****.*

Im folgenden Abschnitt wirst du mit wichtigen Grundbegriffen der Geometrie und der Handhabung der Zeichengeräte vertraut gemacht.

Die Geometrie ist eines der ältesten Teilgebiete der Mathematik. Als ihre Begründer gelten die ***Ägypter*** *und die* ***Babylonier****. Im 6. Jahrhundert v. Chr. wurden die geometrischen Kenntnisse von den* ***Griechen*** *übernommen und zu einer selbstständigen Wissenschaft entwickelt.*

5.1 Punktmengen

5.1.1 Zeichenebene, Punkte, Koordinatensystem

Unsere Zeichnungen fertigen wir auf einem Blatt Papier, der Heftseite, an. Dieses Blatt ist eben. Reicht es einmal nicht aus, kannst du ein weiteres Blatt dazukleben.

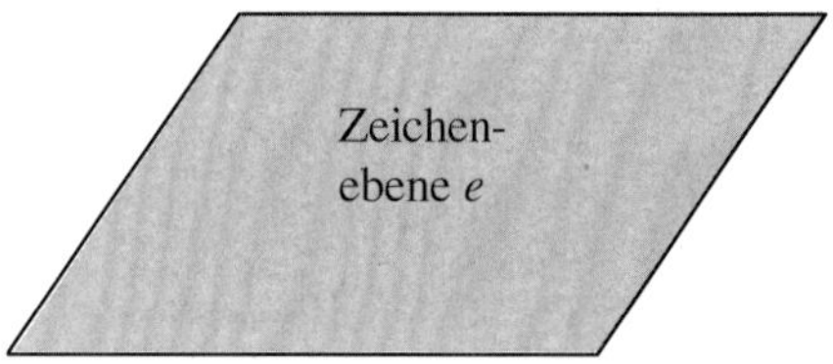

Bild 5.1

Die Heftseite ist ein Ausschnitt einer allseitig unbegrenzten Ebene, der so genannten **Zeichenebene**. Wir müssen sie uns unbegrenzt über die Heftseite nach allen Richtungen fortgesetzt vorstellen.

Die Zeichenebene besteht aus unendlich vielen **Punkten**, ist also eine **unendliche Punktmenge**, die wir mit $\boldsymbol{e}$ bezeichnen (Bild 5.1).

> **Merke**
> Die Zeichenebene ist eine unendliche Punktmenge und wird mit $\boldsymbol{e}$ bezeichnet.

[1] gä (griech.), Erde; metrein (griech.), messen; „Geometrie" heißt also ursprünglich „Erdmessung"

Punkte werden in der Zeichenebene *e* mit einem Bleistift durch kleine Kreisflächen, kleine Kreisringe oder kleine Kreuze markiert. Sie werden mit großen lateinischen Buchstaben ***A***, ***B***, ***C*** usw. bezeichnet (Bild 5.2).

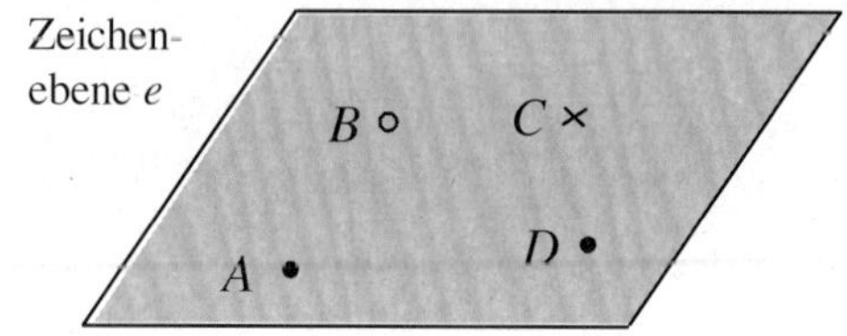

Bild 5.2

Ein geometrischer Punkt hat keine Ausdehnung. Markierungen mit dem Bleistift verdeutlichen daher nur die Lage von Punkten.

Du kennst sicher das Spiel „Schiffe versenken" (Bild 5.3).

Jeder Spieler hat auf einem Kästchenpapier seine Schiffe eingezeichnet und der Gegenspieler versucht nun diese mit Kanonenschüssen zu versenken. Das Auftreffkästchen eines Schusses gibt man als Paar aus einem Buchstaben und einer Zahl an, z.B. mit C4 oder F1 usw.

Einer solchen Angabe entspricht ein ganz bestimmtes Kästchen. Der Angabe C4 entspricht das Kästchen in der Spalte C und der Zeile 4. Der Angabe F1 entspricht das Kästchen in der Spalte F und der Zeile 1 (Bild 5.3).

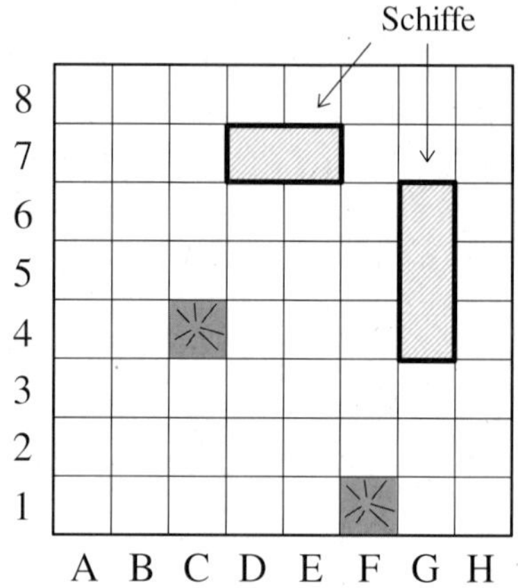

Bild 5.3

Bei einem **Koordinatensystem**[2] ist es ähnlich. Hier werden zwei **Achsen** (Zahlengeraden) gezeichnet. Die 1. Achse, sie heißt meistens ***x*-Achse**, ist eine Zahlengerade, die waagerecht verläuft. Die 2. Achse, sie heißt meistens ***y*-Achse**, ist eine Zahlengerade, die zur 1. Achse senkrecht verläuft. Beide Achsen schneiden sich in ihrem Nullpunkt und bilden dann ein Koordinatensystem. Der Schnittpunkt der beiden Achsen heißt **Ursprung O** des Koordinatensystems (Bild 5.4).

---

[2] con (lat.), zusammen, mit; ordinare (lat.), ordnen, in Reihe aufstellen

Zur Lageangabe mit einem Koordinatensystem benutzen wir **nur Zahlen**. Damit werden nicht die Kästchen, sondern die **Linien** bezeichnet. Mit einem Koordinatensystem können wir die Lage **beliebiger Linienschnittpunkte** zwischen den Achsen beschreiben.

So erreichst du den eingezeichneten **Punkt *P***, indem du vom Ursprung O aus zuerst um 4 Einheiten auf der 1. Achse (x-Achse) nach rechts gehst und dann um 2 Einheiten in Richtung der 2. Achse (y-Achse) nach oben.

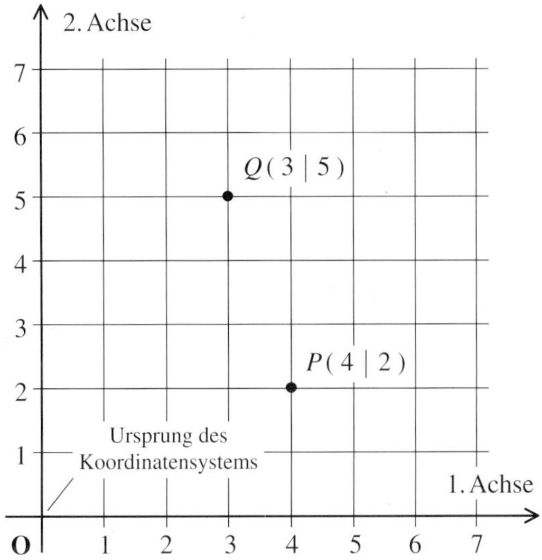

Bild 5.4

Wir sagen: P hat die ***x*-Koordinate** 4 und die ***y*-Koordinate** 2 und schreiben kurz $\boldsymbol{P(4 \mid 2)}$.

Den eingezeichneten Punkt Q erreichst du, indem du vom Ursprung O aus zuerst um 3 Einheiten auf der x-Achse nach rechts gehst und dann um 5 Einheiten in Richtung der y-Achse nach oben.

Damit hat der Punkt Q die x-Koordinate 3 und die y-Koordinate 5; wir schreiben kurz $Q(3 \mid 5)$.

Merke

Ein **Koordinatensystem** besteht aus zwei zueinander senkrechten Zahlengeraden[3], den **Koordinatenachsen**, die sich in ihren Nullpunkten schneiden. Der gemeinsame Schnittpunkt heißt der **Ursprung O** des Koordinatensystems.

Die 1. Achse (***x*-Achse**) verläuft waagerecht nach rechts und die 2. Achse (***y*-Achse**) verläuft nach oben.

Die Lage eines Punktes wird im Koordinatensystem durch ein Zahlenpaar, den beiden Koordinaten, angegeben. Die 1. Koordinate heißt x-Koordinate, die 2. Koordinate y-Koordinate.

[3] Die Linien des Rechengitters in deinem Heft, die von links nach rechts verlaufen und die von unten nach oben verlaufen, sind **zueinander senkrecht**. Mehr dazu erfährst du im nächsten Kapitel.

5.1.2 Strecke, Gerade, Strahl

Mit dem Bleistift lassen sich in der Zeichenebene auch **Linien** darstellen.

Eine Linie ist eine unendliche Punktmenge, die man mit dem Bleistift ohne abzusetzen zeichnen kann, ohne dabei ein Stück zweimal zu durchlaufen (Bild 5.5).

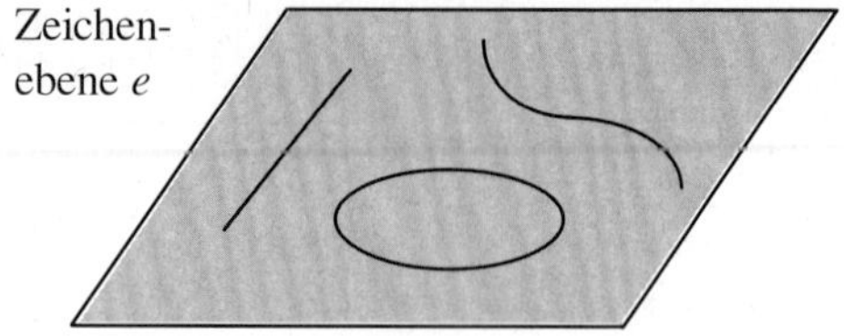

Bild 5.5

Von besonderer Bedeutung sind in der Geometrie **gerade Linien**.

Gerade Linien zeichnen wir mit einem **Lineal** in die Zeichenebene.

Sie entstehen auch beim Falten von Papier und beim Spannen einer Schnur.

> **Definition 5.1**
> Eine gerade Linie, die von zwei Punkten begrenzt wird, heißt **Strecke**.

Bezeichnung

Die Strecke mit den Endpunkten A und B wird mit $\overline{AB}$ (lies: die Strecke mit den Endpunkten A und B) bezeichnet (Bild 5.6).

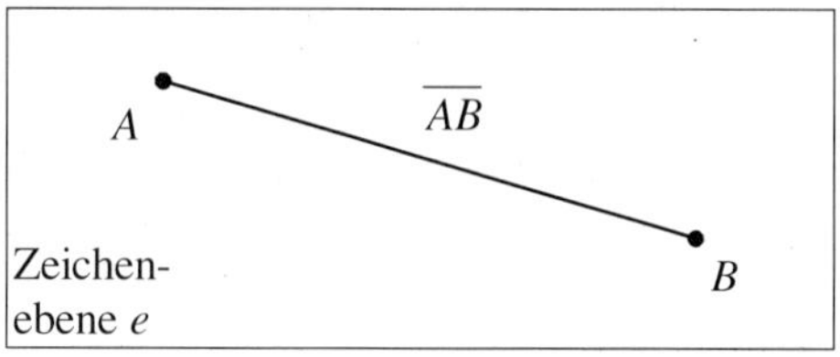

Bild 5.6

Wir zeichnen zwei verschiedene Punkte A und B und verbinden die beiden Punkte durch verschiedene Linien (Bild 5.7).
Welche Linie ist die kürzeste Verbindung zwischen den beiden Punkten?

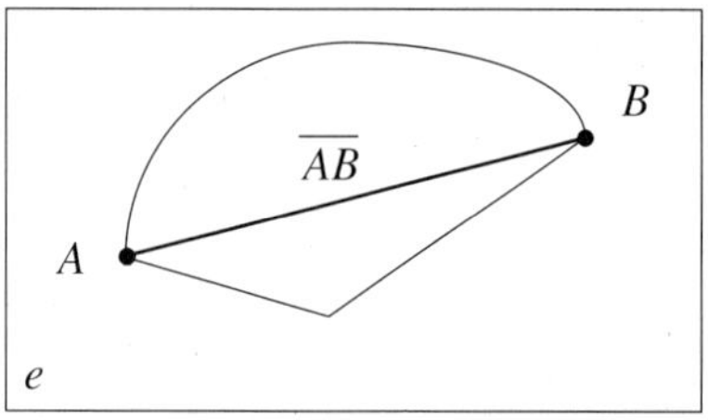

Bild 5.7

Merke
Die kürzeste Verbindung zwischen den beiden Punkten A und B ist die **Verbindungsstrecke** $\overline{AB}$.
Die Länge dieser Strecke heißt **Entfernung** oder **Abstand der Punkte** $\boldsymbol{A}$ **und** $\boldsymbol{B}$. Sie wird mit $|\overline{AB}|$ bezeichnet (lies: Länge der Strecke mit den Endpunkten A und B).
Die Länge einer Strecke messen wir mit einem **Maßstab**.

Beispiel 1
Wenn wir ausdrücken wollen, dass eine Strecke $\overline{AB}$ die Länge 3,2 cm hat, so schreiben wir kurz: $|\overline{AB}| = 3{,}2$ cm.

Streckenlängen werden auch mit kleinen lateinischen Buchstaben $\boldsymbol{a}$, $\boldsymbol{b}$, $\boldsymbol{c}$ usw. bezeichnet; wir schreiben dann z.B.: die Strecke $\overline{AB}$ hat die Länge $a = 4{,}8$ cm.

Wird eine Strecke unbegrenzt nach beiden Seiten verlängert, so entsteht eine **Gerade**.

Definition 5.2
Eine gerade Linie ohne Endpunkte heißt **Gerade**.

Geraden können auch mit kleinen lateinischen Buchstaben $\boldsymbol{g}$, $\boldsymbol{h}$, $\boldsymbol{k}$, … bezeichnet werden (Bild 5.8).

Beachte, dass wir von einer Geraden immer nur einen Abschnitt zeichnen können.

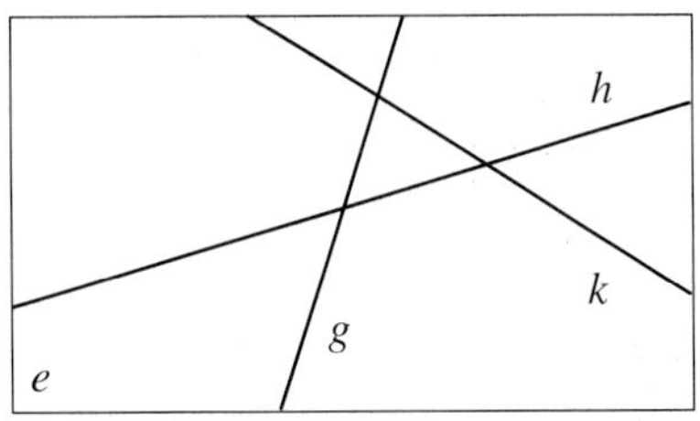

Bild 5.8

Zu einem Punkt P zeichnen wir Geraden, die durch diesen Punkt verlaufen (Bild 5.9).

Wie viele Geraden gibt es, die durch den Punkt P verlaufen?

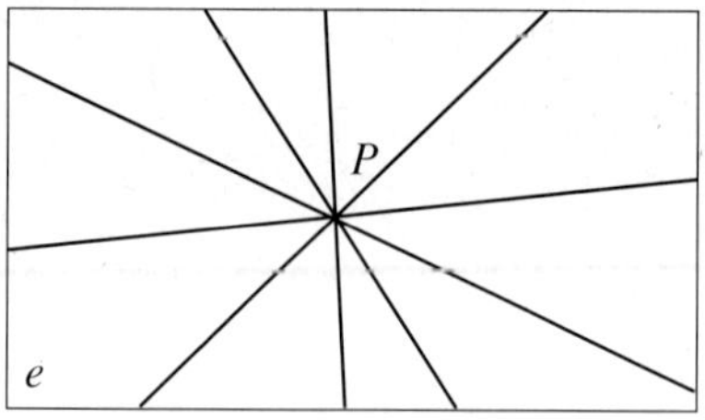

Bild 5.9

Merke
Durch einen Punkt gibt es unendlich viele Geraden.

Wie viele Geraden gibt es, die durch zwei verschiedene Punkte A und B verlaufen (Bild 5.10)?

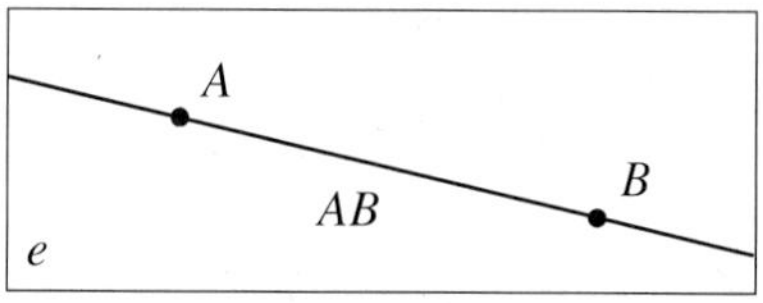

Bild 5.10

Merke
Durch zwei verschiedene Punkte gibt es genau eine Gerade.
Verläuft eine Gerade durch zwei gegebene Punkte A und B, so wird sie mit $\boldsymbol{AB}$ (lies: die Gerade durch die Punkte A und B) bezeichnet (Bild 5.10).

Definition 5.3
Eine gerade Linie mit genau einem Anfangspunkt heißt **Strahl** oder **Halbgerade** (Bild 5.11).

Da der Strahl eine einseitig unbegrenzte gerade Linie ist, hat er keinen Endpunkt. Wir können also auch von einem Strahl immer nur einen Ausschnitt zeichnen.

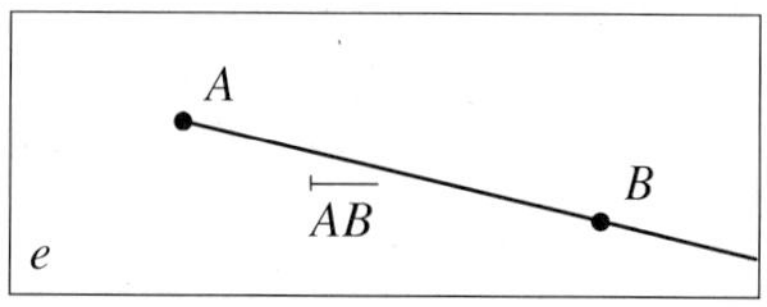

Bild 5.11

Bezeichnung

Der Strahl durch den Punkt B mit dem Anfangspunkt A wird mit $\overset{\longmapsto}{\boldsymbol{AB}}$ (lies: der Strahl durch B mit dem Anfangspunkt A) bezeichnet (Bild 5.11).

Wie jede Linie setzen sich auch Strecken, Strahlen und Geraden aus unendlich vielen Punkten zusammen.

Merke
Strecken, Strahlen und Geraden sind unendliche Punktmengen.

Lagebeziehungen zwischen Punktmengen und Punkten in der Zeichenebene können wir in der **geometrischen Sprache** beschreiben. Sie lassen sich auch mithilfe der bei Mengen eingeführten **Mengensprache** (siehe Abschnitt 1.2) ausdrücken und knapp und präzise mit den entsprechenden Kurzschreibweisen festhalten.

Beispiel 2

Vergleiche zu den Lagebeziehungen in Bild 5.12 die geometrische Sprache mit der Mengensprache.

a) Für „Der Punkt P liegt auf der Geraden g“ schreiben wir kurz in der Mengensprache: $\boldsymbol{P \in g}$.

b) Für „Der Punkt Q liegt nicht auf der Geraden h“ schreiben wir kurz in der Mengensprache: $\boldsymbol{Q \notin h}$.

c) Für „Die Strecke $\overline{AB}$ liegt auf der Geraden k“ schreiben wir kurz in der Mengensprache: $\boldsymbol{\overline{AB} \subset k}$.

Das heißt, jeder Punkt, der zur Strecke $\overline{AB}$ gehört, gehört auch zu der Geraden k.

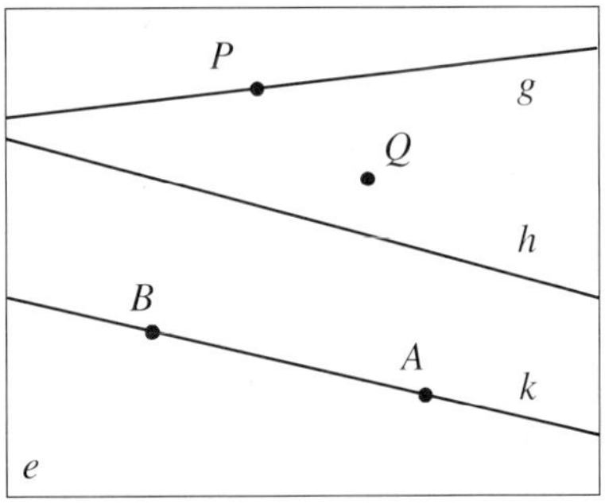

Bild 5.12

Bemerkung

Die Aussage „Der Punkt P liegt auf der Geraden g“ ist gleichbedeutend mit „Die Gerade g verläuft durch den Punkt P“ (Bild 5.12).

Die Aussage „Der Punkt Q liegt nicht auf der Geraden h“ ist gleichbedeutend mit „Die Gerade h verläuft nicht durch den Punkt Q“ (Bild 5.12).

5.2 Senkrecht

Falte ein Blatt Papier zweimal, und zwar so, dass bei der zweiten Faltung die Teile der ersten Faltgeraden genau aufeinander fallen. Jetzt klappe das gefaltete Blatt wieder ganz auf. Du siehst dann zwei Faltgeraden, die sich in einer besonderen Lage zueinander befinden (Bild 5.13). Die beiden Faltgeraden sind **zueinander senkrecht**.

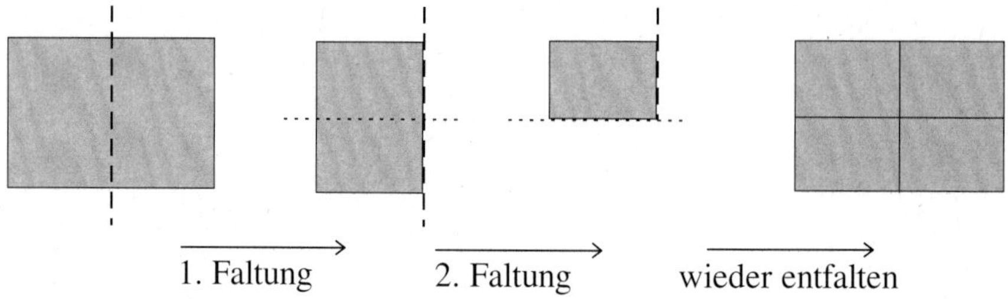

Bild 5.13

Definition 5.4
Auf einem Zeichenblatt sind zwei Geraden *g* und *h* **senkrecht zueinander**, wenn beim Falten längs einer der Geraden die beiden Teile der anderen Geraden aufeinander fallen.
Man schreibt kurz: $g \perp h$ (lies: **die Geraden *g* und *h* sind zueinander senkrecht** oder **die Gerade *g* ist senkrecht zur Geraden *h***) (Bild 5.14).

Bemerkungen

1. In Figuren kennzeichnet man zwei Geraden, die zueinander senkrecht sind, meistens durch das Zeichen ⦝ (Bild 5.14).
2. Sind zwei Geraden nicht zueinander senkrecht, schreiben wir das Symbol $\not\perp$ (lies: nicht senkrecht).

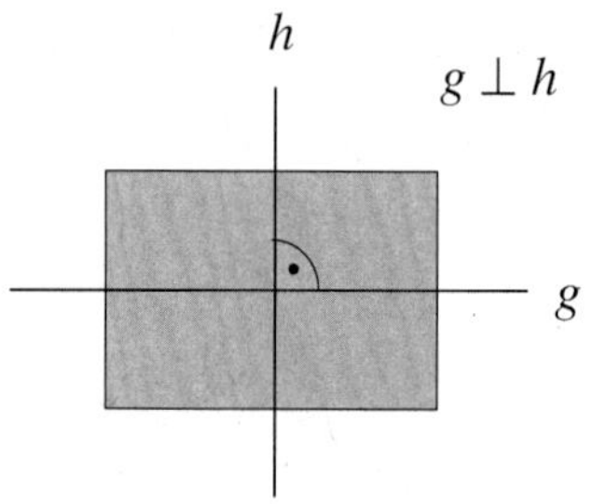

Bild 5.14

Geraden, die senkrecht aufeinander stehen, findest du überall. So stehen z.B. die schmale und die lange Kante einer Heftseite aufeinander senkrecht oder die schmale und die lange Kante der Schulbank usw.

Bemerkung

Gerade Linien, die senkrecht zur Erdoberfläche stehen, heißen **vertikale** oder **lotrechte** Linien (Bild 5.15).

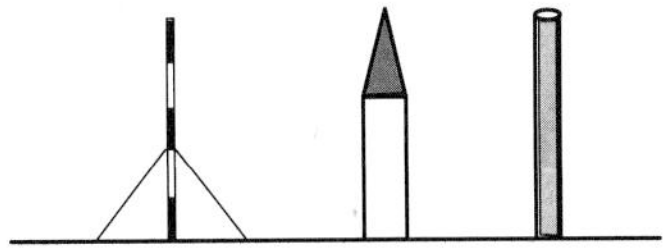

Bild 5.15

Mit dem **Geodreieck** haben wir ein exaktes Zeichengerät zur Verfügung, um zu überprüfen, ob zwei Geraden zueinander senkrecht sind und um zueinander senkrechte Geraden zu zeichnen (Bild 5.16).

Bild 5.16 enthält zusätzlich die wichtigsten Bezeichnungen am Geodreieck.

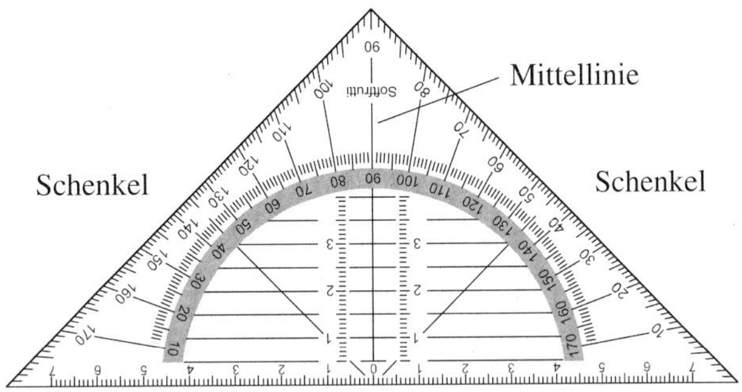

Bild 5.16

> **Merke**
> Beim Geodreieck sind Grundlinie und Mittellinie sowie die beiden Schenkel zueinander senkrecht.

Mithilfe des Geodreiecks lassen sich leicht folgende Grundkonstruktionen ausführen.

Grundkonstruktion 1 (Senkrechte zu einer Geraden)

Gegeben ist eine Gerade g. Dazu ist eine senkrechte Gerade h zu zeichnen.

Konstruktionsbeschreibung: Wir legen das Geodreieck so, dass die Mittellinie auf der Geraden g liegt. Dann zeichnen wir die Gerade h entlang der Grundlinie.

Konstruktion: Siehe Bild 5.17.

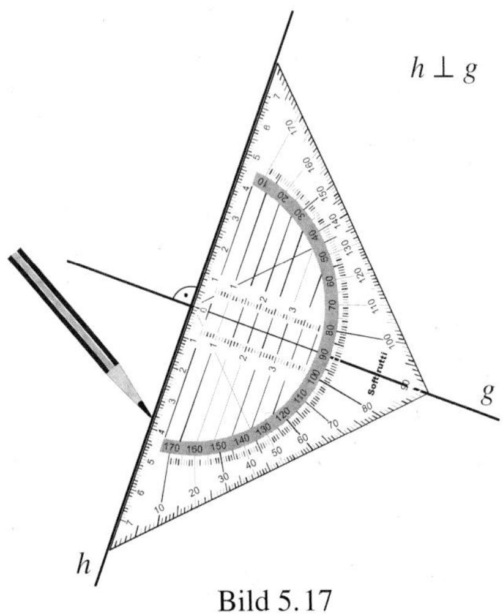

Bild 5.17

Da bei der Konstruktion die Lage des Geodreiecks nicht eindeutig festgelegt ist, gilt:

> **Merke**
> Es gibt unendlich viele Geraden, die zu einer vorgegebenen Geraden senkrecht sind.

Grundkonstruktion 2 (Senkrechte zu einer Geraden durch einen Punkt)

Gegeben ist eine Gerade g und ein Punkt P. Zu einer Geraden g ist die senkrechte Gerade h durch den Punkt P zu zeichnen.

Konstruktionsbeschreibung: Wir legen das Geodreieck so, dass die Mittellinie auf der Geraden g liegt und die Grundlinie durch den Punkt P verläuft. Dann zeichnen wir die Gerade h entlang der Grundlinie.

Konstruktion: Siehe Bild 5.18.

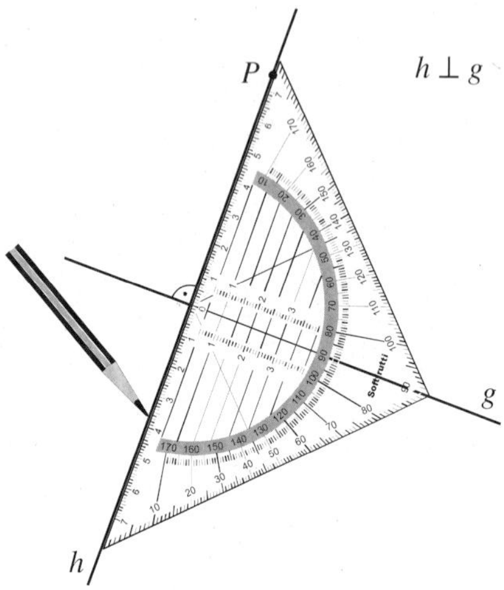

Bild 5.18

☞ Ist die Grundlinie des Geodreiecks zu kurz, so muss sie zusätzlich durch ein Lineal verlängert werden.

Da bei der Konstruktion die Lage des Geodreiecks eindeutig festgelegt ist, gilt:

> **Merke**
> Zu einer Geraden gibt es genau eine Senkrechte durch einen Punkt.

5.3 Abstände

In Bild 5.19 ist ein Punkt P mit verschiedenen Punkten einer Geraden g verbunden.

Du siehst, dass die Verbindungsstrecken unterschiedlich lang sind. Welche ist die kürzeste Verbindungsstrecke zwischen dem Punkt P und der Geraden g?

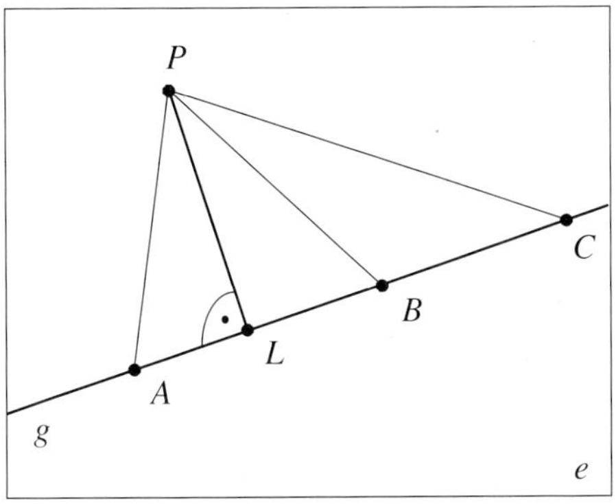

Bild 5.19

Durch Nachmessen stellst du fest, dass die Strecke $\overline{PL}$, die senkrecht auf g steht, die kürzeste Verbindungsstrecke ist. Diese Strecke ist das **Lot vom Punkt *P* auf die Gerade *g*.**

Die Länge von $\overline{PL}$ ist der **Abstand zwischen dem Punkt *P* und der Geraden *g*.**

Allgemein gilt:

Merke

Die Verbindungsstrecke zwischen einem Punkt P und einer Geraden g, die senkrecht auf g steht, ist die kürzeste.

Diese Strecke heißt das **Lot von *P* auf *g*** (Bild 5.19).

Die Länge der Strecke heißt der **Abstand zwischen *P* und *g*.**

Beispiel

Der Abstand eines Punktes P von einer Geraden g soll bestimmt werden.

Wir zeichnen zu g zunächst die Senkrechte s durch P (siehe Grundkonstruktion 2). Die Senkrechte s schneidet die Gerade g im Punkt L. Die Strecke $\overline{PL}$ ist das Lot von P auf g (Bild 5.20). Dann messen wir die Länge der Strecke $\overline{PL}$ und geben den Abstand an.

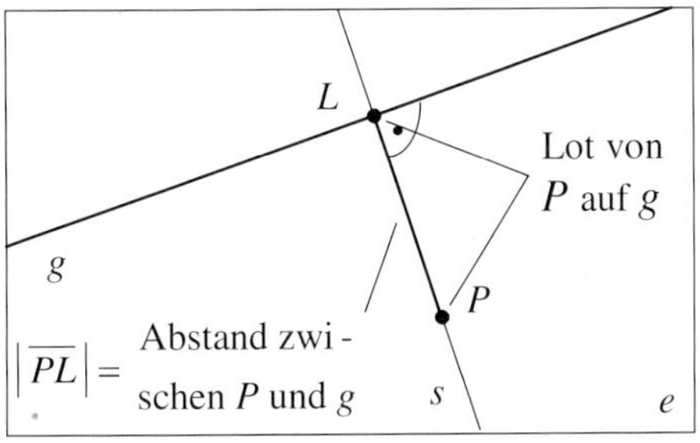

Bild 5.20

Bild 5.21 zeigt, wie du mit dem Geodreieck das Lot von einem Punkt *P* auf eine Gerade *g* zeichnest und gleichzeitig den Abstand zwischen *P* und *g* misst.

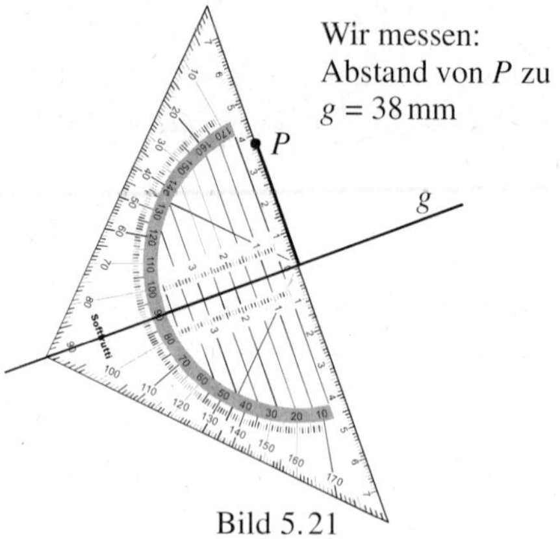

Bild 5.21

5.4 Parallel

Betrachte die beiden Geraden *g* und *h* in Bild 5.22. Die drei Punkte auf der Geraden *h* haben alle denselben Abstand von der Geraden *g*.
Umgekehrt haben auch beliebige Punkte auf der Geraden *g* denselben Abstand von der Geraden *h*.
Die beiden Geraden verlaufen nebeneinander ohne sich näher zu kommen und schneiden sich nicht.

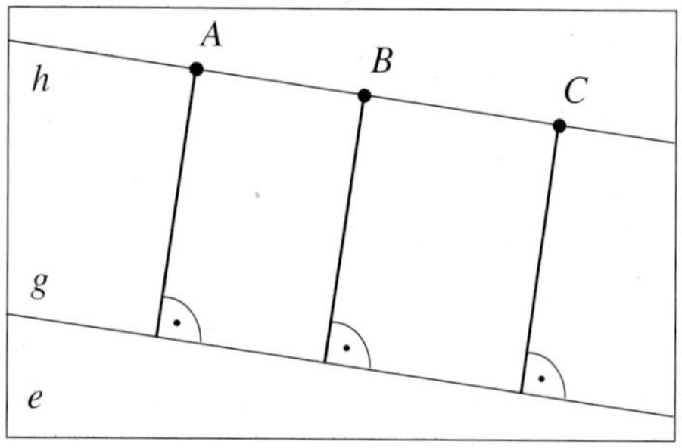

Bild 5.22

Definition 5.5
Wenn alle Punkte einer Geraden *g* den gleichen Abstand von einer Geraden *h* haben, so verlaufen die Geraden zueinander **parallel**[4].
Wir schreiben kurz: $\boldsymbol{g \parallel h}$ (lies: *g* ist **parallel zu** *h*) (Bild 5.23).

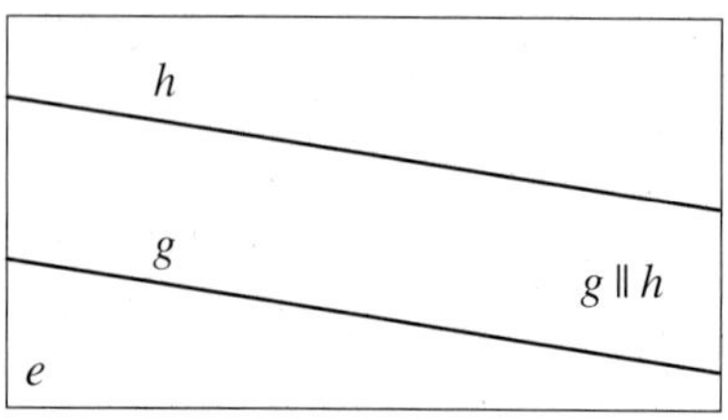

Bild 5.23

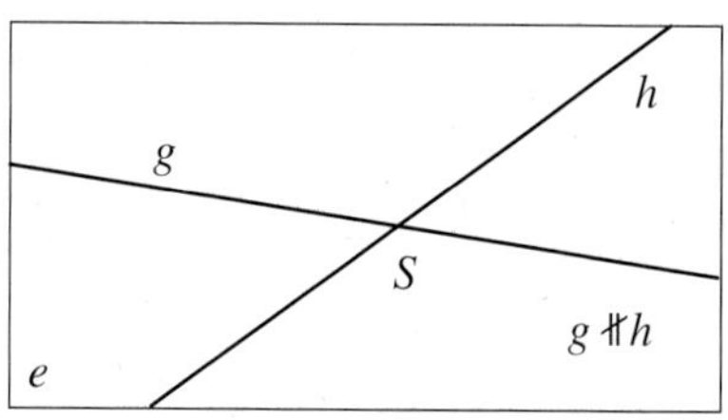

Bild 5.24

[4] parallelos (griech.), nebeneinanderlaufend

Wenn in der Ebene zwei Geraden nicht parallel sind, in Zeichen $\nparallel$ (lies: **nicht parallel**), dann haben sie genau einen Punkt gemeinsam. Er heißt **Schnittpunkt** der beiden Geraden (Bild 5.24).

> **Merke**
> Zwei verschiedene Geraden in der Ebene sind entweder parallel oder sie schneiden sich in einem Punkt. Andere Möglichkeiten gibt es nicht.

Bemerkung
Gerade Linien, die parallel zur Erdoberfläche verlaufen, heißen **horizontale** oder **waagerechte** Linien (Bild 5.25).

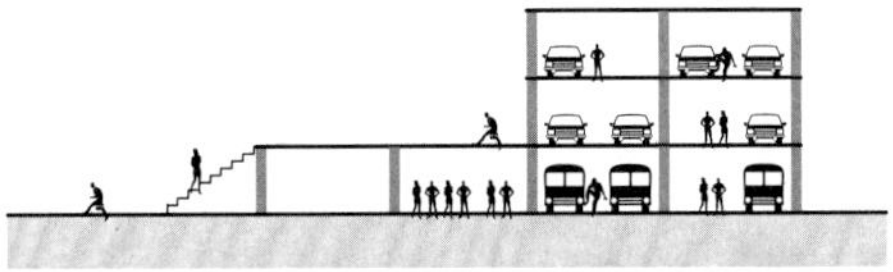

Bild 5.25

Mithilfe des Geodreiecks lassen sich leicht Parallelen zeichnen.

Grundkonstruktion 3 (Parallele zu einer Geraden)

Gegeben ist eine Gerade g. Zu g ist eine parallele Gerade h zu zeichnen.

Konstruktionsbeschreibung: Wir legen das Geodreieck so, dass eine zur Grundlinie parallele Hilfslinie des Geodreiecks genau an der Geraden g ausgerichtet ist. Dann zeichnen wir die Parallele h entlang der Grundlinie.

Konstruktion: Siehe Bild 5.26.

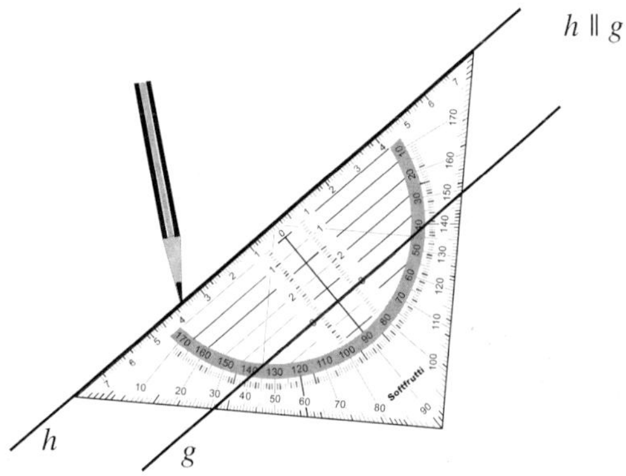

Bild 5.26

Da bei der Konstruktion die Lage des Geodreiecks nicht eindeutig festgelegt ist, gilt:

> **Merke**
> Es gibt unendlich viele Geraden, die zu einer vorgegebenen Geraden parallel sind.

Wie Bild 5.26 weiter zeigt, kannst du auf die gleiche Art mithilfe des Geodreiecks auch überprüfen, ob zwei Geraden parallel sind.

Beispiel

Der Abstand der Parallelen g und h soll bestimmt werden.

Bild 5.27 zeigt, wie du mit dem Geodreieck den Abstand von g und h messen kannst.

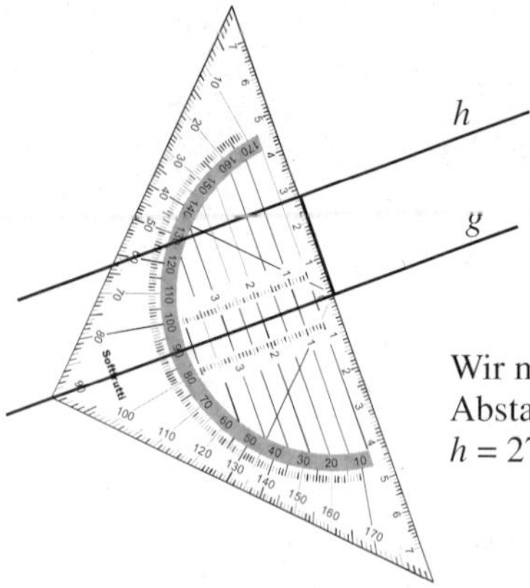

Wir messen:
Abstand von g zu $h = 27\,\text{mm}$

Bild 5.27

Grundkonstruktion 4 (Parallele zu einer Geraden durch einen Punkt)

Gegeben ist eine Gerade g und ein Punkt P. Zu g ist die Parallele h durch P zu zeichnen.

Konstruktionsbeschreibung: Wir legen das Geodreieck so, dass die Grundlinie durch den Punkt P verläuft und die zur Grundlinie parallelen Hilfslinien des Geodreiecks zur Geraden g parallel sind. Dann zeichnen wir die Parallele h durch den Punkt P entlang der Grundlinie.

Konstruktion: Siehe Bild 5.28.

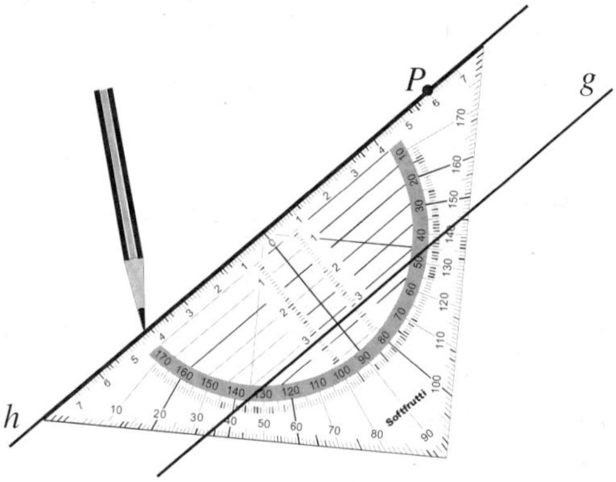

Bild 5.28

Ist das Geodreieck zu klein, schiebt man es wie in Bild 5.29 an einem Lineal entlang.

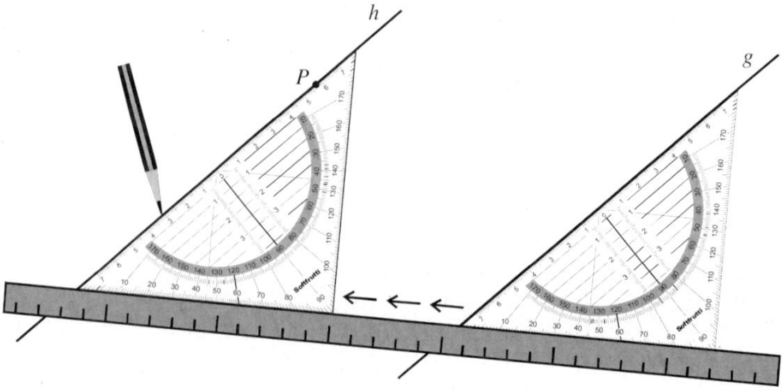

Bild 5.29

Da bei der Konstruktion die Lage des Geodreiecks eindeutig festgelegt ist, gilt:

Merke
Durch einen Punkt gibt es genau eine Parallele zu einer Geraden.

Wir zeichnen nun zu einer gegebenen Geraden s zwei Geraden g und h, die zur Geraden s senkrecht sind (Bild 5.30).

Du stellst fest, dass die gezeichneten Geraden g und h zueinander parallel sind.

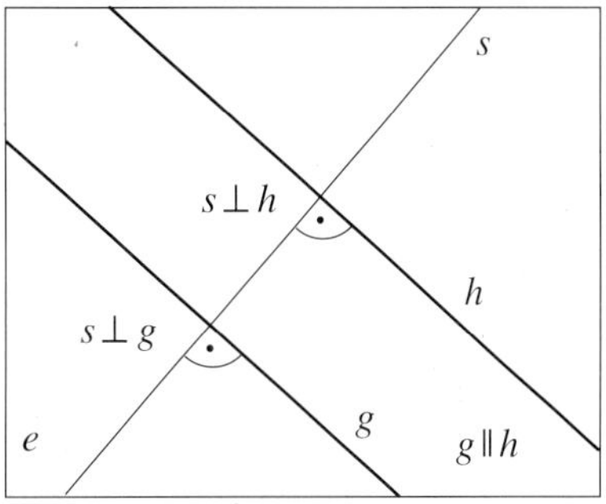

Bild 5.30

Merke
Wenn zwei verschiedene Geraden g und h einer Ebene eine gemeinsame Senkrechte haben, dann sind die beiden Geraden zueinander parallel.

Damit ergibt sich die Möglichkeit, eine Parallelitätsprüfung mithilfe einer Konstruktion durchzuführen.

Grundkonstruktion 5 (Untersuchung zweier Geraden auf Parallelität)

Gegeben sind zwei verschiedene Geraden g und h. Zu untersuchen ist, ob sie zueinander parallel sind.

Konstruktionsbeschreibung: Wir zeichnen zur Geraden g eine senkrechte Gerade s (siehe Grundkonstruktion 1). Ist nun s auch zur Geraden h senkrecht, dann sind die Geraden g und h zueinander parallel. Sind aber s und h nicht senkrecht zueinander, dann sind g und h nicht parallel.

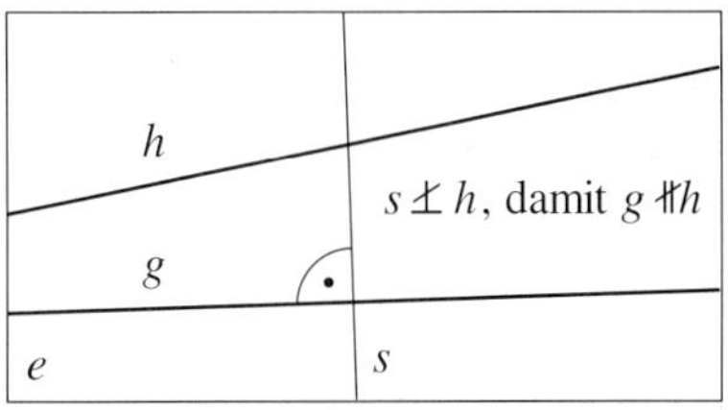

Bild 5.31

Konstruktion: Siehe Bilder 5.30 und 5.31.

5.5 Kreis

Zeichne einen Punkt M und markiere dann mithilfe eines Lineals Punkte, die von M jeweils 2,5 cm entfernt sind.

Wenn du genügend Punkte eingezeichnet hast, so stellst du fest, dass sie alle auf einem **Kreis** liegen (Bild 5.32).

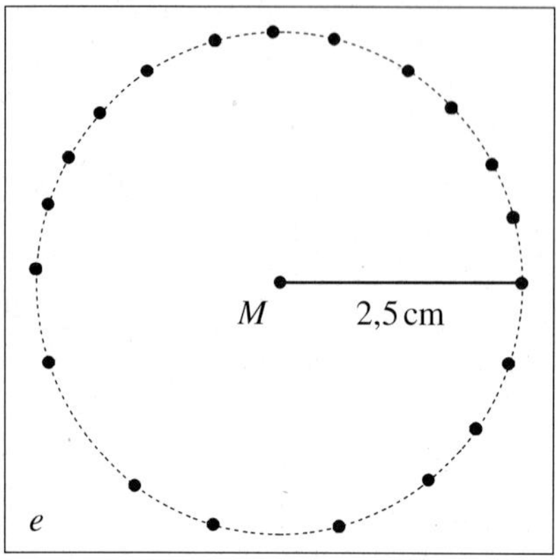

Bild 5.32

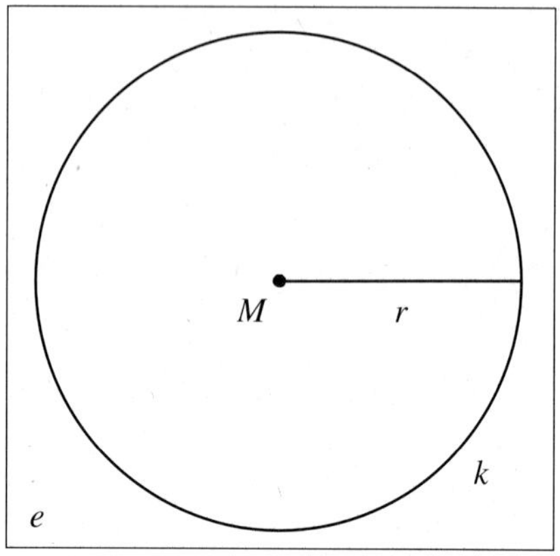

Bild 5.33

Die Gesamtheit aller Punkte, die vom Punkt M die Entfernung 2,5 cm haben, bilden den Kreis k mit dem **Mittelpunkt** M und dem **Radius**[1] mit dem Maß $r = 2{,}5\,\text{cm}$. Du kannst ihn leicht mit einem **Zirkel**[2] zeichnen (Bild 5.33).

Allgemein gelten folgende Begriffe:

Definition 5.6

Die Menge aller Punkte, die von einem festen Punkt M die Entfernung r haben, heißt der **Kreis** (oder die **Kreislinie**) um M mit dem **Radius** r.

M heißt der **Mittelpunkt** des Kreises.

Für die Punkte, die innerhalb oder außerhalb eines Kreises liegen, gilt dann:

Merke

Alle Punkte **innerhalb eines Kreises** haben vom Kreismittelpunkt eine Entfernung, die **kleiner als der Radius** ist. Alle Punkte **außerhalb des Kreises** haben vom Kreismittelpunkt eine Entfernung, die **größer als der Radius** ist.

---

[1] radius (lat.), Stab, Strahl

[2] circulus (lat.), Kreis

Bezeichnungen am Kreis (Bild 5.34)

Jede Verbindungsstrecke vom Mittelpunkt zu einem Punkt des Kreises heißt **Radius** oder **Halbmesser**.

Jede Verbindungsstrecke zweier Punkte des Kreises heißt **Sehne**.

Jede Sehne durch den Kreismittelpunkt heißt **Durchmesser**.

Jeder Teil des Kreises zwischen zwei seiner Punkte heißt **Kreisbogen**.

Jeder Durchmesser teilt den Kreis in zwei **Halbkreise**.

Wird der Kreismittelpunkt mit zwei Punkten des Kreises verbunden, so entsteht ein **Kreisausschnitt** oder **Sektor**.

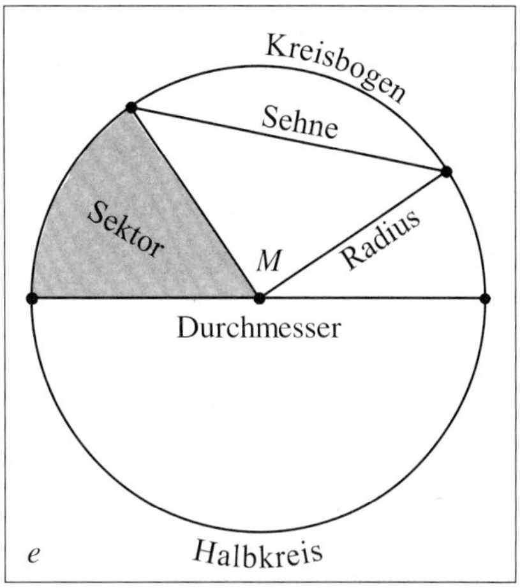

Bild 5.34

Der Durchmesser eines Kreises ist doppelt so lang wie sein Radius.

Wie untersuchen jetzt noch, wie viele Punkte zwei verschiedene Kreise gemeinsam haben können?

Betrachte dazu die Lagemöglichkeiten in Bild 5.35.

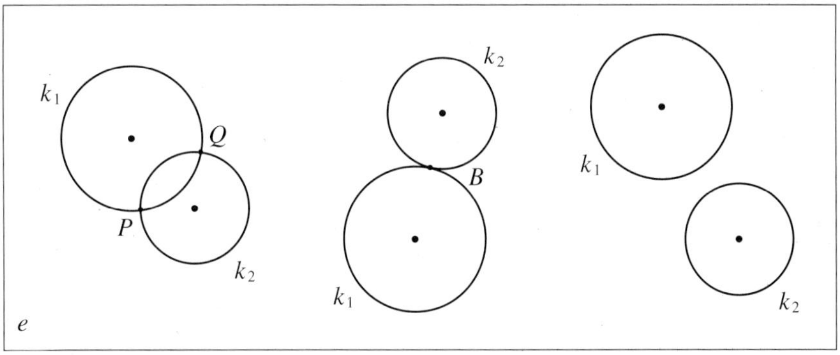

Bild 5.35

Merke

Zwei verschiedene Kreise können entweder zwei Punkte oder einen Punkt oder gar keine Punkte gemeinsam haben.

5.6 Winkel

Betrachte die grau markierte Punktmenge in Bild 5.36.

Sie wird von zwei Strahlen begrenzt, die den gemeinsamen Anfangspunkt *S* haben. Die Punktmenge besteht aus unendlich vielen Punkten und setzt sich zwischen den Strahlen in der Zeichenebene unbegrenzt fort.

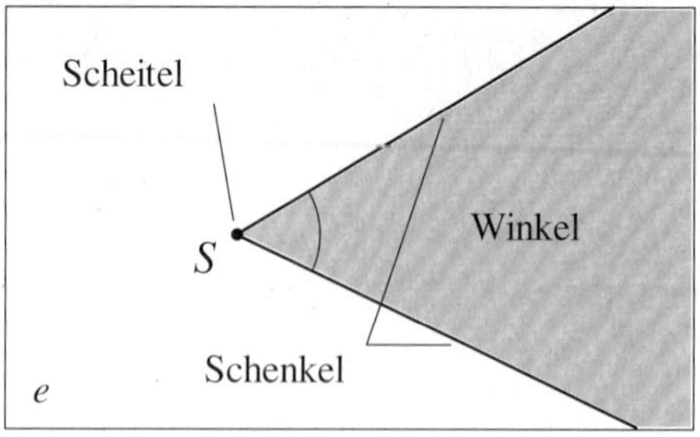

Bild 5.36

Definition 5.7

Eine Punktmenge, die von zwei Strahlen mit gemeinsamem Anfangspunkt begrenzt wird, heißt **Winkel**.

Die beiden Strahlen heißen **Schenkel**, der gemeinsame Anfangspunkt heißt **Scheitel** des Winkels.

Wir kennzeichnen Winkel durch Kreisbogen (Bild 5.36).

Wie du in Bild 5.37 siehst, haben Winkel bestimmte Öffnungsweiten.

Zwei Winkel kann man hinsichtlich ihrer Weite miteinander vergleichen, indem man einen Winkel auf Transparentpapier überträgt und diese Kopie dann in geeigneter Weise auf den zweiten Winkel legt.

Dieses Verfahren ist aber sehr aufwendig.

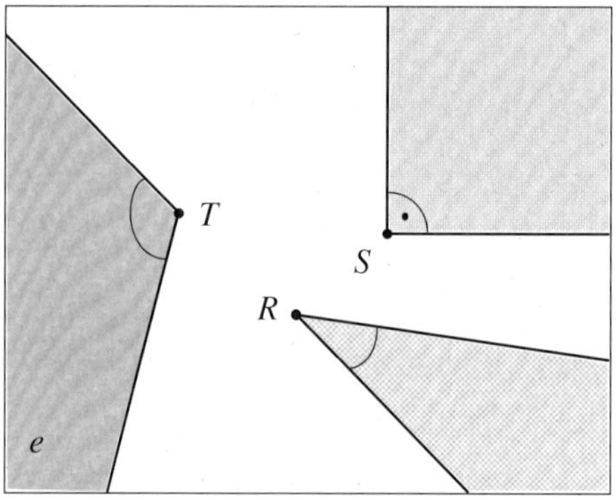

Bild 5.37

Ein einfacherer Vergleich gelingt durch Messung.

Um Winkel messen zu können, wird eine Maßeinheit benötigt. Hierzu wird von einem besonderen Winkel ausgegangen:

Bezeichnung

Ein Winkel, dessen Schenkel aufeinander senkrecht stehen, heißt **rechter Winkel**.

Beispiel 1
In Bild 5.37 ist der Winkel mit dem Scheitel S ein rechter Winkel, die beiden anderen Winkel sind keine rechten Winkel.

Mithilfe des rechten Winkels wird nun die Grundeinheit der Winkelmessung festgelegt (Bild 5.38):

Definition 5.8
Die Grundeinheit des Winkelmaßes ist **das Grad**[1].
Der 90ste Teil des rechten Winkels ist der **Einheitswinkel**. Er hat das Maß **1 Grad**, in Zeichen **1**° (Bild 5.38).

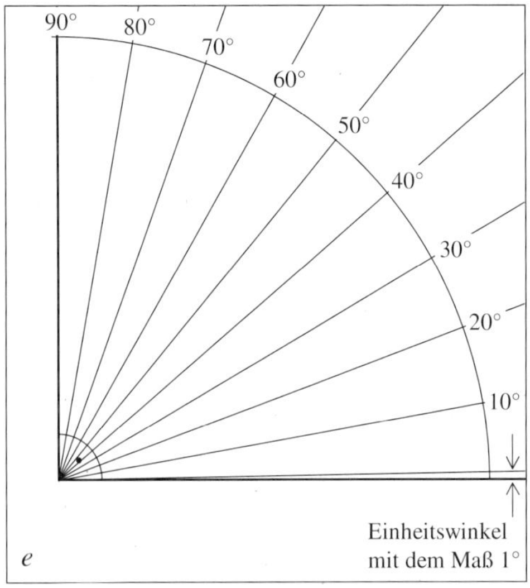

Bild 5.38

Einen Winkel messen heißt, ihn mit dem Einheitswinkel vergleichen. Wir stellen beim Messen eines Winkels fest, wie oft der Einheitswinkel in ihm enthalten ist. Nach diesem Messverfahren ergeben sich die Maße der weiteren Winkel in Bild 5.38.

Insbesondere gilt für das Maß des rechten Winkels:

Merke
Ein rechter Winkel hat das Maß 90°.

Beachte: Im Unterschied zum Winkel, der eine Punktmenge darstellt, ist sein Maß eine Größe.

Winkelmaße werden in der Regel mit folgenden kleinen griechischen Buchstaben bezeichnet:

Bezeichnungen für Winkelmaße

α	β	γ	δ	ε	ζ	η	ϑ	φ
alpha	beta	gamma	delta	epsilon	zeta	eta	theta	phi

$\sphericalangle\, \alpha$ (lies: Winkel alpha) bezeichnet den Winkel mit dem Maß α.

[1] gradus (lat.), Schritt. Das Gradmaß ist schon 4000 Jahre alt und stammt von den *Babyloniern*.

Zum Messen von Winkeln nimmt man einen **Winkelmesser** oder ein Geodreieck. Diese enthalten Winkelskalen, mit denen der zu messende Winkel gemäß Messvorschrift verglichen wird. Das Geodreieck hat zwei Winkelskalen, eine mit der Null auf der rechten Seite und eine mit der Null auf der linken Seite. Das ist bequem, du musst aber immer beachten, dass du das Winkelmaß an der Skala abliest, deren Nullpunkt benutzt wird (Bild 5.39).

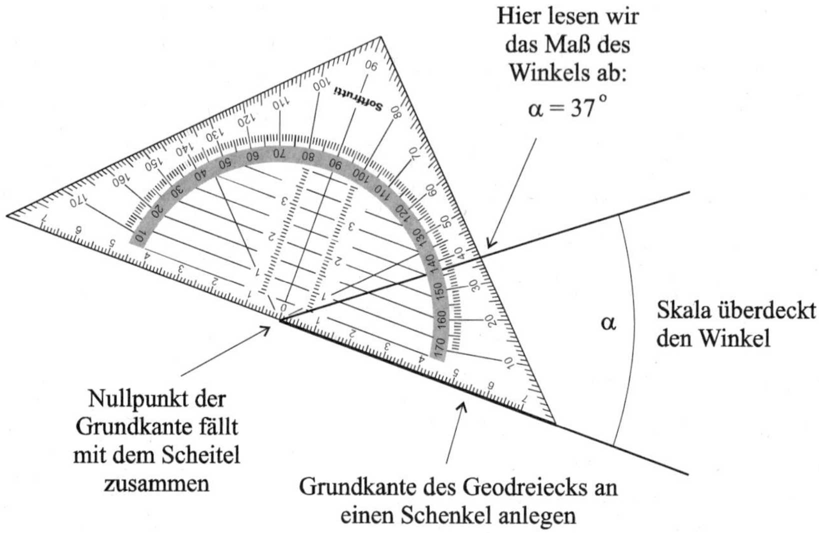

Bild 5.39

Wenn wir mit dem Geodreieck einen Winkel messen wollen, müssen wir die Grundlinie so an einen Schenkel anlegen, dass ihr Nullpunkt im Scheitel des Winkels liegt und die verwendete Skala den Winkel überdeckt. Dort, wo der zweite Schenkel die Winkelskala schneidet, wird das Winkelmaß abgelesen (Bild 5.39).

Du hast den rechten Winkel schon als einen **besonderen Winkel** kennen gelernt und weißt, dass er das Maß 90° hat. In Bild 5.40 sind weitere besondere Winkel dargestellt und ihr Maß angegeben.

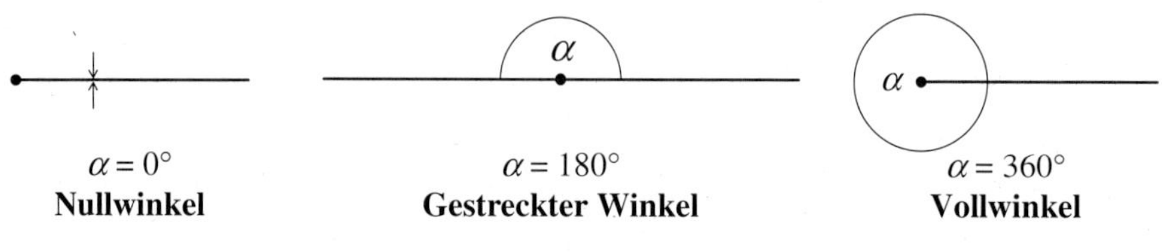

Bild 5.40

Neben den besonderen Winkeln unterscheidet man drei Arten von Winkeln, die im Bild 5.41 dargestellt sind:

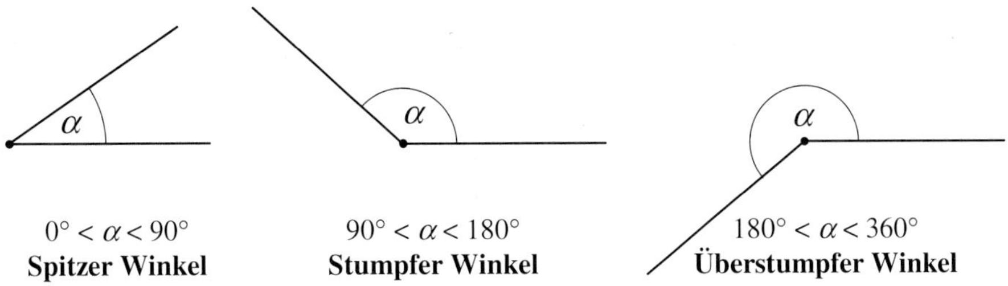

Bild 5.41

Mit der Winkelmaßskala des Geodreiecks lassen sich nur spitze und stumpfe Winkel messen.

Wenn wir das Maß des überstumpfen Winkels $\sphericalangle\,\alpha$ in Bild 5.42 bestimmen wollen, müssen wir in zwei Schritten vorgehen:

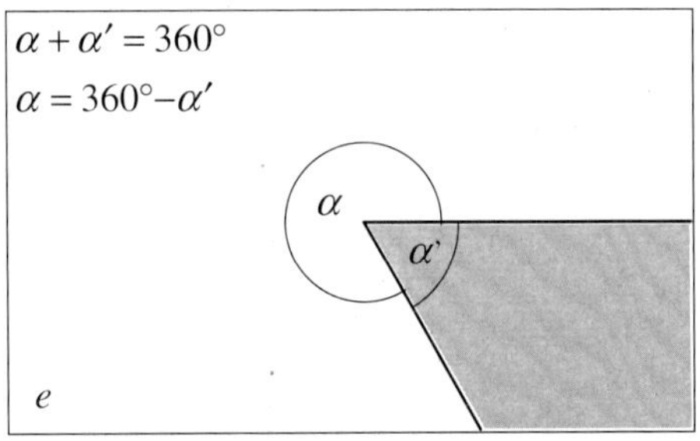

Bild 5.42

1. Schritt: Zunächst messen wir mit dem Geodreieck das Maß des Winkels $\sphericalangle\,\alpha'$, der den überstumpfen zu einem Vollwinkel ergänzt. Dies ist immer möglich, da dessen Maß stets kleiner als 180° ist. Wir erhalten $\alpha' = 60°$.

2. Schritt: Wir erhalten dann das Maß des gesuchten Winkels $\sphericalangle\,\alpha$, indem wir das Maß seines **Ergänzungswinkels** $\sphericalangle\,\alpha'$ vom Maß des Vollwinkels subtrahieren: $\alpha = 360° - \alpha' = 360° - 60° = 300°$.

Beim Messen eines Winkels solltest du vorher immer schätzen, welches ungefähre Maß der Winkel hat. Ergibt deine Messung ein ganz anderes Ergebnis, dann solltest du die Messung noch einmal wiederholen. So kannst du Fehler beim Winkelmessen vermeiden.

Wir zeichnen nun Winkel mit vorgegebenen Maßen.

Grundkonstruktion 6 (Winkel mit einem gegebenen Maß zeichnen)

Ein Winkel $\sphericalangle \alpha$ mit $\alpha = 56°$ ist zu zeichnen.

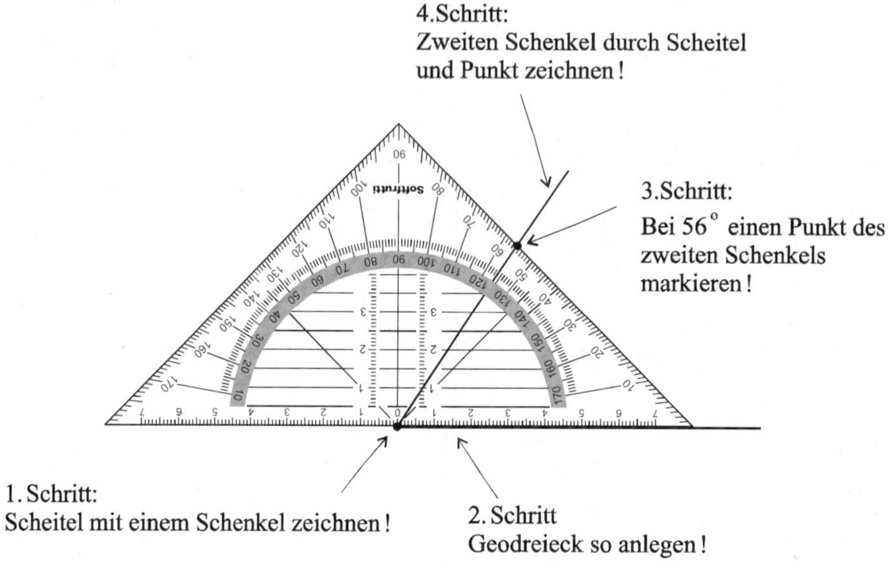

Bild 5.43

Konstruktionsbeschreibung:

Zunächst zeichnen wir mit dem Geodreieck den Scheitel mit einem Schenkel des Winkels.

Dann legen wir das Geodreieck mit der Grundkante entlang dieses Schenkels, so dass der Nullpunkt der Grundkante mit dem Scheitel zusammenfällt.

An der 56°-Marke der Winkelmaßskala kennzeichnen wir einen Punkt des zweiten Schenkels des gesuchten Winkels.

Abschließend zeichnen wir mit dem Geodreieck den zweiten Schenkel vom Scheitel ausgehend durch den gefundenen Punkt.

Konstruktion: Siehe Bild 5.43.

☞ Zeichne überstumpfe Winkel mithilfe ihres Ergänzungswinkels.

5.7 Rechteck

Betrachte die **Vierecke** in Bild 5.44.

Untersuche bei jedem Viereck die Lage benachbarter **Seiten**, das sind Begrenzungsstrecken, die in einem Eckpunkt aneinanderstossen.

Was fällt dir beim Viereck *ABCD* für eine Besonderheit auf?

Du stellst fest, dass nur beim Viereck *ABCD* alle benachbarten Seiten aufeinander senkrecht stehen.

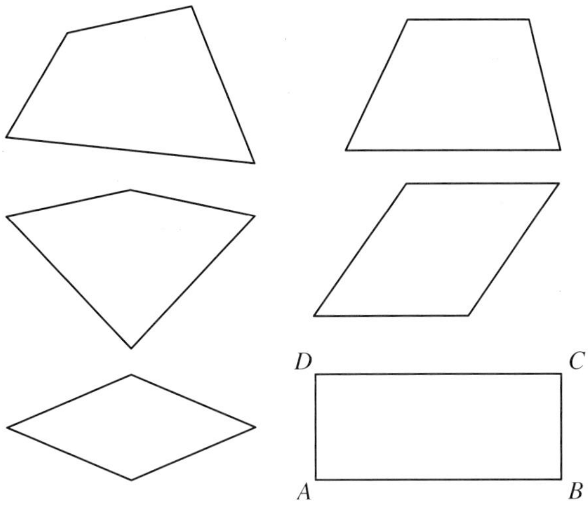

Bild 5.44

Schaue dich um! Vierecke mit dieser Eigenschaft begegnen dir im Alltag sehr oft, sie heißen **Rechtecke**.

> **Definition 5.9**
> Ein Viereck, dessen benachbarte Seiten aufeinander senkrecht stehen, heißt **Rechteck**.

Im Bild 5.45 sind verschiedene Rechtecke dargestellt.

Untersuche zuerst die Lage gegenüberliegender Seiten.

Was fällt dir auf?

Miss dann bei jedem Rechteck alle Seitenlängen und vergleiche sie miteinander. Was fällt dir auf?

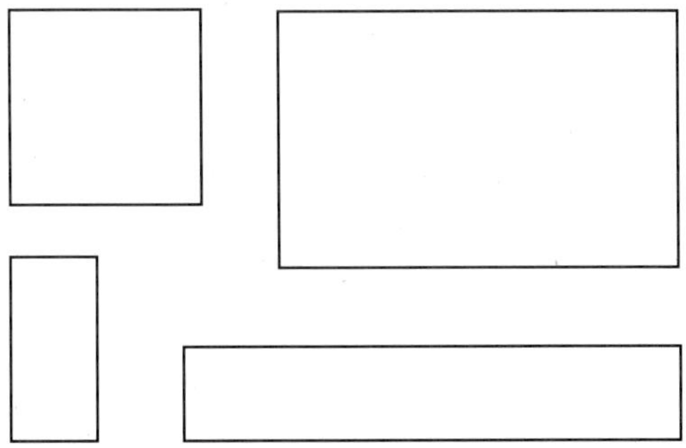
Bild 5.45

Zusammenfassend gilt:

> **Merke**
> Im Rechteck sind die Gegenseiten parallel und gleich lang.

Wir betrachten jetzt ein beliebiges Rechteck (Bild 5.46).

In diesem Rechteck sind die Verbindungsstrecken $\overline{AC}$ und $\overline{BD}$ eingezeichnet. Sie verbinden nicht benachbarte Ecken und schneiden sich in einem Punkt S.

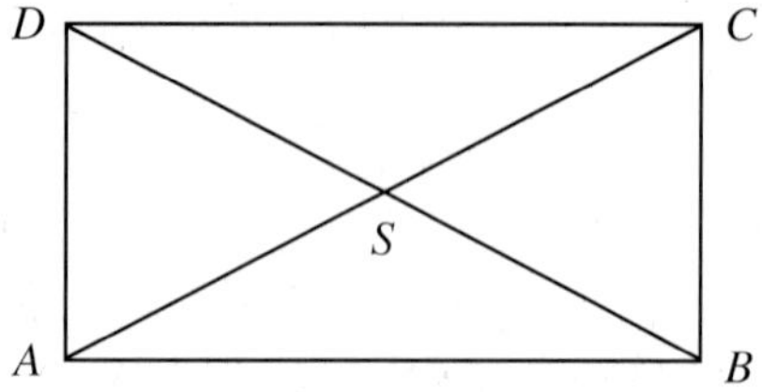

Bild 5.46

Im Rechteck heißen die Verbindungsstrecken nicht benachbarter Ecken **Diagonalen**[1].

Miss die Längen der Diagonalen des Rechtecks im Bild 5.46 und vergleiche!

Miss jetzt noch die Längen der Strecken $\overline{AS}$ und $\overline{SC}$ sowie von $\overline{BS}$ und $\overline{SD}$ und vergleiche!

Zusammenfassend gilt:

> **Merke**
> Im Rechteck sind die Diagonalen gleich lang und halbieren sich.

Der Diagonalenschnittpunkt eines Rechtecks ist damit von allen Eckpunkten des Rechtecks gleichweit entfernt. Daher ist er der Mittelpunkt eines Kreises, der durch alle Ecken des Rechtecks geht und das Rechteck umgibt.

Dieser Kreis heißt **Umkreis** des Rechtecks (Bild 5.47).

> **Merke**
> Das Rechteck hat einen Umkreis, sein Mittelpunkt ist der Schnittpunkt der Diagonalen.

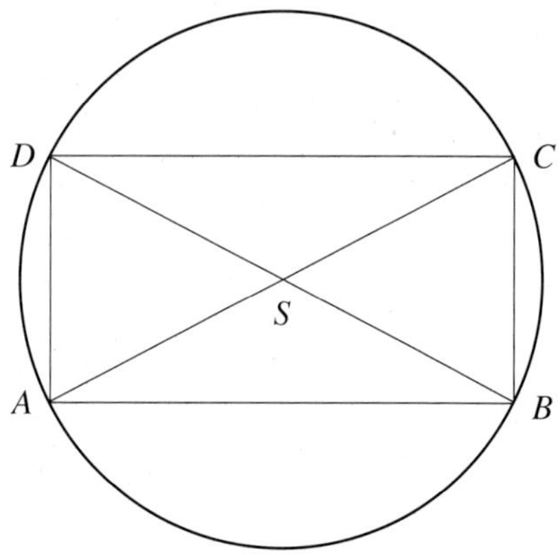

Bild 5.47

[1] diagonal (griech.), schräg laufend

Wir wollen jetzt ein Rechteck mit gegebenen Seitenlängen konstruieren und dabei die einzelnen Schritte beschreiben.

Grundkonstruktion 7 (Konstruktion eines Rechtecks aus zwei Seitenlängen)
Ein Rechteck $ABCD$ mit den Seitenlängen $|\overline{AB}| = 6\,\text{cm}$ und $|\overline{BC}| = 3\,\text{cm}$ soll konstruiert werden.

Konstruktionsbeschreibung[1]:
Wir zeichnen die Strecke $\overline{AB}$ mit $|\overline{AB}| = 6\,\text{cm}$ und dann zu $\overline{AB}$ die Senkrechte durch B. Nun tragen wir auf der Senkrechten durch B die Strecke $\overline{BC}$ mit $|\overline{BC}| = 3\,\text{cm}$ ab.
Wir zeichnen zu $\overline{BC}$ die Senkrechte durch C und zu $\overline{AB}$ die Senkrechte durch A. Diese beiden Senkrechten schneiden sich im Punkt D. Das Rechteck $ABCD$ ist das gesuchte.

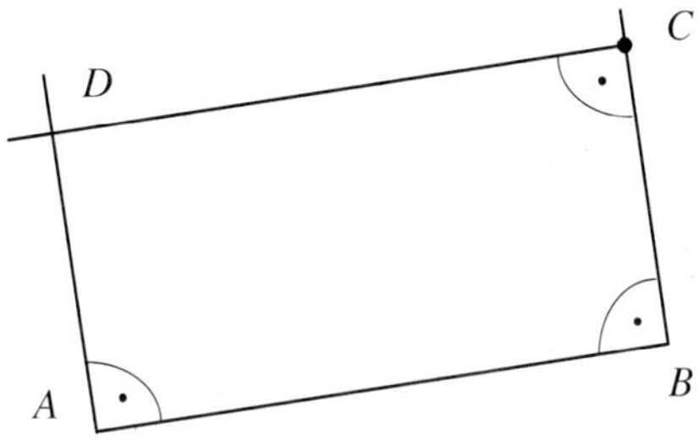

Bild 5.48

Konstruktion: Siehe Bild 5.48.

Bauer Meier hat sich bei Bauer Müller beschwert, weil dessen Kühe durch eine Lücke im morschen Weidezaun auf sein Feld laufen und das Korn zertrampeln.
Deshalb will Bauer Müller seine Weide jetzt mit Elektrodraht einzäunen (Bild 5.49). Wie lang wird der Zaun?

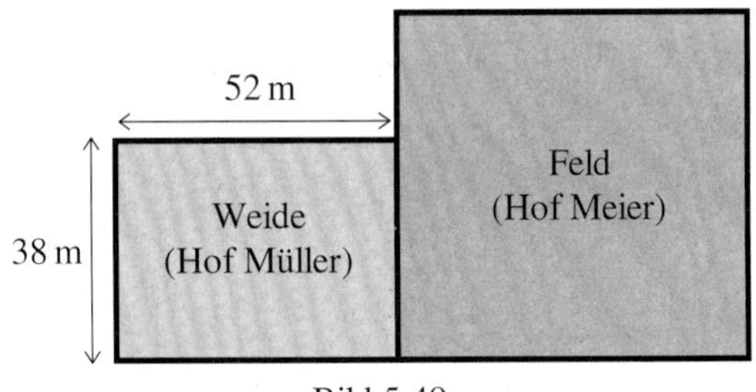

Bild 5.49

Bauer Müller muss die Gesamtlänge aller Seiten seiner rechteckigen Weide berechnen.

Dazu addiert er alle Seitenlängen: $38\,\text{m} + 52\,\text{m} + 38\,\text{m} + 52\,\text{m} = 180\,\text{m}$.

Der Elektrozaun wird also 180 m lang.

---

[1] Aus drucktechnischen Gründen stimmen die Längenmaße in den Konstruktionszeichnungen nicht mit den angegebenen Maßen überein.

Definition 5.10

Die Gesamtlänge der vier Seiten eines Rechtecks heißt **Umfang** des Rechtecks.

Wir wollen nun eine **Formel** zur Berechnung des Umfangs von Rechtecken herleiten.

Die Formelvariable für den Umfang ist U.

Bezeichnen wir die Seitenlängen eines Rechtecks allgemein mit den Variablen a und b (Bild 5.50), so erhalten wir:

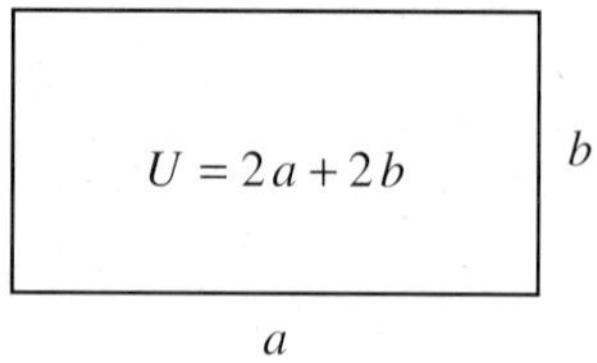

Bild 5.50

$$U = a + b + a + b = 2a + 2b = 2(a + b).$$

Merke

Für den Umfang U eines Rechtecks mit den Seitenlängen a und b gilt:

$$U = 2a + 2b = 2(a + b).$$

Beispiel 1

Ein Rechteck hat die Seitenlängen $a = 17\,\text{m}$ und $b = 22\,\text{m}$. Wir berechnen seinen Umfang U.

Für den Umfang gilt: $U = 2(a + b) = 2 \cdot (17\text{ m} + 22\text{ m}) = 2 \cdot 39\text{ m} = 78\text{ m}$.

Der Umfang des Rechtecks ist also 78 m.

Kennt man von einem Rechteck den Umfang und eine Seitenlänge, so lässt sich die andere Seitenlänge berechnen.

Beispiel 2

Ein Rechteck hat den Umfang $U = 72\,\text{m}$ und die Seitenlänge $a = 12\,\text{m}$. Wir berechnen die andere Seitenlänge b.

Wir benutzen die Formel $U = 2(a + b)$, setzen die gegebenen Stücke ein und lösen dann die entstehende Gleichung nach der Variablen b auf.

$$\begin{aligned} U &= 2(a + b) && \text{(gegebene Stücke einsetzen)} \\ 72\,\text{m} &= 2(12\,\text{m} + b) && \mid :2 \\ 36\,\text{m} &= 12\,\text{m} + b && \mid -12\,\text{m} \\ 24\,\text{m} &= b && \text{(Seiten vertauschen)} \\ b &= 24\,\text{m} \end{aligned}$$

Die andere Seitenlänge des Rechtecks ist also 24 m.

5.8 Quadrat

„Ritter Sport: Quadratisch. Praktisch. Gut."

Kennst du diesen Werbespruch? Na klar!

„Ritter Sport" ist doch die Schokolade mit den vielen verschiedenen Sorten.

Der Lehrer behauptet:

„Die Ritter Sport Tafel ist ein Rechteck!"

So was.

Der Spruch heißt doch: „**Quadratisch.** Praktisch. Gut." und nicht:

„**Rechteckig.** Praktisch. Gut."

Nun, schauen wir uns eine solche Ritter Sport Tafel doch mal genau an.

Wir stellen fest, dass **benachbarte Seiten aufeinander senkrecht stehen**. Also handelt es sich gemäß Definition 5.9 um ein **Rechteck**.

Wir erkennen aber auch, dass **alle Seiten gleich lang** sind. Das ist aber nicht bei allen Rechtecken der Fall. Man definiert daher:

> **Definition 5.11**
> Ein Rechteck mit gleich langen Seiten heißt **Quadrat** (Bild 5.51).

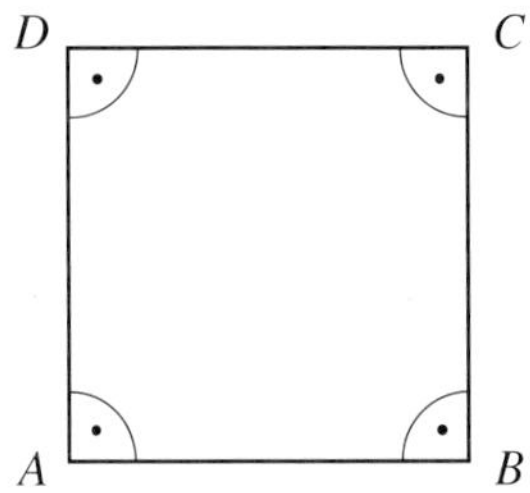

Bild 5.51

Bemerkungen

1. Ein Quadrat ist ein besonderes Rechteck.
2. Ein Quadrat besitzt alle Eigenschaften eines Rechtecks und wird wie ein Rechteck konstruiert.
3. Beachte aber, dass nicht jedes Rechteck ein Quadrat ist.

Im Quadrat $ABCD$ in Bild 5.52 sind die Diagonalen eingezeichnet.

Untersuche ihre Lage zueinander!

Da jedes Quadrat auch noch ein Rechteck ist, gilt insgesamt:

> **Merke**
> Die Diagonalen eines Quadrates sind gleich lang, halbieren sich und stehen senkrecht aufeinander.

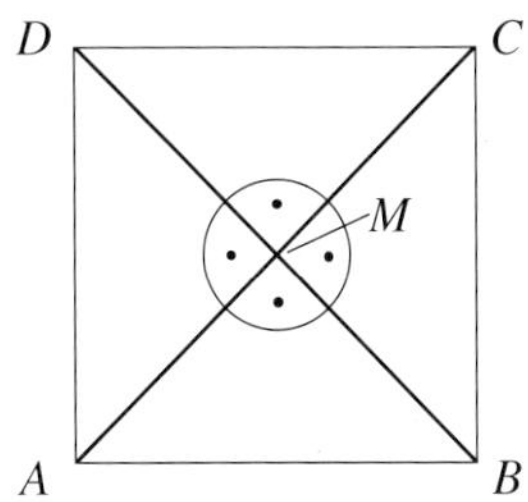

Bild 5.52

Bei einem Quadrat sind alle vier Seiten gleich lang. Deshalb hat ein Quadrat mit der Seitenlänge a den Umfang $U = a + a + a + a = 4a$ (Bild 5.53).

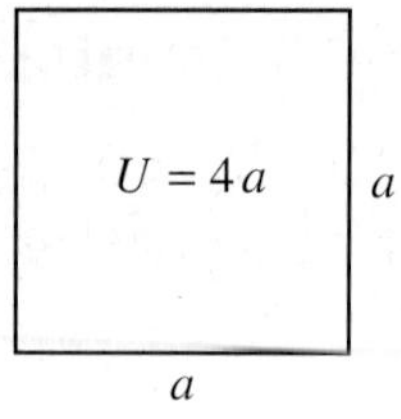

Bild 5.53

> **Merke**
> Für den Umfang U eines Quadrates mit der Seitenlänge a gilt: $U = 4a$.

Beispiel 1

Ein Quadrat hat die Seitenlänge $a = 5\,\text{m}$. Wir berechnen seinen Umfang U.

Für den Umfang gilt: $U = 4a = 4 \cdot 5\text{ m} = 20\text{ m}$.

Der Umfang ist also 20 m.

Bei einem Quadrat lässt sich aus dem Umfang seine Seitenlänge berechnen.

Beispiel 2

Ein Quadrat hat den Umfang $U = 52\,\text{m}$. Wir berechnen die Seitenlänge a.

Es gilt $U = 4a$. Einsetzen ergibt $52\,\text{m} = 4a$ und somit $a = 52\,\text{m} : 4 = 13\,\text{m}$.

Die Seitenlänge beträgt also 13 m.

5.9 Kreisumfang (fakultativ)

Schneide aus Pappe Kreise mit den Durchmessern 8 cm, 10 cm und 12 cm aus und miss dann mit einem Bandmaß die Umfänge der Kreise und vergleiche die Ergebnisse mit nebenstehender Tabelle.

Durchmesser d	Umfang U	Quotient $U : d$
8 cm	25,1 cm	3,1375
10 cm	31,4 cm	3,14
12 cm	37,7 cm	3,1416...

Es gilt: Für alle Kreise ist der Quotient $U : d$ von Umfang und Durchmesser stets die gleiche Zahl. Untersuchst du weitere Kreise, so wird dies bestätigt.

Die Zahl $U : d$ heißt **Kreiszahl** und wird mit dem griechischen Buchstaben π (lies: pi) bezeichnet. Die Kreiszahl π beträgt ungefähr 3,14.

Für den Kreisumfang gilt dann: $U = \pi \cdot d \underset{d=2r}{=} \pi \cdot 2 \cdot r = 2\pi r$.

Beachte, dass die Länge d des Kreisdurchmessers doppelt so lang wie die Länge r seines Radius ist, also $d = 2r$ gilt.

Merke

Der Kreis mit dem Radius r hat den Umfang $U = 2\pi r = \pi \cdot d$ mit $\pi \approx 3{,}14$.

Beispiel 1

Eine zylinderförmige Konservendose hat den Durchmesser 9 cm. Kann man eine 50 cm lange Schnur zweimal um die Dose wickeln?

Für den Umfang der Dose gilt: $U = \pi \cdot d \approx 3{,}14 \cdot 9\ \text{cm} = 28{,}26\ \text{cm}$.

Also kann man die Schnur nicht zweimal um die Dose wickeln.

Beispiel 2

Zu einem Kreis mit dem Radius 6 cm berechnen wir den Umfang.

Wir setzen in die Formel $U = 2\pi r$ ein und berechnen:

$$U = 2\pi r \approx 2 \cdot 3{,}14 \cdot 6\,\text{cm} = 3{,}14 \cdot 12\,\text{cm} \underset{\text{Nebenrechnung}}{=} 37{,}68\,\text{cm}.$$

Nebenrechnung

```
3,14 · 12
---------
 314
  628
---------
 37,68
```

Der Umfang des Kreises ist also 37,68 cm.

Beispiel 3

Ein Kreis hat den Umfang 12,56 cm. Wir berechnen seinen Durchmesser *d*.

Für den Umfang gilt: $U = \pi \cdot d$.

Diese Gleichung müssen wir nach d **auflösen**. Dies bedeutet, dass wir die Gleichung $U = \pi \cdot d$ so umformen müssen, dass sie die Form $d = \ldots$ hat.

Wir setzen zuerst die gegebenen Größen ein und erhalten:

$$12{,}56\,\text{cm} = 3{,}14 \cdot d$$

Die Gleichung müsste nun durch 3,14 dividiert werden.

Da du aber noch nicht durch eine Kommazahl dividiert kannst, behelfen wir uns mit einem Trick. Damit keine Kommazahlen mehr vorkommen, multiplizieren wir zuerst die Gleichung mit 100.

$$\begin{aligned} 12{,}56\,\text{cm} &= 3{,}14 \cdot d && |\cdot 100 \\ 12{,}56\,\text{cm} \cdot 100 &= 3{,}14 \cdot d \cdot 100 && \text{(Produkte ausrechnen)} \\ 1256\,\text{cm} &= 314 \cdot d && |:314 \\ 1256\,\text{cm} : 314 &= d && \text{(Quotient ausrechnen)} \\ 4\,\text{cm} &= d \end{aligned}$$

Der Durchmesser des Kreises ist also 4 cm.

Die wohl berühmteste Zahl der Welt

Die Berechnung des Kreisumfangs ist ein Problem, mit dem sich die Menschen schon vor Jahrtausenden beschäftigt haben.

Die **Babylonier** benutzten für die Zahl π den Wert 3, was bei Berechnungen immerhin schon zu brauchbaren Ergebnissen führte.

Die **Ägypter** konnten den Umfang des Kreises noch etwas genauer berechnen.

Den besten Ansatz machten dann die **Griechen**. So ist bekannt, dass sich der berühmte **Thales von Milet** (um 624-548 v.Chr.) bereits damit beschäftigte. Der entscheidende Durchbruch gelang aber erst dem griechischen Physiker und Mathematiker **Archimedes** (287-212 v.Chr.).

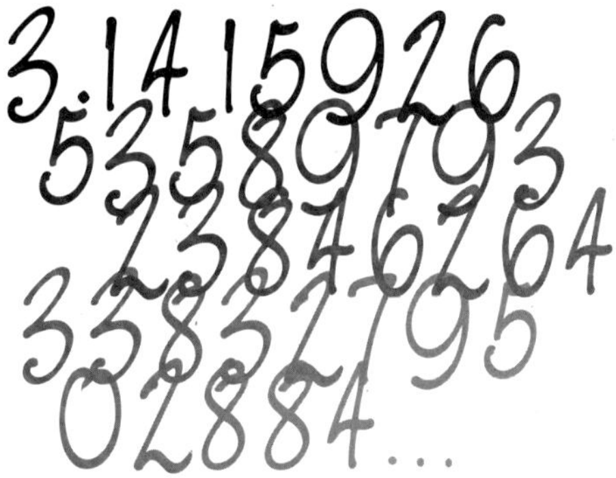

Er lebte in der griechischen Kolonie Syrakus. Im zweiten Punischen Krieg (215-210 v.Chr.) wurde Syrakus durch die Römer erobert. Archimedes war in seine Berechnungen vertieft und hatte dazu Kreise in den Hof gezeichnet, als ein römischer Legionär auf ihn zustürzte. Diesem rief Archimedes zu: „Noli turbare circulos meos! (Zerstöre meine Kreise nicht!)“. Der Soldat erschlug ihn daraufhin, obwohl der römische Befehlshaber angeordnet hatte, den berühmten Gelehrten zu schonen.

Im 16. Jahrhundert wurden die Grenzen für die Zahl π immer enger gezogen.

François Vieta (1540-1603) berechnete π auf 9 Stellen genau.

Heute kann man mithilfe von Computern die Zahl π auf mehr als 1 Milliarde Stellen genau berechnen.

6

Bruchteile

Peter erzählt seinem Freund Jan: „Wir haben heute in unserer Klasse abgestimmt, ob wir am nächsten Wandertag ein Stadtspiel in Saarbrücken machen, den Zoo in Neunkirchen besuchen oder zur Saarschleife fahren sollen. Von den 30 Schülern unserer Klasse will ***ein Drittel*** *nach Saarbrücken,* ***zwei Fünftel*** *wollen nach Neunkirchen und der Rest will zur Saarschleife."*

Jan überlegt, wohin es denn am Wandertag nun geht.

Ein Drittel von 30 Schülern, also der dritte Teil von 30 Schülern, sind 10 Schüler (Bild 6.1 a).

Um auszurechnen, wie viel zwei Fünftel von 30 Schülern sind, berechnet Jan zunächst, wie viel ***ein Fünftel*** *von 30 Schülern ist. Ein Fünftel von 30 Schülern ist der fünfte Teil, also 6 Schüler. Dann sind zwei Fünftel von 30 Schülern 12 Schüler (Bild 6.1 b).*

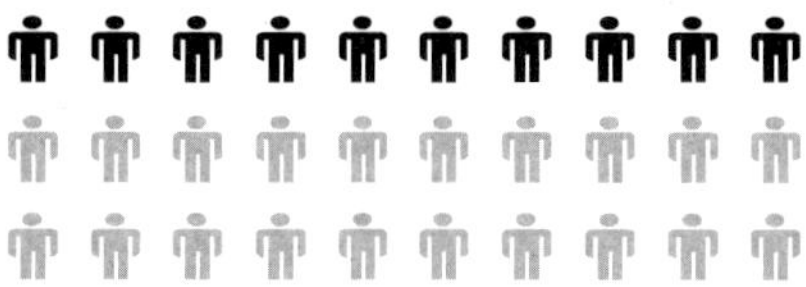

Bild 6.1a

Bild 6.1b

Wenn 10 Schüler nach Saarbrücken und 12 Schüler nach Neunkirchen wollen, dann bleiben noch 8 Schüler, die sich für die Saarschleife entschieden haben. Also geht die Fahrt nach Neunkirchen in den Zoo.

Ähnliche Angaben, wie Peter sie hier gemacht hat, begegnen uns im Alltag oft, wenn Bruchteile einer Gesamtheit berechnet werden sollen.

6.1 Teile eines Ganzen

Beispiel 1

Wird eine Tafel Schokolade (Bild 6.2a) in 3 gleich große Teile geteilt, so nennt man ein Teilstück den dritten Teil der ganzen Tafel oder **ein Drittel** der ganzen Tafel oder schreibt kurz: $\frac{1}{3}$ der Tafel (Bild 6.2b).

Bild 6.2a

Bild 6.2b

Bild 6.2c

Zwei Teilstücke nennt man **zwei Drittel** der Tafel oder schreibt kurz: $\frac{2}{3}$ der Tafel (Bild 6.2c).

Beispiel 2

a) Ein Viertel von 20 Schülern
$= \frac{1}{4}$ von 20 Schüler = (20 : 4) Schüler = 5 Schüler

b) Zwei Fünftel von 30 Schülern
$= \frac{2}{5}$ von 30 Schülern = $(30:5\cdot 2)$ Schüler = 12 Schüler

Wie die beiden letzten Beispiele zeigen, können Bruchteile eines Ganzen oder einer Gesamtheit mithilfe von **Brüchen** einfach beschrieben werden. Dies führt zu folgender Definition:

Definition 6.1

Für $m \in \mathbb{N}$ und $n \in \mathbb{N}^*$ wird vereinbart:

$\frac{1}{n}$ eines Ganzen oder einer Gesamtheit bedeutet: Teile das Ganze in n gleiche Teile und nimm 1 Teil davon.

$\frac{m}{n}$ eines Ganzen oder einer Gesamtheit bedeutet: Teile das Ganze oder die Gesamtheit in n gleiche Teile und nimm m Teile davon.

Das Zeichen $\frac{m}{n}$ (lies: m n-tel) heißt **Bruch**, die Zahl m heißt **Zähler**, die Zahl n heißt **Nenner** des Bruches. Der waagerechte Strich zwischen den beiden Zahlen heißt **Bruchstrich**.

Bruchteile von Zahlen kannst du in gleicher Weise berechnen.

Beispiel 3

a) $\frac{1}{3}$ von $24 = 24 : 3 = 8$

b) $\frac{3}{4}$ von $32 = (32 : 4) \cdot 3 = 8 \cdot 3 = 24$

c) $\frac{8}{5}$ von $35 = (35 : 5) \cdot 8 = 7 \cdot 8 = 56$

d) $\frac{2}{2}$ von $18 = (18 : 2) \cdot 2 = 9 \cdot 2 = 18$

Bemerkung

$\frac{m}{n}$ eines Ganzen oder einer Gesamtheit ergibt das Ganze oder die Gesamtheit, wenn $m = n$ gilt, d.h. wenn Zähler und Nenner des Bruches $\frac{m}{n}$ gleich sind (siehe Beispiel 3d).

Wir geben nun Teile eines Ganzen oder einer Gesamtheit als Bruch an.

Beispiel 4

a) Der Kreis in Bild 6.3 ist in 4 flächengleiche Teile unterteilt und 3 dieser Teile sind dunkel markiert. Damit ist $\frac{3}{4}$ der Kreisfläche dunkel markiert.

b) Von 5 Schülern aus Saarlouis kommen 2 mit dem Fahrrad zur Schule, das sind $\frac{2}{5}$.

c) 3 von 8 sind $\frac{3}{8}$.

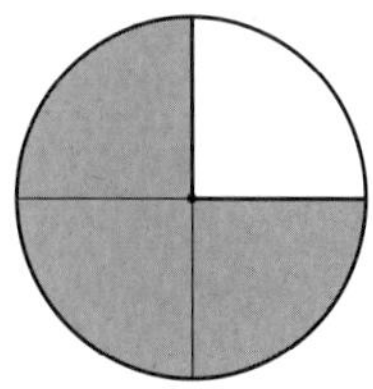

Bild 6.3

Wir fassen die letzten Beispiele zusammen.

Merke

Für $m \in \mathbb{N}$ und $n \in \mathbb{N}^*$ gilt:

Ist ein Ganzes oder eine Gesamtheit in n gleiche Teile unterteilt, so sind m Teile davon $\frac{m}{n}$ des Ganzen oder der Gesamtheit.

Kurz: $m = \frac{m}{n}$ von n.

Brüche sind für uns neue Zeichen. Wir vermuten, dass Brüche Zahlen darstellen, also Zahlzeichen sind. Allerdings sind uns diese Zahlen bisher noch nicht begegnet. Um was für Zahlen es sich dabei handelt, lernst du in Klasse 6.

6.2 Bruchteile von Größen

Im Alltag begegnen uns Brüche häufig bei Größenangaben.

Beispiel 1

a) Ein Viertel von 12 € = $\frac{1}{4}$ von 12 € = (12 : 4) € = 3 €

b) Zwei Fünftel von 60 g = ($\frac{1}{5}$ von 60 g) · 2 = (60 : 5 · 2) g = (12 · 2) g = 24 g

Merke

Berechne $\frac{m}{n}$ einer Größe, indem du die Maßzahl durch n dividierst, dann mit m multiplizierst und die Einheit beibehältst.

Vorläufig kannst du $\frac{m}{n}$ einer Größe nur berechnen, wenn die Maßzahl der Größe durch die Zahl n ohne Rest teilbar ist.

Beispiel 2

a) $\frac{1}{3}$ von 24 min = (24 : 3) min = 8 min

b) $\frac{3}{8}$ von 56 m = (56 : 8 · 3) m = 21 m

Wenn bei Größen Brüche als Maßzahlen vorkommen, so kannst du natürliche Zahlen als Maßzahlen erhalten, wenn du in eine Untereinheit umwandelst.

Beispiel 3

a) $\frac{1}{5}$ min = $\frac{1}{5}$ von 1 min = $\frac{1}{5}$ von 60 s = (60 : 5) s = 12 s

b) $\frac{3}{4}$ km = $\frac{3}{4}$ von 1 km = $\frac{3}{4}$ von 1000 m = (1000 : 4 · 3) m = 750 m

c) $\frac{7}{5}$ t = $\frac{7}{5}$ von 1 t = $\frac{7}{5}$ von 1000 kg = (1000 : 5 · 7) kg = 1400 kg

Bei Größen begegnet dir im Alltag manchmal die so genannte **gemischte Schreibweise** (Bild 6.4).
Behandele solche Angaben wie im folgenden Beispiel.

Beispiel 4

a) einundeinhalb Kilogramm
= $1\frac{1}{2}$ kg = 1 kg + $\frac{1}{2}$ kg = 1 kg 500 g

b) zweiunddreiviertel Kilogramm
= $2\frac{3}{4}$ kg = 2 kg + $\frac{3}{4}$ kg = 2 kg 750 g

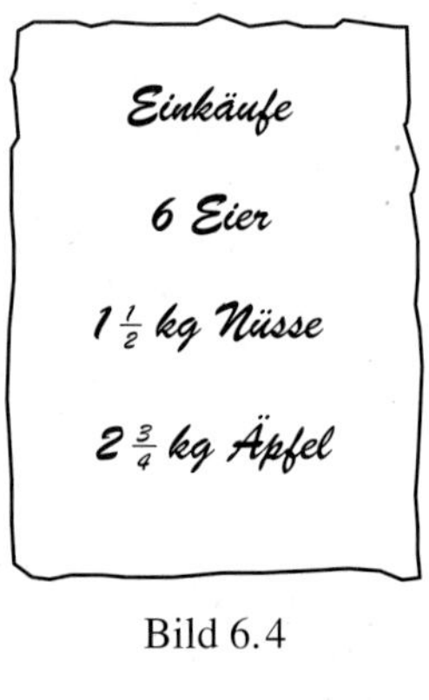

Bild 6.4

6.3 Erweitern und Kürzen

Im nebenstehenden Bild ist eine Strecke auf verschiedene Arten eingeteilt.

Die Einteilung verfeinert sich von Schritt zu Schritt.

Vergleichst du die hervorgehobenen Streckenteile miteinander, so ergibt sich, dass sie alle gleich lang sind.

Damit gilt für die Brüche, die die Streckenteile bezeichnen:

$$\frac{1}{2}=\frac{2}{4}=\frac{3}{6}=\frac{4}{8}.$$

Verschiedene Brüche können also gleichwertig sein.

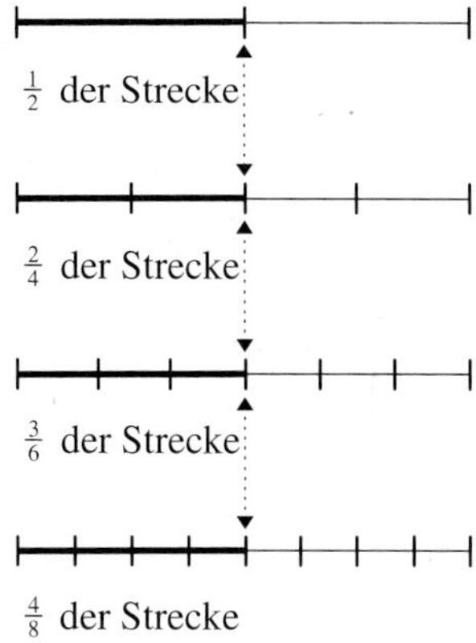

Bild 6.5

Welcher Zusammenhang besteht nun zwischen diesen Brüchen?

Betrachte $\frac{1}{2}=\frac{1\cdot 2}{2\cdot 2}=\frac{2}{4}$ sowie $\frac{1}{2}=\frac{1\cdot 3}{2\cdot 3}=\frac{3}{6}$ und auch $\frac{1}{2}=\frac{1\cdot 4}{2\cdot 4}=\frac{4}{8}$.

Multiplizierst du Zähler und Nenner des Bruches $\frac{1}{2}$ mit der Zahl 2, so erhältst du den Bruch $\frac{2}{4}$. Du hast den Bruch $\frac{1}{2}$ mit der Zahl 2 **erweitert**.

Erweiterst du den Bruch $\frac{1}{2}$ mit der Zahl 3, erhältst du den Bruch $\frac{3}{6}$, erweiterst du $\frac{1}{2}$ mit 4 erhältst du $\frac{4}{8}$.

Weitere zu dem Bruch $\frac{1}{2}$ gleichwertige Brüche sind: $\frac{5}{10}, \frac{6}{12}, \frac{7}{14}, \frac{8}{16}, \ldots$

Definition 6.2

Einen Bruch **erweitern** bedeutet eine feinere Einteilung vornehmen.

Du musst dazu Zähler und Nenner des Bruches mit derselben Zahl ungleich null multiplizieren.

Bemerkungen

1. Die Zahl, mit der du erweiterst, heißt **Erweiterungszahl**. Sie kann, wie im nächsten Beispiel, oberhalb des Gleichheitszeichens angegeben werden.
2. Ein Bruch kann mit jeder Zahl ungleich null erweitert werden. Mit der Zahl Null darf man **nie** erweitern.
3. Bruch und erweiterter Bruch sind gleich groß.

Beispiel 1

a) Wir erweitern $\frac{1}{3}$ mit 4 und erhalten: $\frac{1}{3} \overset{4}{=} \frac{1 \cdot 4}{3 \cdot 4} = \frac{4}{12}$.

b) Wir erweitern $\frac{3}{5}$ mit 15 und erhalten: $\frac{3}{5} \overset{15}{=} \frac{3 \cdot 15}{5 \cdot 15} = \frac{45}{75}$.

Brüche kannst du so erweitern, dass die erweiterten Brüche gleiche Nenner haben.

Beispiel 2

a) $\frac{1}{2}$ und $\frac{2}{3}$ lassen sich so erweitern, dass die erweiterten Brüche den Nenner 6 haben: $\frac{1}{2} \overset{3}{=} \frac{1 \cdot 3}{2 \cdot 3} = \frac{3}{6}$ und $\frac{2}{3} \overset{2}{=} \frac{2 \cdot 2}{3 \cdot 2} = \frac{4}{6}$.

b) $\frac{3}{4}$ und $\frac{4}{5}$ lassen sich so erweitern, dass die erweiterten Brüche den Nenner 20 haben: $\frac{3}{4} \overset{5}{=} \frac{3 \cdot 5}{4 \cdot 5} = \frac{15}{20}$ und $\frac{4}{5} \overset{4}{=} \frac{4 \cdot 4}{5 \cdot 4} = \frac{16}{20}$.

Bezeichnung
Brüche mit gleichem Nenner heißen **gleichnamig**.

Machst du bei einem Bruch eine Erweiterung rückgängig, so hast du den Bruch **gekürzt**.

Erweitern		**Kürzen**
$\frac{1}{4} \overset{2}{=} \frac{1 \cdot 2}{4 \cdot 2} = \frac{2}{8}$	rückgängig machen →	$\frac{2}{8} \underset{2}{=} \frac{2:2}{8:2} = \frac{1}{4}$
$\frac{2}{7} \overset{3}{=} \frac{2 \cdot 3}{7 \cdot 3} = \frac{6}{21}$	rückgängig machen →	$\frac{6}{21} \underset{3}{=} \frac{6:3}{21:3} = \frac{2}{7}$
$\frac{5}{3} \overset{6}{=} \frac{5 \cdot 6}{3 \cdot 6} = \frac{30}{18}$	rückgängig machen →	$\frac{30}{18} \underset{6}{=} \frac{30:6}{18:6} = \frac{5}{3}$

Definition 6.3

Einen Bruch **kürzen** bedeutet eine gröbere Einteilung vornehmen.

Du musst dazu Zähler und Nenner des Bruches durch dieselbe Zahl $\neq 0$ dividieren.

Bemerkungen

1. Die Zahl, mit der du kürzt, heißt **Kürzungszahl**. Sie kann unterhalb des Gleichheitszeichens angegeben werden.
2. Im Gegensatz zum Erweitern kannst du nicht immer kürzen. Das Kürzen eines Bruches ist nur mit einer Zahl ungleich null möglich, die Zähler und Nenner teilt. Mit der Zahl Null kann man **nie** kürzen.
3. Bruch und gekürzter Bruch sind gleich groß.

Beim Kürzen werden die Zahlen in Zähler und Nenner kleiner.

Beispiel 3

a) $\frac{8}{12} \underset{4}{=} \frac{2}{3}$ b) $\frac{20}{25} \underset{5}{=} \frac{4}{5}$ c) $\frac{45}{72} \underset{9}{=} \frac{5}{8}$

Beim Kürzen kannst du einen Bruch auch schrittweise vereinfachen.

Beispiel 4

a) $\frac{180}{300} \underset{10}{=} \frac{18}{30} \underset{6}{=} \frac{3}{5}$

b) $\frac{2400}{5400} \underset{100}{=} \frac{24}{54} \underset{2}{=} \frac{12}{27} \underset{3}{=} \frac{4}{9}$

Bezeichnung

Ein Bruch heißt **vollständig gekürzt**, wenn es keine Zahl mehr gibt, die Zähler und Nenner teilt.

Die Ergebnisse in den Beispielen 3 und 4 sind vollständig gekürzte Brüche.

6.4 Dezimalbrüche

Vergleiche folgende Umwandlungen bei Größenangaben:

$\frac{1}{10}$ m = 1 dm = **0,1** m	$\frac{3}{10}$ m = 3 dm = **0,3** m	$\frac{17}{10}$ m = 17 dm = **1,7** m
$\frac{1}{100}$ m = 1 cm = **0,01** m	$\frac{27}{100}$ m = 27 cm = **0,27** m	$\frac{345}{100}$ m = 345 cm = **3,45** m
$\frac{1}{1000}$ m = 1 mm = **0,001** m	$\frac{49}{1000}$ m = 49 mm = **0,049** m	$\frac{7451}{1000}$ m = 7451 mm = **7,451** m

Du stellst fest, dass folgende Maßzahldarstellungen gleichwertig sind:

$\frac{1}{10} = 0{,}1$	$\frac{3}{10} = 0{,}3$	$\frac{17}{10} = 1{,}7$
$\frac{1}{100} = 0{,}01$	$\frac{27}{100} = 0{,}27$	$\frac{345}{100} = 3{,}45$
$\frac{1}{1000} = 0{,}001$	$\frac{49}{1000} = 0{,}049$	$\frac{7451}{1000} = 7{,}451$

Die Werte von Brüchen, deren Nenner Zehnerpotenzen sind, lassen sich also auch in der Kommaschreibweise angeben.

Brüchen, deren Nenner Zehnerpotenzen sind, werden **Zehnerbrüche** genannt. Die Kommaschreibweise eines Zehnerbruchs heißt auch **dezimale** Schreibweise oder **Dezimalbruch**.

Zusammengefasst können wir festhalten:

Merke

Zehnerbrüche lassen sich auch **dezimal** schreiben.

Die Dezimalschreibweise eines Zehnerbruchs heißt **Dezimalbruch**.

Folgende Regel kannst du leicht erkennen:

Regel zur Umwandlung eines Zehnerbruchs in einen Dezimalbruch

Verwandele einen Zehnerbruch in einen Dezimalbruch, indem du den Zähler hinschreibst und das Komma um so viele Stellen nach links verschiebst, wie Nullen im Nenner stehen. Ergänze dabei fehlende Stellen durch Nullen.

Beispiel 1

a) $\frac{579}{1000} = 0{,}579$ (lies: null Komma fünf sieben neun)

b) $\frac{3}{100} = 0{,}03$ (lies: null Komma null drei)

c) $\frac{428}{10} = 42{,}8$ (lies: zweiundvierzig Komma acht)

d) $\frac{1}{1} = 1$ e) $\frac{2}{1} = 2$ f) $\frac{30}{10} = 3{,}0 = 3$ g) $\frac{0}{1} = 0$

Bemerkungen

1. Bei einem Dezimalbruch trennt das Komma die Bruchteile (hinter dem Komma) von den Ganzen (vor dem Komma). Die Stellen hinter dem Komma heißen **Dezimalstellen** oder **Nachkommastellen**; die Ziffern hinter dem Komma heißen **Dezimalen**.
2. Wir lesen Dezimalbrüche, indem wir die Stellen hinter dem Komma Ziffer für Ziffer angeben.
3. Die bisher vorkommenden Brüche werden im Gegensatz zu den Dezimalbrüchen auch als **gewöhnliche Brüche** bezeichnet.
4. Gewöhnliche Brüche, bei denen die Zahl 1 im Nenner steht, sind zu der natürlichen Zahl gleichwertig, die im Zähler steht.

   Kurz: Für alle $n \in \mathbb{N}$ gilt: $\frac{n}{1} = n$.

Folgendes Beispiel verdeutlicht die vorkommenden Begriffe.

Beispiel 2

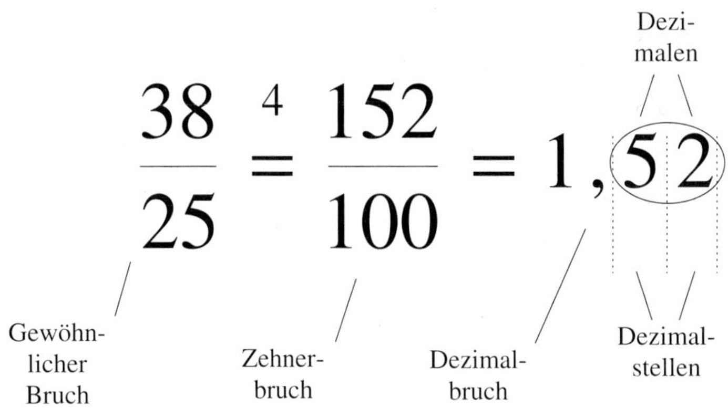

Bisher hast du Zehnerbrüche in Dezimalbrüche umgewandelt. Nun sollen umgekehrt Dezimalbrüche in Zehnerbrüche umgewandelt werden.

Regel zur Umwandlung eines Dezimalbruchs in einen Zehnerbruch
Verwandele einen Dezimalbruch mit einer (zwei, drei, ...) Dezimalen in einen Zehnerbruch, indem du in den Zähler den Dezimalbruch ohne Komma schreibst und in den Nenner eine 1 mit einer (zwei, drei, ...) Nullen.

Beispiel 3

a) $0{,}6 = \frac{6}{10} \underset{2}{=} \frac{3}{5}$ b) $0{,}32 = \frac{32}{100} \underset{4}{=} \frac{8}{25}$ c) $0{,}125 = \frac{125}{1000} \underset{125}{=} \frac{1}{8}$

d) $2{,}5 = \frac{25}{10} \underset{5}{=} \frac{5}{2}$ e) $0{,}02 = \frac{2}{100} \underset{2}{=} \frac{1}{50}$ f) $1{,}040 = \frac{1040}{1000} \underset{40}{=} \frac{26}{25}$

Du kannst jeden Dezimalbruch in einen gewöhnlichen Bruch umwandeln. Wie die Beispiele zeigen, erhältst du bei der Umwandlung zuerst einen Zehnerbruch, der dann möglicherweise weiter gekürzt werden kann.

Willst du einen gewöhnlichen Bruch in einen Dezimalbruch umwandeln, so schreibe ihn zuerst als Zehnerbruch (siehe Beispiel 2).

Beispiel 4

a) $\frac{2}{5} \overset{2}{=} \frac{4}{10} = 0{,}4$ b) $\frac{12}{25} \overset{4}{=} \frac{48}{100} = 0{,}48$ c) $\frac{3}{8} \overset{125}{=} \frac{375}{1000} = 0{,}375$

d) $\frac{3}{2} \overset{5}{=} \frac{15}{10} = 1{,}5$ e) $\frac{121}{50} \overset{2}{=} \frac{242}{100} = 2{,}42$ f) $\frac{1}{3} = ??????$

Wie das Beispiel 4f) zeigt, lassen sich nach diesem Verfahren nicht alle Brüche dezimal schreiben, weil du sie nicht in Zehnerbrüche verwandeln kannst. Mehr dazu erfährst du in Klasse 6.

6.5 Prozentbegriff

Für Brüche mit dem Nenner 100 verwendet man die **Prozentschreibweise** (Bild 6.6).
Für $\frac{1}{100}$ sagt man auch
1 Prozent und schreibt **1 %**,
für $\frac{23}{100}$ sagt man auch
23 Prozent und schreibt **23 %**.

Bild 6.6

> **Definition 6.4**
> Für $\frac{p}{100}$ sagen wir ***p*** **Prozent**[1] und schreiben ***p* %**[2].

Prozentangaben lassen sich in Brüche umwandeln. Kürze anschließend die Brüche vollständig.

Beispiel 1
a) $4\% = \frac{4}{100} \underset{4}{=} \frac{1}{25}$ b) $20\% = \frac{20}{100} \underset{20}{=} \frac{1}{5}$ c) $100\% = \frac{100}{100} \underset{100}{=} \frac{1}{1} = 1$

Wir wollen nun Werte von Prozentangaben bei Größen bestimmen:
12% von $300€ = \frac{12}{100}$ von $300€ = (300:100\cdot 12)€ = 36€$.
25% von $6\,m = \frac{25}{100}$ von $600\,cm = (600:100\cdot 25)\,cm = 150\,cm = 1{,}5\,m$.

> **Merke**
> Berechne $p\%$ einer Größe, indem du die Maßzahl durch 100 dividierst, dann mit p multiplizierst und die Maßeinheit beibehältst. Verwandele gegebenenfalls vorher in eine geeignete Untereinheit.

Beispiel 2
a) 3% von $700€ = (700:100\cdot 3)€ = (7\cdot 3)€ = 21€$.
b) 6% von $5\,kg = 6\%$ von $5000\,g = (5000:100\cdot 6)\,g = (50\cdot 6)\,g = 300\,g$.

Die folgende Tabelle enthält häufig vorkommende Prozentangaben als Bruchteile geschrieben:

Prozent	5%	10%	20%	25%	30%	40%	50%	75%	100%
Bruch	$\frac{1}{20}$	$\frac{1}{10}$	$\frac{1}{5}$	$\frac{1}{4}$	$\frac{3}{10}$	$\frac{2}{5}$	$\frac{1}{2}$	$\frac{3}{4}$	$\frac{1}{1} = 1$

[1] pro centum (lat.), für hundert
[2] Das Zeichen % entstand wahrscheinlich aus der Abkürzung cto für cento (ital.) hundert.

6.6 Vergleichen und Ordnen

Vergleiche folgende Bruchteile im Hinblick auf ihre Größe miteinander.

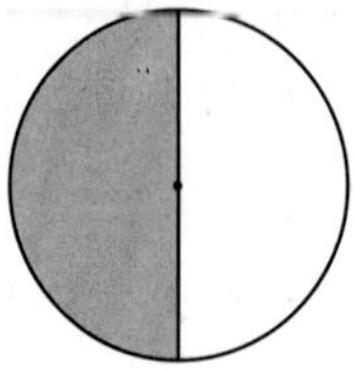

$\frac{1}{2}$ Kuchen

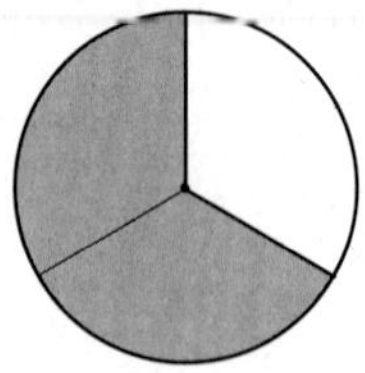

$\frac{2}{3}$ Kuchen

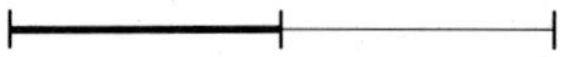

$\frac{1}{2}$ der Strecke

$\frac{2}{3}$ der Strecke

$\frac{1}{2}$ von 1 Minute $= 30\,s$ | $\frac{2}{3}$ von 1 Minute $= 40\,s$

$\frac{1}{2}$ von 30 Kindern $= 15$ Kinder | $\frac{2}{3}$ von 30 Kindern $= 20$ Kinder

Du stellst fest, dass die Hälfte eines Ganzen oder einer Gesamtheit stets weniger ist als zwei Drittel davon.

Wir sagen, der Bruchteil $\frac{1}{2}$ ist **kleiner als** der Bruchteil $\frac{2}{3}$.

Wir schreiben: $\frac{1}{2} < \frac{2}{3}$.

Allgemein wird festgelegt:

Definition 6.5

Von zwei Bruchteilen heißt derjenige der **kleinere** bzw. der **größere** (in Zeichen < bzw. >), dessen zugehöriger Anteil eines Ganzen oder einer Gesamtheit stets weniger (mehr) ist als der andere Anteil.

Zwei Bruchteile heißen **gleich** (in Zeichen =), wenn die zugehörigen Anteile eines Ganzen oder einer Gesamtheit stets gleich sind.

Beispiel 1

Wir suchen von den Bruchteilen $\frac{4}{5}$ und $\frac{5}{6}$ den kleineren.

Zunächst bestimmen wir die zugehörigen Anteile von $5 \cdot 6 = 30$.

$\frac{4}{5}$ von $30 = 30 : 5 \cdot 4 = 24$ und $\frac{5}{6}$ von $30 = 30 : 6 \cdot 5 = 25$ und $24 < 25$.

Der kleinere Bruchteil ist damit $\frac{4}{5}$, also gilt $\frac{4}{5} < \frac{5}{6}$.

Der Vergleich von Bruchteilen, die durch gleichnamige Brüche dargestellt werden, fällt leicht:

Der rechte Kuchen auf der gegenüberliegenden Seite zeigt: $\frac{1}{3} < \frac{2}{3} < \frac{3}{3}$.

In Bild 6.5 siehst du: $\frac{1}{4} < \frac{2}{4} < \frac{3}{4} < \frac{4}{4}$.

Du erkennst folgende Regel:

> **Merke**
> Von zwei gleichnamigen Brüchen bezeichnet derjenige den kleineren Bruchteil, der den kleineren Zähler hat.

Die Regel lässt sich beim Vergleich von Bruchteilen immer anwenden, wenn wir die Brüche vorher gleichnamig machen.

Beispiel 2

Zu vergleichen sind die Bruchteile $\frac{3}{4}$ und $\frac{5}{7}$.

Wir machen die Brüche zuerst gleichnamig: $\frac{3}{4} \overset{7}{=} \frac{21}{28}$; $\frac{5}{7} \overset{4}{=} \frac{20}{28}$.

Zählervergleich: $21 > 20$. Also gilt: $\frac{3}{4} > \frac{5}{7}$.

Wir vergleichen Bruchteile mit einem Ganzen. Aus Bild 6.7 kannst du ablesen:

$\frac{5}{6}$ eines Ganzen ist weniger als das Ganze,
wir schreiben: $\frac{5}{6} < 1$.

$\frac{7}{6}$ eines Ganzen ist mehr als das Ganze,
wir schreiben: $\frac{7}{6} > 1$.

$\frac{6}{6}$ eines Ganzen ist das Ganze,
wir schreiben: $\frac{6}{6} = 1$.

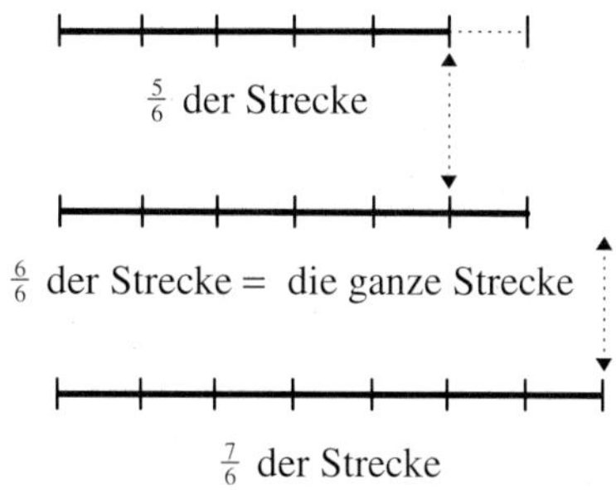

Bild 6.7

Allgemein gilt:

> **Merke**
> Ein Bruch $\frac{a}{b}$ bezeichnet einen Bruchteil, der weniger (mehr) ist als das Ganze oder die Gesamtheit, wenn der Zähler a kleiner (größer) als der Nenner b ist.
> Ein Bruch bezeichnet das Ganze, wenn Zähler und Nenner gleich sind.
> Kurz: $\frac{a}{b} < 1$, wenn $a < b$; $\frac{a}{b} > 1$, wenn $a > b$ und $\frac{a}{b} = 1$, wenn $a = b$.

Gibt es ein Merkmal für den Vergleich von Bruchteilen, die durch zählergleiche Brüche beschrieben werden?

Wir betrachten dazu die Bruchteile in Bild 6.8, deren Brüche alle den gleichen Zähler 2 haben.

Wir können ablesen: $\frac{2}{3} > \frac{2}{4} > \frac{2}{5} > \frac{2}{6}$.

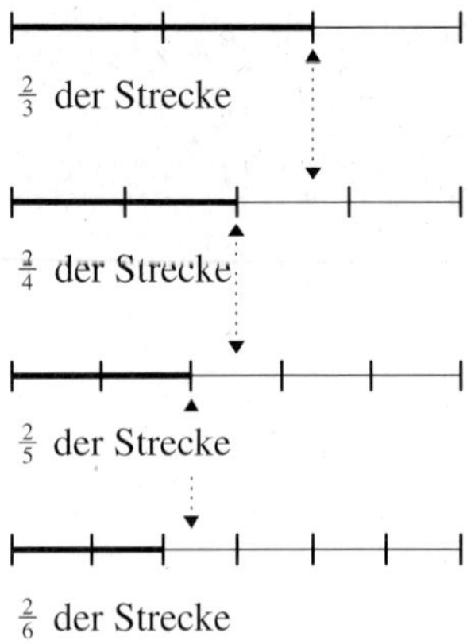

Bild 6.8

Allgemein gilt folgende Regel:

Merke
Von zwei zählergleichen Brüchen bezeichnet derjenige den kleineren Bruchteil, der den größeren Nenner hat.

Mithilfe aller gewonnenen Regeln kannst du jetzt Bruchteile ordnen:

Beispiel 3

Die Bruchteile $\frac{1}{3}$, $\frac{3}{2}$, $\frac{3}{4}$, $\frac{2}{3}$ und $\frac{1}{5}$ sind nach ihrer Größe zu ordnen.

Es gilt $\frac{1}{5} < \frac{1}{3}$ (zählergleich und $5 > 3$), $\frac{1}{3} < \frac{2}{3}$ (nennergleich und $1 < 2$),

$\frac{2}{3} < \frac{3}{4}$ (denn $\frac{2}{3} \overset{4}{=} \frac{8}{12}$ und $\frac{3}{4} \overset{3}{=} \frac{9}{12}$) und $\frac{3}{4} < \frac{3}{2}$ (denn $\frac{3}{4} < 1 < \frac{3}{2}$).

Insgesamt erhalten wir folgende **Kleinerkette**: $\frac{1}{5} < \frac{1}{3} < \frac{2}{3} < \frac{3}{4} < \frac{3}{2}$.

6.7 Addieren und Subtrahieren

Max und Tom haben ihrer Oma im Garten geholfen und bekommen von ihr eine Tafel Schokolade geschenkt (Bild 6.9).

Bild 6.9

Max nascht $\frac{3}{16}$ der Tafel, Tom $\frac{5}{16}$ davon.

Wie du aus Bild 6.9 ablesen kannst, sind dies zusammen: $\frac{3}{16}$ Tafel + $\frac{5}{16}$ Tafel = $\frac{8}{16}$ Tafel = $\frac{1}{2}$ Tafel.

Von der übriggebliebenen $\frac{1}{2}$ Tafel erbettelt sich ihre kleine Schwester Ida noch ein Stückchen.

Du kannst abzählen, wie viel von der Tafel übrig bleibt:

$\frac{1}{2}$ Tafel − $\frac{1}{16}$ Tafel = $\frac{8}{16}$ Tafel − $\frac{1}{16}$ Tafel = $\frac{7}{16}$ Tafel.

Wir schreiben die Rechnungen nochmals, aber nur noch mit den Brüchen, auf:

$$\frac{3}{16}+\frac{5}{16}=\frac{8}{16}\underset{8}{=}\frac{1}{2} \quad \text{sowie} \quad \frac{1}{2}-\frac{1}{16}=\frac{8}{16}-\frac{1}{16}=\frac{7}{16}\,.$$

Für die Addition und Subtraktion gleichnamiger Brüche erkennst du die Regel:

> **Merke**
> Gleichnamige Brüche werden addiert (subtrahiert), indem du die Zähler addierst (subtrahierst) und den Nenner beibehältst.

Beispiel 1

a) $\frac{3}{7}+\frac{2}{7}=\frac{3+2}{7}=\frac{5}{7}$

b) $\frac{7}{9}-\frac{4}{9}=\frac{7-4}{9}=\frac{3}{9}\underset{3}{=}\frac{1}{3}$ (vergiss nicht zu kürzen!)

Addiere und subtrahiere Brüche, die verschiedene Nenner haben, nachdem du sie gleichnamig gemacht hast:

> **Merke**
> Ungleichnamige Brüche werden addiert (subtrahiert), indem du sie gleichnamig machst und dann addierst (subtrahierst).

Beispiel 2

a) $\frac{1}{4}+\frac{1}{2} \underset{\text{Brüche gleichnamig machen}}{=} \frac{1}{4}+\frac{2}{4}=\frac{1+2}{4}=\frac{3}{4}$

b) $\frac{2}{3}-\frac{3}{5} \underset{\text{Brüche gleichnamig machen}}{=} \frac{10}{15}-\frac{9}{15}=\frac{10-9}{15}=\frac{1}{15}$

6.8 Bruchteile von Bruchteilen

Betrachte die Figuren in Bild 6.10.

Von dem Kreis ist die Hälfte seiner Fläche mit einer Linie fett umrandet und ein Drittel von dieser umrandeten Fläche grau gefärbt.

Auf den Kreis bezogen ist also $\frac{1}{3}$ **von** $\frac{1}{2}$ **seiner Fläche** grau gefärbt. Dies ist $\frac{1}{6}$ der Kreisfläche.

Von dem Rechteck sind vier Fünftel seiner Fläche mit einer Linie fett umrandet und zwei Drittel von dieser umrandeten Fläche grau gefärbt.

Auf das Rechteck bezogen sind also $\frac{2}{3}$ **von** $\frac{4}{5}$ **seiner Fläche** grau gefärbt. Dies sind $\frac{8}{15}$ der Rechteckfläche.

Die grau gefärbten Flächen stellen **Bruchteile von Bruchteilen** der entsprechenden Figuren dar.

Das folgende Beispiel beschäftigt sich mit Bruchteilen von Bruchteilen bei Größen:

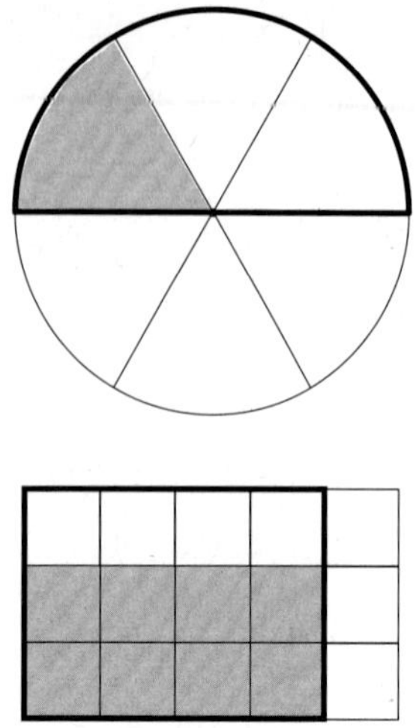

Bild 6.10

Beispiel 1

a) $\frac{1}{5}$ von $\frac{1}{2}$ m $= \frac{1}{5}$ von 50 cm $=$ 10 cm $= \frac{1}{10}$ m $= \frac{1 \cdot 1}{5 \cdot 2}$ m

b) $\frac{3}{4}$ von $\frac{3}{5}$ kg $= \frac{3}{4}$ von 600 g $=$ 450 g $= \frac{9}{20}$ kg $= \frac{3 \cdot 3}{4 \cdot 5}$ kg

Mithilfe der vorherigen Beispiele lässt sich folgende Regel vermuten:

Merke

Ein Bruchteil eines Bruchteils eines Ganzen oder einer Gesamtheit wird berechnet, indem wir Zähler mit Zähler und Nenner mit Nenner multiplizieren.

Mithilfe der Regel kannst du Bruchteile von Bruchteilen leicht berechnen:

Beispiel 2

a) $\frac{5}{8}$ von $\frac{4}{5}$ h $= \frac{5 \cdot 4}{8 \cdot 5}$ h $= \frac{20}{40}$ h $\underset{\text{kürzen}}{=} \frac{1}{2}$ h $=$ 30 min

b) $\frac{3}{4}$ von $\frac{5}{3}$ km $= \frac{3 \cdot 5}{4 \cdot 3}$ km $= \frac{15}{12}$ km $\underset{\text{kürzen}}{=} \frac{5}{4}$ km $=$ 1250 m

6.9 Kreisdiagramme

Von den Schülern eines Gymnasiums kommen morgens 20% zu Fuß, 10% mit dem Rad, 30% mit dem Auto und 40% mit Bus oder Bahn zur Schule.

Im nebenstehenden **Kreisdiagramm** sind die Anteile veranschaulicht (Bild 6.11 a).

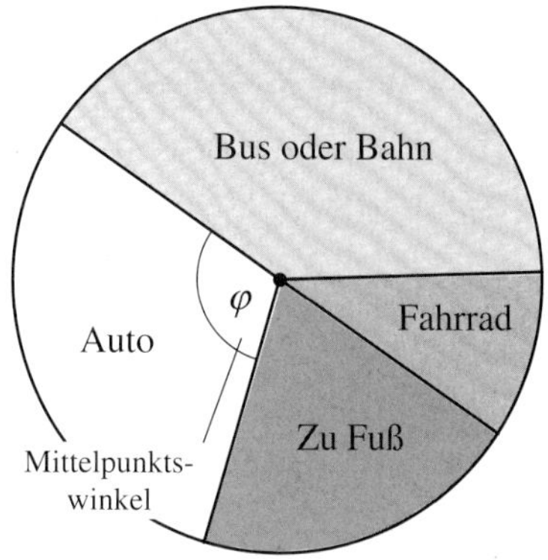

Bild 6.11 a

Jeder Prozentangabe entspricht in diesem Diagramm ein bestimmter Kreissektor. Je größer der dargestellte Prozentanteil ist, umso größer ist der entsprechende Kreissektor.

Die Größe des Kreissektors kann über den Winkel $\sphericalangle\,\varphi$ zwischen den beiden Radien, die den Sektor begrenzen, beschrieben werden. Dieser Winkel heißt **Mittelpunktswinkel** des Kreissektors.

Wie erhalten wir nun die entsprechenden Maße der Mittelpunktswinkel?

In unserem Kreisdiagramm zu den benutzten Verkehrsmittel der Schüler wird die Gesamtheit der Schüler, also 100%, durch den gesamten Kreis dargestellt. Dieser Prozentangabe entspricht der Vollwinkel mit dem Maß 360°.

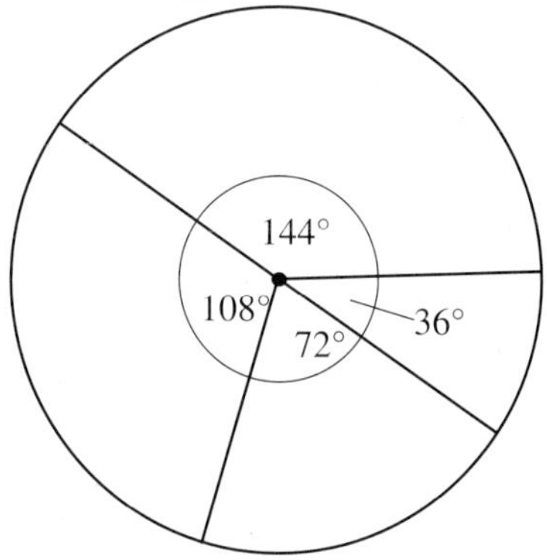

Bild 6.11 b

Mit dem Fahrrad kommen 10% zur Schule. Diesem Prozentsatz entspricht ein Kreissektor, dessen Mittelpunktswinkelmaß 10% von 360°, also 36° entspricht.

20% der Schüler werden durch einen Kreissektor, dessen Mittelpunktswinkelmaß 20% von 360°, also 72° entspricht, veranschaulicht usw. Bild 6.11 b zeigt nun das Kreisdiagramm nur mit Maßen der Mittelpunktswinkel.

Damit die Prozentanteile durch Kreissektoren entsprechender Größe dargestellt sind, gilt allgemein für Kreisdiagramme:

Merke

In Kreisdiagrammen werden $p\,\%$ einer Größe oder Gesamtheit durch einen Kreissektor mit dem Mittelpunktswinkel mit dem Maß $p\,\%$ von 360° dargestellt.

Ein Kreisdiagramm ist dann sinnvoll, wenn Anteile an einem Ganzen so veranschaulicht werden sollen, dass ein schneller Größenvergleich möglich wird.

Beispiel

In einem Sportverein spielen 50 % der Mitglieder Fußball, 35 % Handball und 15 % Volleyball.

Wir wollen die Anteile der Sportarten an der Gesamtmitgliederzahl mit einem Kreisdiagramm veranschaulichen.

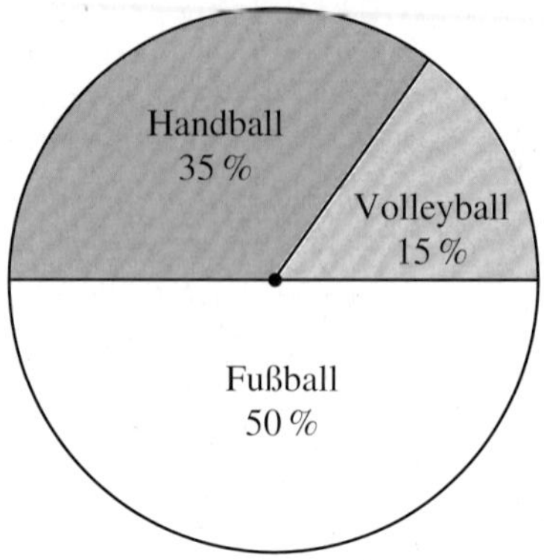

Bild 6.12

Dazu bestimmen wir zunächst die Maße der Mittelpunktswinkel der entsprechenden Kreissektoren:

Einem Mitgliederanteil von 50 % entsprechen 50 % von 360°, also 180°.

Einem Mitgliederanteil von 35 % entsprechen 35 % von 360°.

Wir rechnen: 35 % von $360° = (360° : 100) \cdot 35 = 3{,}6° \cdot 35 = 126°$.

Einem Mitgliederanteil von 15 % entsprechen 15 % von 360°, also 54°.

Wir rechnen: 15 % von $360° = (360° : 100) \cdot 15 = 3{,}6° \cdot 15 = 54°$.

Nun zeichnen wir für unser Diagramm einen Kreis mit genügend großem Radius und teilen ihn mit den berechneten Maßen der Mittelpunktswinkel in die entsprechenden Sektoren auf (Bild 6.12).

☞ Eine Hilfe beim Erstellen von Kreisdiagrammen ist folgende Tabelle, die zu gängigen Prozentangaben die zugehörenden Mittelpunktswinkelmaße enthält.

p %	1 %	5 %	10 %	25 %	30 %	50 %	75 %	100 %
φ	3,6°	18°	36°	90°	108°	180°	270°	360°

7

Flächeninhalt

Familie Becker will einen Garten pachten. Es stehen zwei Gärten zum gleichen Preis zur Auswahl. Man möchte den größeren der beiden Gärten nehmen. Der Besitzer der beiden Gärten sendet der Familie einen maßgetreuen Lageplan (Bild 7.1).

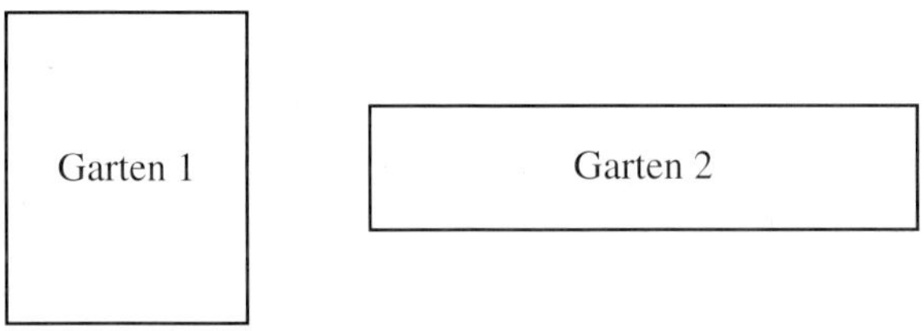

Bild 7.1

Man sieht, Garten 1 ist etwas länger als Garten 2, dafür ist aber Garten 2 breiter als Garten 1. Welcher ist nun der größere Garten?

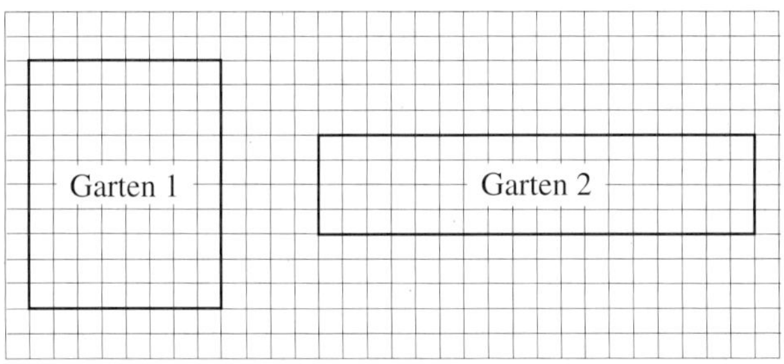

Bild 7.2

Man überlegt lange hin und her, bis Sohn Stefan schließlich eine Idee hat. Er paust die beiden Rechtecke auf ein Blatt mit Rechenkästchen (Bild 7.2).

Weißt du wie Stefan jetzt weiter vorgeht? Klar doch. Er zählt die Kästchen, die in jedem Rechteck liegen und stellt fest:

Im Rechteck 1 liegen 80 Kästchen und im Rechteck 2 liegen 72 Kästchen. Also ist Garten 1 der größere der beiden Gärten.

7.1 Definition des Flächeninhalts

Wir wollen die oben beschriebene Vorgehensweise jetzt genauer betrachten.

Stefan hat die beiden gegebenen Flächen mit der **Maßeinheit** „ein Rechenkästchen" gemessen. Dabei hat er die **Maßzahlen** 80 und 72 erhalten.

Allgemein gilt:

> **Merke**
> Man misst den Flächeninhalt einer Fläche, indem man zählt, wie oft die Maßeinheit in der zu messenden Fläche enthalten ist.

Für das Messen von Flächen ist die Maßeinheit „ein Rechenkästchen" zwar möglich, aber ungebräuchlich.

Gebräuchlich als Einheit ist der Flächeninhalt eines Quadrates mit der Seitenlänge 1 m.

> **Definition 7.1**
> Die Einheit des Flächeninhaltes heißt **1 Quadratmeter** (Abkürzung: $\mathbf{m^2}$).
> $1\,m^2$ ist der Flächeninhalt eines Quadrates mit der Seitenlänge 1 m.

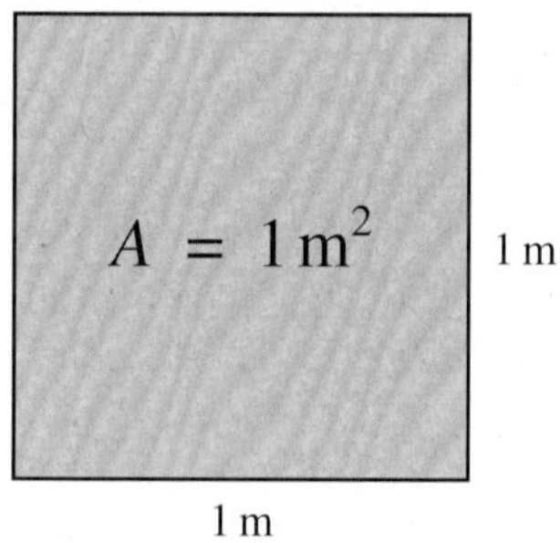

Bild 7.3

Das Quadrat in Bild 7.3 hat die Seitenlänge 1 m und somit gemäß Definition 7.1 den Flächeninhalt $1\,m^2$.

Da allgemein als Formelbuchstabe für den Flächeninhalt das „*A*" festgelegt ist, gilt: $A = 1\,m^2$.

Weiterhin ist festgelegt:

> **Definition 7.2**
> Das Quadrat mit der Seitenlänge 1cm heißt **Einheitsquadrat** (Bild 7.4).
> Der Flächeninhalt des Einheitsquadrates heißt **1 Quadratzentimeter** (Abkürzung: $\mathbf{cm^2}$).

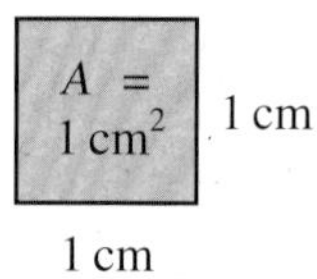

Bild 7.4

Wir berechnen nun den Flächeninhalt einer rechteckigen Zimmerdecke mit den Seitenlängen 6 m und 4 m, die mit blauer Farbe gestrichen werden soll.

Wir müssen abzählen, wie oft die Einheit $1\,\text{m}^2$ in der Fläche enthalten ist.

Der Zählprozess lässt sich folgendermaßen vereinfachen:

– Man zerlegt die Fläche des Rechtecks in 4 Streifen, die je 1 m breit sind.

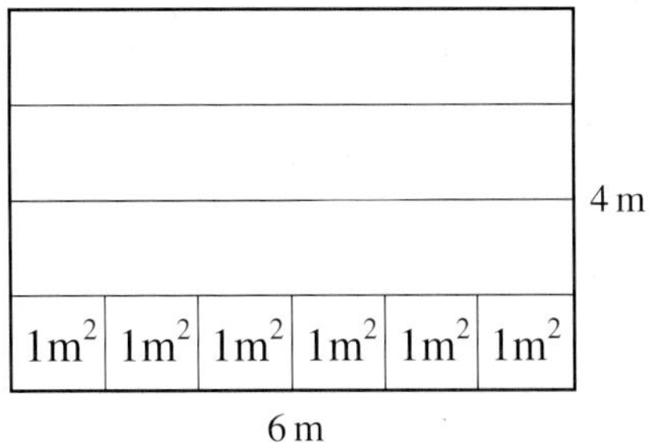

Bild 7.5

– In jeden Streifen passen 6 Flächeneinheiten (Bild 7.5).

Daher passen in das Rechteck $4 \cdot 6$ Flächeneinheiten. Das Rechteck hat also den Flächeninhalt $(6 \cdot 4) \cdot 1\,\text{m}^2 = 24\,\text{m}^2$.

Man braucht also für $24\,\text{m}^2$ blaue Farbe.

Jetzt berechnen wir allgemein den Flächeninhalt eines Rechtecks mit den Seitenlängen a und b (Bild 7.6).

Dazu zerlegen wir die Fläche des Rechtecks wiederum in Streifen der Breite 1 m. Da das Rechteck die Seitenlänge b hat, passen b Streifen in das Rechteck.

Die andere Seitenlänge des Rechtecks ist a; also passen in einen Streifen a Flächeneinheiten.

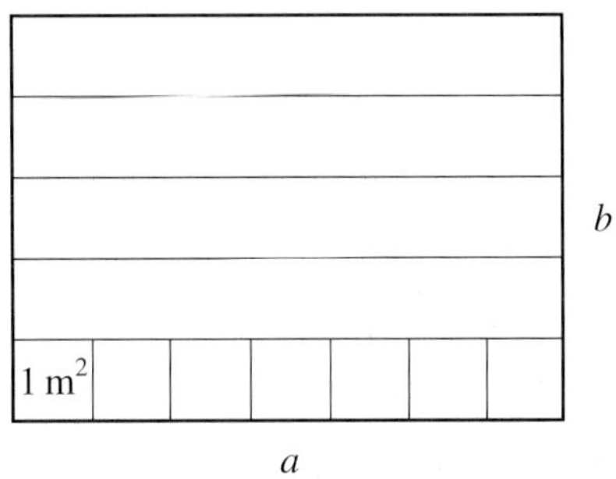

Bild 7.6

Insgesamt sind dann $a \cdot b$ Flächeneinheiten in dem Rechteck enthalten.

Der Flächeninhalt des Rechtecks ist demnach $A = a \cdot b$.

Allgemein gilt:

Merke
Ein Rechteck mit den Seitenlängen a und b hat den Flächeninhalt $A = a \cdot b$.

Für den Inhalt eines Quadrates folgt daraus unmittelbar:

Merke
Ein Quadrat mit der Seitenlänge a hat den Flächeninhalt $A = a \cdot a = a^2$.

Beispiel 1

Ein Rechteck hat die Seitenlängen $a = 12\,\text{m}$ und $b = 8\,\text{m}$. Wir berechnen seinen Flächeninhalt A.

Für den Flächeninhalt gilt: $A = a \cdot b \underset{\text{Einsetzen}}{=} 12\,\text{m} \cdot 8\,\text{m} = 96\,\text{m}^2$.

Das Rechteck hat einen Flächeninhalt von $96\,\text{m}^2$.

Beispiel 2

Ein Quadrat hat die Seitenlänge $a = 13\,\text{cm}$. Wir berechnen seinen Flächeninhalt A.

Für den Flächeninhalt gilt: $A = a^2 \underset{\text{Einsetzen}}{=} (13\,\text{cm})^2 = 13\,\text{cm} \cdot 13\,\text{cm} = 169\,\text{cm}^2$.

Das Quadrat hat einen Flächeninhalt von $169\,\text{cm}^2$.

☞ Beachte den Unterschied zwischen $13\,\text{cm}^2$ und $(13\,\text{cm})^2$.
Es gilt nämlich: $(13\,\text{cm})^2 = 13\,\text{cm} \cdot 13\,\text{cm} = 169\,\text{cm}^2$.

Beispiel 3

Ein Rechteck hat den Flächeninhalt $A = 276\,\text{m}^2$ und die Seitenlänge $a = 23\,\text{m}$. Wir berechnen die andere Seitenlänge b.

Für den Flächeninhalt des Rechtecks gilt: $A = a \cdot b$. Wir setzen zunächst die gegebenen Stücke in die Formel ein und lösen dann die entstehende Gleichung nach der Variablen b auf.

$$
\begin{aligned}
A &= a \cdot b && \text{(Gegebene Stücke einsetzen)} \\
276\,\text{m}^2 &= 23\,\text{m} \cdot b && \big|\, : 23\,\text{m} \\
276\,\text{m}^2 : 23\,\text{m} &= b && \text{(Linke Seite ausrechnen)} \\
12\,\text{m} &= b && \text{(Seiten vertauschen)} \\
b &= 12\,\text{m}
\end{aligned}
$$

Die andere Seitenlänge des Rechtecks ist also $12\,\text{m}$.

7.2 Flächeneinheiten

Willst du z.B. den Flächeninhalt einer Briefmarke berechnen, so stellst du leicht fest, dass die Einheit $1\,m^2$ unpraktisch ist. Man hat daher, wie schon bei der Längeneinheit 1 m, Untereinheiten der Flächeneinheit $1\,m^2$ eingeführt.
Betrachten wir dazu ein Quadrat mit der Seitenlänge 1 m, also dem Flächeninhalt $1\,m^2$ (Bild 7.7a). Wir teilen es in 10 gleiche Streifen der Breite 1 dm und jeden dieser Streifen in 10 gleiche Abschnitte der Breite 1 dm.
Zählt man nun die so entstandenen Quadrate mit dem Flächeninhalt $1\,dm^2$, so ergibt sich die Zahl 100. **Es ist also $1\,m^2 = 100\,dm^2$.**

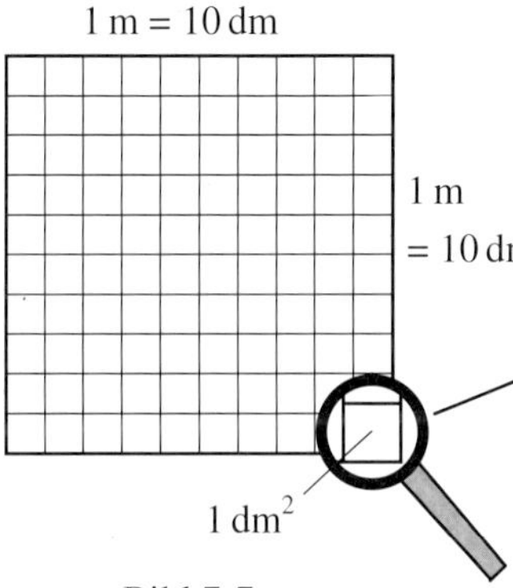

Bild 7.7a

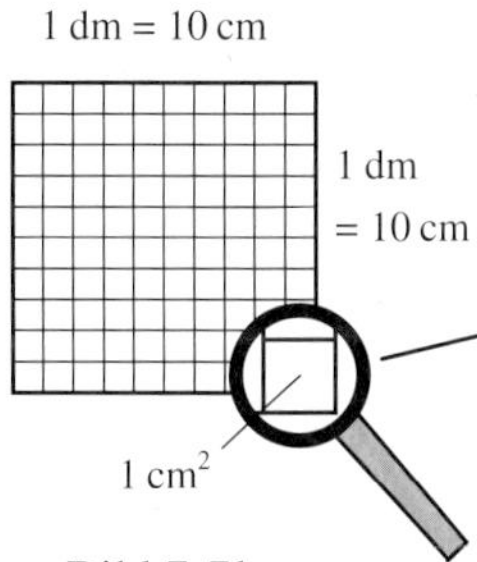

Bild 7.7b

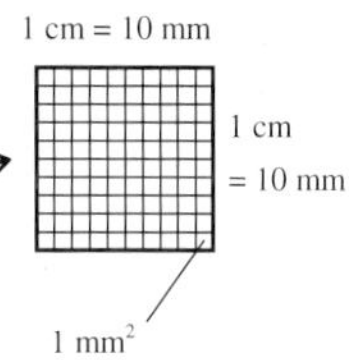

Bild 7.7c

Ein Quadrat mit der Seitenlänge 1 dm kann in 10 gleiche Streifen der Breite 1 cm und jeder dieser Streifen in 10 gleiche Abschnitte der Breite 1 cm unterteilt werden (Bild 7.7b).
Zählt man nun die so entstandenen Quadrate mit dem Flächeninhalt $1\,cm^2$, so ergibt sich auch die Zahl 100. **Es ist also $1\,dm^2 = 100\,cm^2$.**

Ein Quadrat mit der Seitenlänge 1 cm kann genauso unterteilt werden, aber in 10 gleiche Streifen und Abschnitte der Breite 1 mm (Bild 7.7c).
Zählt man nun die so entstandenen Quadrate mit dem Flächeninhalt $1\,mm^2$, so ergibt sich wieder die Zahl 100. **Es ist also $1\,cm^2 = 100\,mm^2$.**

Somit gilt:

$$\begin{aligned} \mathbf{1\,m^2} &= \mathbf{100\,dm^2} \\ &= 100 \cdot \underbrace{1\,dm^2}_{=100\,cm^2} = 100 \cdot 100\,cm^2 = \mathbf{10\,000\,cm^2} \\ &= 10\,000 \cdot \underbrace{1\,cm^2}_{=100\,mm^2} = 10\,000 \cdot 100\,mm^2 = \mathbf{1\,000\,000\,mm^2}. \end{aligned}$$

Entsprechend wurden auch Obereinheiten eingeführt.

Ein Quadrat mit der Seitenlänge 10 m hat den Flächeninhalt $100\,m^2$.
Statt $100\,m^2$ schreibt man auch **1 a** (a ist die Abkürzung für **Ar**).

Ein Quadrat mit der Seitenlänge 100 m hat den Flächeninhalt 10000 m².
Statt 10000 m² schreibt man auch **1 ha** (ha ist die Abkürzung für **Hektar**).

Ein Quadrat mit der Seitenlänge 1000 m hat den Flächeninhalt 1000000 m².
Statt 1000000 m² schreibt man auch **1 km²**.

Merke
Unterteilt man die Grundeinheit Quadratmeter in 100, 10000 bzw. 1000000 flächengleiche Teile, erhält man die Untereinheiten **Quadratdezimeter** (**dm²**), **Quadratzentimeter** (**cm²**) und **Quadratmillimeter** (**mm²**).
Es gilt: $1\,m^2 = 100\,dm^2$; $1\,m^2 = 10000\,cm^2$; $1\,m^2 = 1000000\,mm^2$.
Daraus ergibt sich: $1\,m^2 = 100\,dm^2$; $1\,dm^2 = 100\,cm^2$; $1\,cm^2 = 100\,mm^2$.

Durch Vervielfachung der Grundeinheit Quadratmeter mit den Faktoren 100, 10000 und 1000000 erhält man die Obereinheiten **Ar** (**a**), **Hektar** (**ha**) und **Quadratkilometer** (**km²**).
Es gilt: $100\,m^2 = 1\,a$; $10000\,m^2 = 1\,ha$; $1000000\,m^2 = 1\,km^2$.
Daraus ergibt sich: $1\,km^2 = 100\,ha$; $1\,ha = 100\,a$; $1\,a = 100\,m^2$.

Das 100fache einer Einheit ergibt jeweils die nächstgrößere Einheit. Der 100te Teil einer Einheit ergibt jeweils die nächstkleinere Einheit.

Einen Überblick zeigt folgende Tabelle:

	:100 →		:100 →		:100 →		:100 →		:100 →		:100 →	
1 km²		1 ha		1 a		**1 m²**		1 dm²		1 cm²		1 mm²
	← ·100		← ·100		← ·100		← ·100		← ·100		← ·100	

Was bedeuten in dieser Tabelle die Zeichen $\overleftarrow{\cdot 100}$ und $\overrightarrow{:100}$?
Sie bedeuten z.B. „Das 100fache von 1m² ist 1 a“ bzw. „Der 100te Teil (ein Hundertstel) von 1 m² ist 1 dm²“.

Achtung: In diesem Diagramm wird also **keine Umwandlungsregel** zwischen Ober- und Untereinheiten bei Flächeninhalten verdeutlicht.

Es gilt allgemein folgende Umwandlungsregel:

Umwandlungsregel für Flächenangaben
Eine Flächenangabe wird **in die nächste Untereinheit** umgewandelt, indem man **die Maßzahl mit 100 multipliziert**.
Eine Flächenangabe wird **in die nächste Obereinheit** umgewandelt, indem man **die Maßzahl durch 100 dividiert**.

Beispiel
a) $5\,a = 500\,m^2 = 50000\,dm^2$ b) $700000\,m^2 = 7000\,a = 70\,ha$

7.3 Dezimale Schreibweise

Jede Flächeninhaltsangabe ist auch mit der dezimalen Schreibweise (Kommaschreibweise) darstellbar. Mithilfe der folgenden Tabelle kann die dezimale Schreibweise eingeübt werden.

Einheit	km^2		ha		a		m^2		dm^2		cm^2		mm^2	
	Z	E	Z	E	Z	E	Z	E	Z	E	Z	E	Z	E
Beispiel a)			3	2	7	1	6	0						
Beispiel b)							8	1	9	4	0	5		
Beispiel c)	4	5	0	2	0	7								

Beispiel 1

a) $32\,\text{ha}\ 71\,\text{a}\ 60\,\text{m}^2 = 32{,}716\,\text{ha} = 3271{,}6\,\text{a} = 327\,160\,\text{m}^2$ oder

$32\,\text{ha}\ 71\,\text{a}\ 60\,\text{m}^2 = 32{,}716\,\text{ha} = 0{,}32716\,\text{km}^2$

b) $81\,\text{m}^2\ 94\,\text{dm}^2\ 5\,\text{cm}^2 = 81{,}9405\,\text{m}^2 = 8194{,}05\,\text{dm}^2 = 819\,405\,\text{cm}^2$ oder

$81\,\text{m}^2\ 94\,\text{dm}^2\ 5\,\text{cm}^2 = 81{,}9405\,\text{m}^2 = 0{,}819405\,\text{a} = 0{,}00819405\,\text{ha}$

c) $45\,\text{km}^2\ 2\,\text{ha}\ 7\,\text{a} = 45{,}0207\,\text{km}^2 = 4502{,}07\,\text{ha} = 450\,207\,\text{a}$

Für Einheitsumwandlungen mit der Kommaschreibweise gilt allgemein folgende Regel:

Kommaverschiebungsregel für Flächeninhaltsangaben

Flächeninhaltsangaben in dezimaler Schreibweise wandelt man **in die nächste Untereinheit** um, indem man das Komma **um zwei Stellen nach rechts** verschiebt.
Flächeninhaltsangaben in dezimaler Schreibweise wandelt man **in die nächste Obereinheit** um, indem man das Komma **um zwei Stellen nach links** verschiebt.
Fehlende Stellen werden dabei jeweils durch Nullen ergänzt.

Beispiel 2

a) Wir verwandeln in die nächste Obereinheit:
$538{,}4\,\text{m}^2 = 5{,}384\,\text{a}$, $750\,\text{mm}^2 = 7{,}5\,\text{cm}^2$, $29\,\text{ha} = 0{,}29\,\text{km}^2$.

b) Wir verwandeln in die nächste Untereinheit:
$1{,}4\,\text{a} = 140\,\text{m}^2$, $0{,}0822\,\text{km}^2 = 8{,}22\,\text{ha}$, $670\,\text{dm}^2 = 67\,000\,\text{cm}^2$.

c) Wir wählen die Maßeinheit so, dass kein Komma mehr vorkommt:
$9{,}08\,\text{cm}^2 = 908\,\text{mm}^2$, $7{,}353\,\text{ha} = 73\,530\,\text{m}^2$, $0{,}00046\,\text{a} = 460\,\text{cm}^2$.

7.4 Berechnungen am Rechteck

Für Maßberechnungen im Zusammenhang mit Rechtecken stehen uns aus den Abschnitten 5.7 und 7.1 folgende Formeln zur Verfügung:

Merke
Ein Rechteck mit den Seitenlängen a und b hat den Umfang $U = 2(a+b)$ und den Flächeninhalt $A = a \cdot b$.

Beispiel 1
Ein Rechteck hat die Seitenlängen $a = 15\,\text{cm}$ und $b = 12\,\text{cm}$. Wir berechnen seinen Umfang U und seinen Flächeninhalt A.

Für den Umfang gilt: $U = 2(a+b) = 2 \cdot (15\text{ cm} + 12\text{ cm}) = 2 \cdot 27\text{ cm} = 54\text{ cm}$.

Für den Flächeninhalt gilt: $A = a \cdot b = 15\,\text{cm} \cdot 12\,\text{cm} = 180\,\text{cm}^2 = 1{,}8\,\text{dm}^2$.

Das Rechteck hat einen Umfang von 54 cm und einen Flächeninhalt von $1{,}8\,\text{dm}^2$.

Kennt man von einem Rechteck den Flächeninhalt und eine Seitenlänge, so lässt sich die andere Seitenlänge berechnen.

Beispiel 2
Ein Rechteck hat den Flächeninhalt $A = 2{,}7\,\text{a}$ und die Seitenlänge $a = 18\,\text{m}$. Wir berechnen die andere Seitenlänge b.

Wir benutzen die Formel $A = a \cdot b$, setzen die gegebenen Stücke ein und lösen dann die entstehende Gleichung nach der Variablen b auf.

$$
\begin{aligned}
A &= a \cdot b && \text{(Gegebene Stücke einsetzen)}\\
2{,}7\,\text{a} &= 18\,\text{m} \cdot b && \big|:18\,\text{m}\\
2{,}7\,\text{a} : 18\,\text{m} &= b && \text{(Einheit anpassen)}\\
270\,\text{m}^2 : 18\,\text{m} &= b && \text{(Linke Seite ausrechnen)}\\
15\,\text{m} &= b && \text{(Seiten vertauschen)}\\
b &= 15\,\text{m}
\end{aligned}
$$

Die andere Seitenlänge des Rechtecks ist also 15 m.

Wir können auch den Flächeninhalt geeigneter zusammengesetzter Flächen berechnen.

Beispiel 3

Wir berechnen den Inhalt der Fläche, die durch die Planskizze in Bild 7.8 dargestellt ist.

Wie du der Skizze entnimmst, setzt sich die Fläche aus zwei Rechtecken zusammen. Ihr Flächeninhalt A berechnet sich damit als die Summe der Flächeninhalte der beiden Rechtecke.

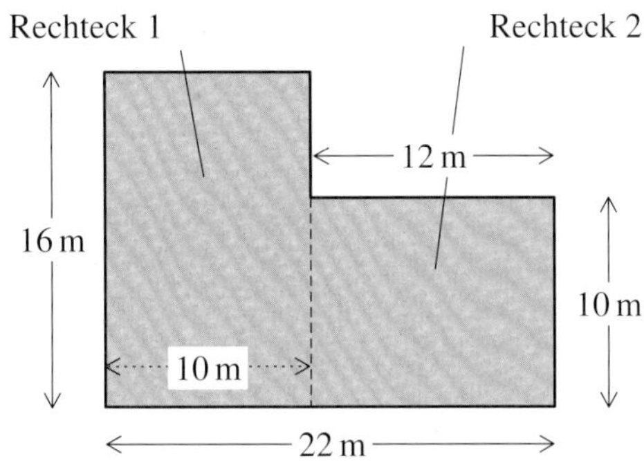

Bild 7.8

Flächeninhalt von Rechteck 1:
$A_1 = 16\,\mathrm{m} \cdot 10\,\mathrm{m} = 160\,\mathrm{m}^2$.

Flächeninhalt von Rechteck 2: $A_2 = 12\,\mathrm{m} \cdot 10\,\mathrm{m} = 120\,\mathrm{m}^2$.

Inhalt der Gesamtfläche: $A = A_1 + A_2 = 160\,\mathrm{m}^2 + 120\,\mathrm{m}^2 = 280\,\mathrm{m}^2$.

7.5 Kreisfläche (fakultativ)

Gärtnerei Pötschke soll eine rechteckige und eine kreisförmige Rasenfläche anlegen (Bild 7.9). Für welche Fläche wird mehr Samen benötigt?

Um die Frage zu beantworten, muss es uns zuerst gelingen, den Flächeninhalt von Kreisen zu messen.

Da sich der Kreis nicht vollständig mit Einheitsquadraten auslegen lässt, müssen wir anders vorgehen.

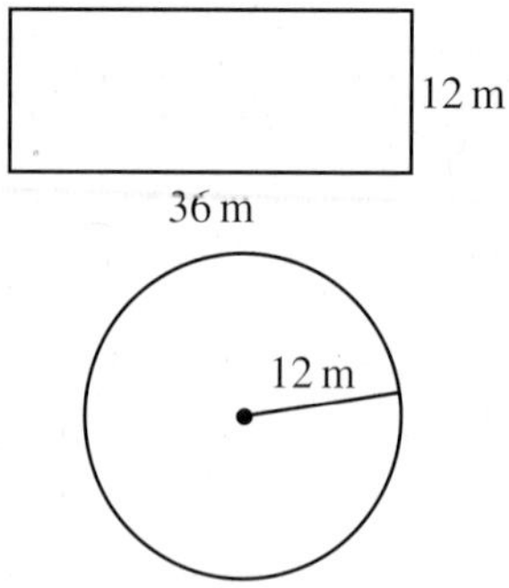

Bild 7.9

Wir teilen dazu nach der **Kuchenmethode** die **Kreisscheibe** mit dem Radius r und dem Umfang U in 8 deckungsgleiche Kreisausschnitte (Bild 7.10).

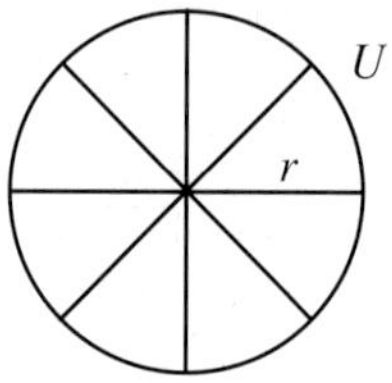

Bild 7.10

Anschließend werden die Kreisausschnitte dann wie in Bild 7.11 neu zusammengefügt.

Die entstandene Figur hat den gleichen Flächeninhalt wie der ursprüngliche Kreis.

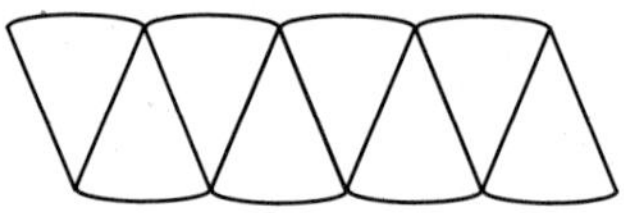
Bild 7.11

Wir sehen weiter, dass der Flächeninhalt dieser neuen Figur ungefähr so groß wie der Flächeninhalt des Rechtecks *ABCD* in Bild 7.12 ist.

Die eine Seite dieses Rechtecks ist halb so lang wie der Kreisumfang, also $U:2$, die andere Seite hat die Länge r.

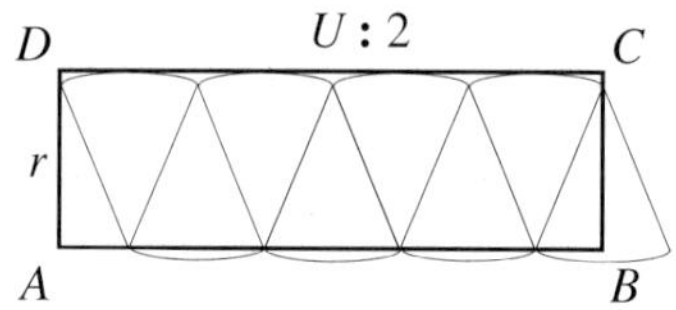

Bild 7.12

Für den Flächeninhalt dieses Rechtecks gilt also:

$$A_{\text{Rechteck}} \approx (U:2)\cdot r = (2\pi r:2)\cdot r$$
$$= \pi r \cdot r = \pi r^2 .$$

Teilt man die Kreisscheibe nach der Kuchenmethode statt in 8, in 16, 32, 64 usw. Kreisausschnitte, so sieht man immer besser, dass der Flächeninhalt der entsprechenden Figur aus Bild 7.11 genau so groß wie der Flächeninhalt des Rechtecks aus Bild 7.12 ist.

Abschließend kann man sagen:

Wählt man für den Flächeninhalt des Kreises die Formelvariable A, so ergibt sich als Formel für den Kreisinhalt: $A = \pi r^2$.

> **Merke**
> Ein Kreis mit dem Radius r hat den Flächeninhalt $A = \pi r^2$.

Nun können wir die Ausgangsfrage beantworten.

Für den Inhalt der rechteckigen Rasenfläche gilt: $A_1 = 36\text{ m} \cdot 12\text{ m} = 432\text{ m}^2$.

Mithilfe der neuen Formel berechnen wir den Inhalt der kreisförmigen Rasenfläche, die den Radius 12 m hat:

$$A_2 = \pi r^2 \underset{\text{Einsetzen}}{=} \pi \cdot (12\text{ m})^2 \approx 3{,}14 \cdot 144\text{ m}^2 = 452{,}16\text{ m}^2.$$

Für die kreisförmige Rasenfläche wird also mehr Samen benötigt.

Nebenrechnung

3,	1	4	·	1	4	4	
	3	1	4				
	1	2	5	6			
		1	2	5	6		
	4	5	2,	1	6		

Beispiel

Ein Kreis hat den Radius $r = 5\,\text{cm}$.

Wir berechnen seinen Umfang und seinen Flächeninhalt.

Für den Umfang gilt: $U = 2\pi r = 2\pi \cdot 5\,\text{cm} = 10\pi\,\text{cm} \approx 10 \cdot 3{,}14\,\text{cm} = 31{,}4\,\text{cm}$.

Für den Flächeninhalt gilt:

$$A = \pi r^2 \underset{\text{Einsetzen}}{=} \pi \cdot (5\,\text{cm})^2 = \pi \cdot 25\,\text{cm}^2 = 25\pi\,\text{cm}^2$$
$$\approx 25 \cdot 3{,}14\,\text{cm}^2 \underset{\text{Nebenrechnung}}{=} 78{,}50\,\text{cm}^2.$$

Nebenrechnung

3,	1	4	·	2	5
		6	2	8	
		1	5	7	0
		7	8,	5	0

Der Kreis hat also einen Umfang von 31,4 cm und einen Inhalt von 78,5 cm².

8

Teilbarkeit der natürlichen Zahlen

Wir haben schon oft gesehen, dass Divisionen wie z.B. 18 : 5 nicht durchführbar sind. Wir haben dann gesagt: Diese Division „geht nicht auf" oder „18 ist nicht durch 5 teilbar".

In diesem Kapitel werden wir unter anderem Regeln kennen lernen, mit denen wir in vielen Fällen leicht entscheiden können, ob eine Zahl durch eine andere teilbar ist oder nicht.

8.1 Teiler und Vielfache

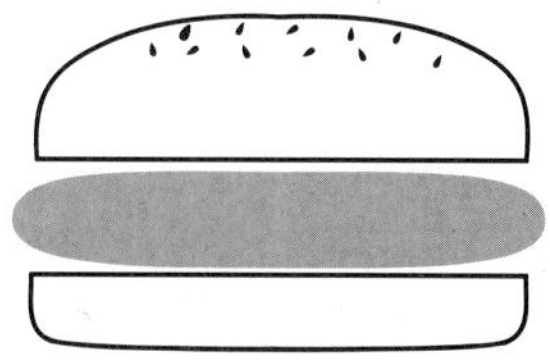

Von einem Partyservice werden für einen Kindergeburtstag 20 Hamburger für 10 Teilnehmer geliefert. 2 Kinder haben aber kurzfristig abgesagt.

Können die Hamburger trotzdem unter die verbleibenden 8 Kinder gerecht verteilt werden?

Natürlich siehst du sofort, dass dies nicht möglich ist, denn 8 ist **kein Teiler** von 20 (wir können 20 durch 8 **nicht** ohne Rest dividieren) und 20 ist damit auch **kein Vielfaches** von 8.

Hätte aber kein Kind abgesagt, hätte man die 20 Hamburger ohne Rest an die 10 Kinder gerecht verteilen können, denn $20:10=2$. Jedes Kind hätte dann 2 Hamburger erhalten. 10 ist ein **Teiler** von 20 bzw. 20 ist ein **Vielfaches** von 10.

Allgemein ist festgelegt:

Definition 8.1

Die Zahl a heißt **Teiler** der Zahl b, wenn man b durch a ohne Rest dividieren kann bzw. die Division $b:a$ aufgeht.

Die Zahl b heißt dann **Vielfaches** von a.

Für „a ist Teiler von b" schreibt man kurz $\boldsymbol{a \mid b}$ (lies: a **teilt** b).

Für „a ist nicht Teiler von b" schreibt man kurz $\boldsymbol{a \nmid b}$ (lies: a **teilt nicht** b).

Beispiel

a) 6 ist Teiler von 24, denn $24:6=\mathbf{4}$.

b) 56 ist durch 8 teilbar, denn $56:8=\mathbf{7}$.

c) 4 ist kein Teiler von 30, denn die Division $30:4$ geht nicht auf.

d) 18 ist ein Vielfaches von 3, denn $18=3\cdot\mathbf{6}$ bzw. $18:3=\mathbf{6}$.

e) 77 ist ein Vielfaches von 11, denn $77=11\cdot\mathbf{7}$ bzw. $77:11=\mathbf{7}$.

f) $1\,|\,0$, denn $0:1=\mathbf{0}$; $2\,|\,0$, denn $0:2=\mathbf{0}$; $3\,|\,0$, denn $0:3=\mathbf{0}$ usw.

Beispiel f) zeigt:

Merke
0 ist durch jede Zahl ungleich 0 teilbar.

In Abschnitt 1.7 hast du schon gelernt, dass man durch 0 nicht dividieren darf. Daraus ergibt sich:

Merke
0 selbst ist nie Teiler.

☞ Die Sprechweisen „*a* **ist Teiler von** *b*“, „*a* **teilt** *b*“, „*b* **ist durch** *a* **teilbar**“ und „*b* **ist Vielfaches von** *a*“ beschreiben den gleichen Sachverhalt.

Zur Teilbarkeit stellen sich nun folgende wichtige Fragen:

- Welche Teiler einer Zahl lassen sich unmittelbar angeben?
- Welche Zahlen kommen nicht als Teiler in Frage?
- Wie kann man aus bekannten Teilern weitere finden?
- Welche Teiler muss man kennen, um alle Teiler zu bestimmen?
- Wie viele Teiler hat eine Zahl insgesamt?

8.2 Teilermengen

Alle Teiler einer Zahl fasst man zu einer Menge zusammen:

Definition 8.2
Die Menge aller Teiler der Zahl a heißt **Teilermenge von *a***.
Sie wird mit ***T*(*a*)** bezeichnet (lies: T von a).

Beispiel 1
Wir bestimmen die Teilermengen der Zahlen 0 bis 11:

$T(0)=\{1,2,3,\ldots\}$, $T(1)=\{1\}$, $T(2)=\{1,2\}$,

$T(3)=\{1,3\}$, $T(4)=\{1,2,4\}$, $T(5)=\{1,5\}$,

$T(6)=\{1,2,3,6\}$, $T(7)=\{1,7\}$, $T(8)=\{1,2,4,8\}$,

$T(9)=\{1,3,9\}$, $T(10)=\{1,2,5,10\}$, $T(11)=\{1,11\}$.

Beim Vergleichen der Teilermengen im vorherigen Beispiel erkennen wir folgende Zusammenhänge:

Merke
(1) 1 ist Teiler jeder Zahl.
(2) Jede Zahl ungleich 0 ist Teiler von sich selbst.
(3) Jede Zahl ungleich 0 ist Teiler von 0.

Als Folgerung aus den beiden vorherigen Aussagen ergibt sich:

Merke
Jede Zahl a größer 1 hat mindestens zwei Teiler, nämlich 1 und sich selbst. Diese beiden Teiler heißen die **trivialen**[1] Teiler von a, alle weiteren Teiler heißen die **nichttrivialen** Teiler von a.

Beachte
Da die Zahl Null mit ihrer unendlichen Teilermenge eine Sonderstellung einnimmt, betrachten wir im Folgenden nur noch natürliche Zahlen außer Null; d.h. wenn von Zahlen die Rede ist, sind nur natürliche Zahlen ungleich null gemeint.

[1] trivialis (lat.), gewöhnlich, einfach

Da ein Teiler einer Zahl nie größer als die Zahl selbst sein kann, gilt weiterhin:

Merke
Jede Zahl b hat höchstens b Teiler.

Wir betrachten die Zahlen 5 und 50.

5 ist ein Teiler von 50, denn $50:5=\mathbf{10}$ bzw. $50=5\cdot\mathbf{10}$.

10 ist damit auch ein Teiler von 50, denn $50:10=5$ bzw. $50=10\cdot 5$.

Die Zahl 10 heißt **Ergänzungsteiler** zu 5.

Bezeichnung
Wenn $a\mid b$ mit $b=a\cdot\boldsymbol{c}$, dann gilt auch $c\mid b$. Die Zahl c heißt **Ergänzungsteiler** zu a.

Beispiel 2
3 ist Teiler von 27, denn $27=3\cdot\mathbf{9}$.
9 ist auch Teiler von 27 und Ergänzungsteiler zu 3.

Wir wissen nun, dass Teiler einer Zahl immer im Paar, nämlich als Teiler und Ergänzungsteiler, auftreten. Diese Tatsache ist bei der folgenden systematischen Bestimmung von Teilermengen nützlich.

Wir wollen nun die Teilermenge einer größeren Zahl bestimmen. Dazu legen wir zuerst eine Tabelle an, in die neben den Teilern der Zahl auch die zugehörigen Ergänzungsteiler eingetragen werden. Wir beginnen bei den Teilern mit der Zahl 1 und ermitteln alle größeren Teiler der Anordnung in ℕ folgend durch Probieren.

Beispiel 3
Wir bestimmen die Teilermenge der Zahl 96:

Teiler von 96	**1**	**2**	**3**	**4**	**6**	**8**	12	16	24	32	48	96
Ergänzungsteiler	**96**	**48**	**32**	**24**	**16**	**12**	8	6	4	3	2	1

Aus der Tabelle können wir ablesen:
$T(96)=\{1,2,3,4,6,8,12,16,24,32,48,96\}$.

Wie das Beispiel zeigt, kannst du das Probierverfahren dann abbrechen, wenn du auf einen schon als Ergänzungsteiler notierten Teiler triffst (hier ist das der Teiler 12). Die gesuchte Teilermenge besteht dann aus allen bis dahin notierten Teilern und Ergänzungsteilern. Das beschriebene Verfahren wird auch als **Ergänzungsteiler-Methode** bezeichnet.

Bemerkung
Um mithilfe der Ergänzungsteiler-Methode zu einer gegebenen Zahl alle Teiler zu bestimmen, muss die Teilbarkeit sogar nur für solche Zahlen geprüft werden, deren Quadrat kleiner oder gleich der gegebenen Zahl ist.

Beispiel 4

Wir bestimmen die Teilermenge der Zahl 111.

Teiler von 111	1	3
Ergänzungsteiler	111	37

! Stopp bei 11 !

Hier reicht es gemäß der Bemerkung aus, nach dem Teiler 3 nur noch die Zahlen bis 10 durchzuprobieren, denn für die Zahl 10 gilt noch $10^2 = 100 < 111$, aber für die Zahl 11 gilt $11^2 = 121 > 111$.
Aus der Tabelle können wir dann ablesen: $T(111) = \{1, 3, 37, 111\}$.

Wir fassen zusammen:

Ergänzungsteiler-Methode

So kannst du die Teilermenge einer Zahl b bestimmen:

- Prüfe, welche der Zahlen 1, 2, 3, … Teiler von b sind.
- Schreibe die Teiler zusammen mit ihren Ergänzungsteilern auf.
- Stoppe bei der ersten Zahl, deren Quadrat größer als b ist.

8.3 Teilbarkeit von Summe und Differenz

Ist 364 durch 7 teilbar?

Wir zerlegen dazu die Zahl 364 so in zwei Summanden, dass ein Summand eine durch 7 teilbare Zahl und der andere eine kleine Zahl ist, deren Teilbarkeit durch 7 leicht zu überprüfen ist, z.B.: $364 = 350 + 14$.

350 ist durch 7 teilbar. Da auch 14 durch 7 teilbar ist, ist auch 364 durch 7 teilbar; denn es gilt: $364 = 350 + 14 = 50 \cdot 7 + 2 \cdot 7 = (50 + 2) \cdot 7 = 52 \cdot 7$.

Wir haben also aus der Teilbarkeit der beiden Summanden auf die Teilbarkeit der Summe geschlossen.

Allgemein gilt:

Merke (Summenregel)
Wenn eine Zahl a die Zahlen b und c teilt, dann teilt a auch ihre Summe.
Kurz: **SR**: Wenn $a \mid b$ und $a \mid c$, dann $a \mid (b + c)$.

Beispiel 1
Wir zeigen mithilfe der Summenregel, dass 13 Teiler von 299 ist.
Es gilt $299 = 260 + 39$. Weiter gilt $13 \mid 260$ und $13 \mid 39$.
Nach der Summenregel teilt dann 13 auch die Summe $260 + 39$, also die Zahl 299.

Entsprechend zur Summenregel gilt auch:

Merke (Differenzregel)
Wenn eine Zahl a die Zahlen b und c teilt, dann teilt a auch ihre Differenz, falls sie sich berechnen lässt, d.h. falls $b \geq c$.
Kurz: **DR**: Wenn $a \mid b$ und $a \mid c$, dann $a \mid (b - c)$.

Beispiel 2
Wir zeigen mithilfe der Differenzregel, dass 12 Teiler von 348 ist.
Es gilt $348 = 360 - 12$. Weiter gilt $12 \mid 360$ und $12 \mid 12$.
Nach der Differenzregel teilt dann 12 auch die Differenz $360 - 12$, also die Zahl 348.

Mit der Summenregel (Differenzregel) kann man nicht begründen, dass eine Summe (Differenz) nicht durch eine Zahl teilbar ist. In diesem Fall verwenden wir folgendes Kriterium:

Merke (Kriterium[1] für Nichtteilbarkeit)

KNT: Wenn eine Zahl a nur eine der beiden Zahlen b und c teilt, dann teilt a weder ihre Summe noch ihre Differenz.

Beispiel 3

420 ist durch 7 teilbar, aber 12 ist nicht durch 7 teilbar.

Nach dem Kriterium für Nichtteilbarkeit sind dann $420+12=432$ und auch $420-12=408$ nicht durch 7 teilbar.

Anwendung bei Teilbarkeitsuntersuchungen

Mithilfe der Summenregel, der Differenzregel und dem Kriterium für Nichtteilbarkeit können wir bequem untersuchen, ob eine Zahl a Teiler einer Zahl b ist.

Wir zerlegen dazu b so in eine Summe oder eine Differenz von zwei Zahlen, dass die erste Zahl durch a teilbar ist. Die zweite Zahl soll eine kleine Zahl sein, die sich leicht auf Teilbarkeit von b untersuchen lässt.

Beispiel 4

Ist 1824 durch 6 teilbar?

Da 1800 durch 6 teilbar ist, zerlegen wir 1824 in die Summe $1824=1800+24$. Auch der zweite Summand 24 ist durch 6 teilbar. Also ist 1824 nach der Summenregel durch 6 teilbar. Wir schreiben kurz:

Es gilt $1824=1800+24$. Da $6 \mid 1800$ und $6 \mid 24$, gilt nach SR $6 \mid 1824$.

Beispiel 5

Ist 2086 durch 7 teilbar?

Da 2100 durch 7 teilbar ist, zerlegen wir 2086 in die Differenz $2086=2100-14$. Auch der Subtrahend 14 ist durch 7 teilbar. Also ist 2086 nach der Differenzregel durch 7 teilbar. Wir schreiben kurz:

Es gilt $2086=2100-14$. Da $7 \mid 2100$ und $7 \mid 14$, gilt nach DR $7 \mid 2086$.

---

[1] Kriterium (griech.), unterscheidendes Merkmal

Beispiel 6

Ist 557 durch 13 teilbar?

Da 520 durch 13 teilbar ist, zerlegen wir 557 in die Summe $557 = 520 + 37$. Der zweite Summand 37 ist nicht durch 13 teilbar. Also ist nach dem Kriterium für Nichtteilbarkeit 557 nicht durch 13 teilbar. Kurz:

Es gilt $557 = 520 + 37$. Da $13 \mid 520$ und $13 \nmid 37$, gilt nach KNT $13 \nmid 557$.

Beispiel 7

Ist 592 durch 12 teilbar?

Da 600 durch 12 teilbar ist, zerlegen wir 592 in die Differenz $592 = 600 - 8$. Der Subtrahend 8 ist nicht durch 12 teilbar. Also ist nach dem Kriterium für Nichtteilbarkeit 592 nicht durch 12 teilbar. Kurz:

Es gilt $592 = 600 - 8$. Da $12 \mid 600$ und $12 \nmid 8$, gilt nach KNT $12 \nmid 592$.

Bemerkung

Wenn eine Zahl a (ungleich 0) die Zahlen b und c beide nicht teilt, dann ist keine Aussage zur Teilbarkeit ihrer Summe oder ihrer Differenz bezüglich a möglich. So gilt z.B. $5 \nmid 12$ und $5 \nmid 8$, aber $5 \mid (\underbrace{12+8}_{=20})$ und $5 \nmid (\underbrace{12-8}_{=4})$.

Zerlege deshalb bei Teilbarkeitsuntersuchungen immer so in eine Summe bzw. Differenz, dass zunächst ein Summand bzw. der Minuend teilbar ist.

8.4 Teilbarkeit eines Produktes

Vorbetrachtung

In einem Supermarkt werden 786 Kartons mit je 12 Dosen Mineralwasser geliefert. In der Rechnung werden 10000 Dosen berechnet. Die Buchhalterin des Supermarktes sieht sofort, dass das nicht richtig sein kann; denn die Gesamtzahl der Dosen ist $786 \cdot 12$. Da 12 durch 3 teilbar ist, muss $786 \cdot 12$ als ein Vielfaches von 12 auch durch 3 teilbar sein. Aber 10000, die Anzahl der berechneten Dosen, ist nicht durch 3 teilbar.

Die Buchhalterin hat aus der Teilbarkeit einer Zahl auf die Teilbarkeit eines Vielfachen dieser Zahl geschlossen.

Dieser Sachverhalt gilt allgemein:

Merke (Produktregel)

Wenn eine Zahl a mindestens eine der Zahlen b oder c teilt, dann teilt a auch ihr Produkt.

Kurz: **PR**: Wenn $a \mid b$ oder $a \mid c$, dann $a \mid (b \cdot c)$.

Beispiel

a) Wir zeigen mithilfe der Produktregel, dass 19 Teiler von 1330 ist.

Es gilt $1330 = 10 \cdot 133$ und $19 \mid 133$.

Nach PR teilt dann 19 auch das Produkt $10 \cdot 133$, also die Zahl 1330.

b) Wir zeigen mithilfe der Produktregel, dass 12 Teiler von $28 \cdot 51$ ist.

Es gilt $28 \cdot 51 = (4 \cdot 7) \cdot (3 \cdot 17) = (4 \cdot 3) \cdot (7 \cdot 17) = 12 \cdot (7 \cdot 17)$ und $12 \mid 12$.

Nach PR teilt dann 12 auch das Produkt $12 \cdot (7 \cdot 17)$, also das Produkt $28 \cdot 51$.

Bemerkung

Wie das Beispiel b) zeigt, kann eine Zahl (hier 12) ein Produkt (hier $28 \cdot 51$) teilen, obwohl sie keinen der Faktoren ($12 \nmid 28$ und $12 \nmid 51$) teilt.

Problem: Wie können wir ohne das schriftliche Divisionsverfahren überprüfen, ob eine Zahl durch 2, 3, 4 ... teilbar ist? Mithilfe der jetzt zur Verfügung stehenden Regeln (SR, DR, PR und KNT) können wir uns solche einfachen Entscheidungshilfen bei Teilbarkeitsuntersuchungen herleiten.

8.5 Endstellenregeln

8.5.1 Teilbarkeit durch 10, 100, 1000, ...

Eine Zahl wird mit 10 multipliziert, indem eine Null an das Zahlzeichen angehängt wird.

Entsprechende Regeln gelten für das Multiplizieren mit 100, 1000, 10 000, ...

Daraus ergibt sich:

Merke (Endstellenregel für 10, 100, 1000, 10 000, ...)

(1) Eine Zahl ist durch 10 teilbar, wenn ihre letzte Ziffer eine Null ist, sonst nicht.

(2) Eine Zahl ist durch 100 (1000, 10 000, ...) teilbar, wenn ihre letzten zwei (drei, vier, ...) Ziffern Nullen sind, sonst nicht.

Beispiel 1

a) 970 hat die Endziffer 0, ist also durch 10 teilbar.

b) 3500 ist durch 100 teilbar, weil die letzten zwei Ziffern Nullen sind.

8.5.2 Teilbarkeit durch 2 und 5

Die Vielfachen von 2 sind gerade Zahlen: 2, 4, 6, 8, 10, 12, 14, 16, 18, 20, ...

Bei den geraden Zahlen sind die Endziffern 0, 2, 4, 6 oder 8.

Daher gilt:

Merke (Endstellenregel für 2)

Eine Zahl ist durch 2 teilbar, wenn ihre letzte Ziffer gerade ist, sonst nicht.

Die Vielfachen von 5 sind: 5, 10, 15, 20, 25, 30, ...

Dies sind alle natürlichen Zahlen mit den Endziffern 0 oder 5.

Daher gilt:

Merke (Endstellenregel für 5)

Eine Zahl ist durch 5 teilbar, wenn ihre letzte Ziffer 5 oder 0 ist, sonst nicht.

Beispiel 2

a) 832 ist durch 2 teilbar und nicht durch 5, weil die letzte Ziffer 2 ist.

b) 12738 ist durch 2 teilbar und nicht durch 5, weil die letzte Ziffer 8 ist.

c) 18320 ist durch 2 und durch 5 teilbar, weil die letzte Ziffer 0 ist.

d) 365 ist durch 5 teilbar und nicht durch 2, weil die letzte Ziffer 5 ist.

8.5.3 Teilbarkeit durch 4, 8, 25 und 125

100 ist durch 4 (durch 25) teilbar. Nach der Produktregel sind dann auch alle Vielfachen von 100 durch 4 (durch 25) teilbar. Um nach der Summenregel entscheiden zu können, ob eine Zahl durch 4 (durch 25) teilbar ist, zerlegen wir die Zahl in die Summe eines Vielfachen von 100 und eines höchstens zweistelligen Restes.

Beispiel 3

$650 = 600 + 50$.

Da 600 durch 4 (durch 25) teilbar ist, hängt es nur vom Summanden 50 ab, ob auch 650 durch 4 (durch 25) teilbar ist. Da 50 durch 25, aber nicht durch 4 teilbar ist, ist auch 650 durch 25, aber nicht durch 4 teilbar. Der Summand 50 wird aus den letzten beiden Ziffern von 650 dargestellt.

Es gilt allgemein:

Merke (Endstellenregel für 4 und 25)

Eine Zahl ist durch 4 (25) teilbar, wenn ihre letzten beiden Ziffern eine durch 4 (25) teilbare Zahl darstellen oder Nullen sind, sonst nicht.

Beispiel 4

a) 1424 ist durch 4 teilbar, aber nicht durch 25, da 24 durch 4, aber nicht durch 25 teilbar ist.

b) 4250 ist durch 25, aber nicht durch 4 teilbar, da 50 durch 25, aber nicht durch 4 teilbar ist.

c) 83426 ist weder durch 4 noch durch 25 teilbar, da 26 weder durch 4 noch durch 25 teilbar ist.

Da 1000 durch 8 und durch 125 teilbar ist, sind auch alle Vielfachen von 1000 durch 8 und durch 125 teilbar. Wir können eine zur Endstellenregel für 4 und 25 entsprechende Regel aufstellen.

Allgemein gilt:

Merke (Endstellenregel für 8 und 125)

Eine Zahl ist durch 8 (125) teilbar, wenn ihre letzten drei Ziffern eine durch 8 (125) teilbare Zahl darstellen oder Nullen sind, sonst nicht.

Beispiel 5

a) 13424 ist durch 8 teilbar, aber nicht durch 125, da 424 durch 8, aber nicht durch 125 teilbar ist.

b) 43750 ist durch 125, aber nicht durch 8 teilbar, da 750 durch 125, aber nicht durch 8 teilbar ist.

c) 834000 ist durch 8 und durch 125 teilbar, weil die letzten drei Ziffern Nullen sind.

d) 245730 ist weder durch 8 noch durch 125 teilbar, weil weder 8 noch 125 die Zahl 730 teilen.

Der Kalender

Unter einem Kalender[1] versteht man ein Verzeichnis der nach Wochen und Monaten geordneten Tage des Jahres. Wahrscheinlich gab es die ersten Kalender schon vor rund 30 000 Jahren. Man findet immer wieder Knochenstücke aus dieser Zeit, in die Markierungen eingeritzt sind, die als Tage eines Monats gedeutet werden können. Die alten Ägypter hatten schon bemerkt, dass der helle Fixstern Sirius, nachdem er unsichtbar wurde, jeweils nach etwa 365 Tagen wieder am Morgenhimmel erschien. Zeitgleich begann die jährliche Nilüberschwemmung. Die Ägypter führten somit schon das Sonnenjahr mit 365 Tagen ein.

Drei natürliche Zeitmaße bestimmen unseren Lebensrhythmus und werden im Kalender miteinander verknüpft: das Jahr, also die Umlaufzeit der Erde um die Sonne, der Monat, also Umlaufzeit des Mondes um die Erde und der Tag, also die Zeit, in der sich die Erde einmal um die eigene Achse dreht.

Leicht wäre es, einen Kalender aufzustellen, wenn ein Jahr, d.h. die Zeit zwischen zwei Frühlingspunkten (Frühlings-Tag-und-Nacht-Gleiche), genau 360 Tage hätte und die Zeit zwischen zwei Neumonden exakt 30 Tage betragen würde. Tatsächlich hat ein Jahr aber im Durchschnitt 365,24219879 Tage (365 Tage, 5 Stunden, 48 Minuten und 46 Sekunden) und die Zeit zwischen zwei Neumonden beträgt 29,530589 Tage (29 Tage, 12 Stunden, 44 Minuten und 2,9 Sekunden). Ein Sonnenjahr ist also länger als ein 365tägiges Kalenderjahr.

Wegen der „krummen" Zahlen ist es so schwer einen Kalender aufzustellen. In der Praxis kann man nur mit vollen Tagen rechnen. Ein Jahr kann nicht nach 365,24219879 Tagen enden, sondern entweder nach 365 oder 366 Tagen.

Im Jahre 46 v. Chr. gab der römische Staatsmann und Feldherr *Julius Cäsar* an seinen Mathematiker *Sosigenes aus Alexandria* den Auftrag einen Kalender zu entwickeln, dessen Grundlage das Sonnenjahr ist.

Julius Caesar

Er errechnete den Sonnenjahr-Kalender, und zwar so, wie ihn die Ägypter schon seit 4240 v. Chr. benutzten. Der nach Julius Cäsar benannte *Julianische Kalender* zählte 365 Tage. Alle vier Jahre wurde ein Tag hinzugerechnet (Schaltjahr).
Der Julianische Kalender kam durchschnittlich auf 365,25 Tage; das war schon recht nah, nämlich bis auf 11 Minuten und 14 Sekunden, an der wirklichen Jahresdauer. Doch auch diese paar Minuten summieren sich im Lauf der Zeit zu Stunden und schließlich Tagen. Bis zum Jahr 1582 betrug das Defizit 12,5 Tage.

[1] calendae (lat.), Bezeichnung für den ersten Tag eines Monats

Zuerst fiel dies den Astronomen auf: Der Frühling begann nicht mehr am 21. März. Daran störte sich besonders die katholische Kirche. Das höchste kirchliche Fest, Ostern, richtete sich nämlich nach dem Frühlingsanfang, es fiel immer genau auf den ersten Sonntag nach dem Frühlingsvollmond.

Dies rückgängig zu machen und anschließend dauerhaft zu verhindern war das Ziel einer Kalenderreform. Der dabei entstandene *Gregorianische Kalender* geht auf den Papst Gregor XIII zurück.

Papst Gregor XIII

In einer päpstlichen Bulle vom 24. Febr. 1582 legte Papst Gregor XIII. fest, dass auf Donnerstag, den 4. Oktober 1582, als nächster Tag Freitag, der 15. Oktober 1582, folgen sollte. Damit wurde im folgenden Jahr der Frühlingsanfang wieder auf den 21. März geschoben.

Weiterhin wurde eine kluge Schaltjahrregelung in Kraft gesetzt mit 365,2425 Tagen im Jahr. Es werden in den Jahren mit vollen Hunderterzahlen nur diejenigen als Schaltjahre gerechnet, deren Zahl durch 400 teilbar ist. So waren z.B. die Jahre 1600 und 2000 ein Schaltjahr, aber nicht die Jahre 1700, 1800 und 1900, denn diese Zahlen sind nicht durch 400 teilbar. Auf diese Weise fallen 36524,25 Tage in ein Jahrhundert, in recht guter Übereinstimmung mit dem tatsächlichen Wert, so dass auch langfristig der Frühlingsanfang im Mittel auf den 21. März fällt. Im Schnitt hat das Gregorianische Jahr damit nur noch 365,2425 Tage. Das sind exakt 0,000301 Tage oder etwa 26 Sekunden mehr als das Sonnenjahr. Einen kleinen Fehler gibt es also noch immer, doch der wächst so langsam, dass unsere Nachkommen erst im Jahr 4915 darüber nachdenken müssen, ob sie den 29. Februar 4916 (ein Schaltjahr, da durch vier teilbar) ausfallen lassen sollen.

Der Gregorianische Kalender ist der heute noch gültige Kalender, nach dem in wohl allen Teilen der Welt die Zeit mittlerweile so genau eingeteilt wird. Er hatte es aber mit seiner Einführung schwer. Aus religiösen Gründen führten zunächst nur die katholischen Länder den neuen Kalender ein. Doch bald folgten auch die protestantischen Länder und heute ist er über die ganze Welt verbreitet.

Der Bezug unserer heutigen Jahreszählung auf das Jahr von Christi Geburt geht auf den römischen Abt Dionysius Exiguus im Jahre 525 n.Chr. zurück. Er versuchte mithilfe der ihm zur Verfügung stehenden Quellen das Geburtsjahr Christi festzulegen. Dabei irrte er sich aber. Heute wissen wir, dass Jesus wahrscheinlich 7 v.Chr. geboren wurde. Natürlich denkt heute niemand ernsthaft daran diesen Fehler zu korrigieren.

8.6 Quersummenregeln

Bezeichnung
Die Summe der Ziffern einer Zahl wird als **Quersumme** der Zahl bezeichnet.

Beispiel 1

a) Die Zahl 31 538 hat die Quersumme $3+1+5+3+8$, also 20.

b) Die Zahl 401 219 hat die Quersumme $4+0+1+2+1+9$, also 17.

Die Quersumme einer Zahl hat bei der Teilbarkeit einer Zahl durch 3 und 9 eine besondere Bedeutung.

Zerlegen wir eine Zahl in eine Summe aus einer durch 3 teilbaren Zahl und einem Rest, so können wir nach der Summenregel am Rest ablesen, ob die Zahl durch 3 teilbar ist oder nicht.

Die Zahlen 9, 99, 999, ... sind durch 3 teilbar. Das nutzen wir bei der folgenden Zerlegung aus.

Beispiel 2

$$\begin{aligned} 465 &= 4\cdot 100+6\cdot 10+5 \\ &= 4\cdot(99+1)+6\cdot(9+1)+5 \\ &= 4\cdot 99+4+6\cdot 9+6+5 \\ &= 4\cdot \mathbf{99}+6\cdot \mathbf{9}+(\mathbf{4}+\mathbf{6}+\mathbf{5}). \end{aligned}$$

Für die Zahl 465 gilt also die Zerlegung $465=4\cdot \mathbf{99}+6\cdot \mathbf{9}+(\mathbf{4}+\mathbf{6}+\mathbf{5})$.

In der Zerlegung sind die Produkte $4\cdot \mathbf{99}$ und $6\cdot \mathbf{9}$ nach PR durch 3 teilbar. Wenn der Ausdruck $\mathbf{4}+\mathbf{6}+\mathbf{5}$, also die Quersumme von 465, auch durch 3 teilbar ist, dann ist nach SR die gesamte Zerlegung und damit auch die Zahl 465 durch 3 teilbar.

Es gilt: $4+6+5=15$ und $3\,|\,15$. Damit ist 3 auch Teiler von 465.

Mithilfe des gleichen Zerlegungsschemas wie im letzten Beispiel lässt sich bei einer Zahl auch die Frage nach der Teilbarkeit durch 9 beantworten.

Beispiel 3

$$\begin{aligned} 2853 &= 2 \cdot 1000 + 8 \cdot 100 + 5 \cdot 10 + 3 \\ &= 2 \cdot (999+1) + 8 \cdot (99+1) + 5 \cdot (9+1) + 3 \\ &= 2 \cdot 999 + 2 + 8 \cdot 99 + 8 + 5 \cdot 9 + 5 + 3 \\ &= 2 \cdot \mathbf{999} + 8 \cdot \mathbf{99} + 5 \cdot \mathbf{9} + (\mathbf{2} + \mathbf{8} + \mathbf{5} + \mathbf{3}). \end{aligned}$$

Für die Zahl 2853 gilt also die Zerlegung

$$2853 = 2 \cdot \mathbf{999} + 8 \cdot \mathbf{99} + 5 \cdot \mathbf{9} + (\mathbf{2} + \mathbf{8} + \mathbf{5} + \mathbf{3}).$$

In der Zerlegung sind die Produkte $2 \cdot \mathbf{999}$, $8 \cdot \mathbf{99}$ und $5 \cdot \mathbf{9}$ nach PR durch 9 teilbar. Wenn der Ausdruck $\mathbf{2} + \mathbf{8} + \mathbf{5} + \mathbf{3}$, also die Quersumme von 2853, auch durch 9 teilbar ist, dann ist nach SR die gesamte Zerlegung und damit auch die Zahl 2853 durch 9 teilbar.

Es gilt: $2 + 8 + 5 + 3 = 18$ und $9 \mid 18$. Damit ist 9 auch Teiler von 2853.

Es gilt allgemein:

Merke (Quersummenregel für 3 und 9)
Eine Zahl ist durch 3 (9) teilbar, wenn ihre Quersumme durch 3 (9) teilbar ist, sonst nicht.

Beispiel 4

a) 430212 ist durch 3, aber nicht durch 9 teilbar; denn die Quersumme von 430212 ist 12, und 12 ist durch 3 teilbar, aber nicht durch 9.

b) 7856324 ist nicht durch 3 und damit auch nicht durch 9 teilbar; denn die Quersumme von 7856324 ist 35, und 35 ist nicht durch 3 teilbar.

c) 82431 ist durch 3 und durch 9 teilbar; denn die Quersumme von 82431 ist 18, und 18 ist durch 3 und durch 9 teilbar.

Bemerkung

Uns stehen damit Teilbarkeitsregeln für die Zahlen 2, 3, 4, 5, 8, 9, 10, 25, 100 und 125 zur Verfügung. Für die Zahlen 7, 11 und 13 gibt es ebenfalls Teilbarkeitsregeln, die aber komplizierter sind als die hier behandelten.

8.7 Wenn-dann-Aussagen

In Abschnitt 4.1 hast du die Begriffe **Aussage** und **Aussageform** schon kennen gelernt. An folgende Definitionen sei erinnert:

> Ein Satz, von dem grundsätzlich entschieden werden kann, ob er richtig oder falsch ist, heißt **Aussage**.
>
> Ein Satz mit einer Variablen, der beim Ersetzen der Variablen in geeigneter Form in eine Aussage übergeht, heißt **Aussageform**.

Verknüpfen wir nun zwei geeignete Aussageformen mit den Worten

„**Wenn** ... , **dann** ... “,

so entsteht eine so genannte **Wenn-dann-Aussage** (Abk. **W-d-A**).

Beispiel 1

Gegeben sind die beiden Aussageformen:

A_1: Die Zahl a ist durch 4 teilbar sowie A_2: Die Zahl a ist durch 2 teilbar.

Wenn-dann-Aussage:

Wenn die Zahl a durch 4 teilbar ist, **dann** ist die Zahl a durch 2 teilbar.

Wie Beispiel 1 zeigt, bestehen Wenn-dann-Aussagen aus zwei Teilen, dem Wenn-Teil und dem Dann-Teil. Der Inhalt des Wenn-Teils heißt die **Voraussetzung**, der Inhalt des Dann-Teils die **Behauptung** der Wenn-dann-Aussage.

Jede Wenn-dann-Aussage stellt eine Aussage dar und hat damit einen Wert.

Beispiel 2

W-d-A: Wenn die Zahl a durch 10 teilbar ist, dann ist die Zahl a auch durch 5 teilbar. (r)

Voraussetzung: Die Zahl a ist durch 10 teilbar.

Behauptung: Die Zahl a ist durch 5 teilbar.

Vertauschen wir in einer Wenn-dann-Aussage die Voraussetzung und die Behauptung, dann ergibt sich eine neue Wenn-dann-Aussage, die **Kehraussage** oder **Umkehrung** der ursprünglichen Wenn-dann-Aussage.

Beispiel 3

W-d-A: Wenn eine Zahl durch 9 teilbar ist, dann ist die Zahl auch durch 3 teilbar. (r)

Kehraussage: Wenn eine Zahl durch 3 teilbar ist, dann ist die Zahl auch durch 9 teilbar. (f)

Wie Beispiel 3 zeigt, muss die Umkehrung einer richtigen Wenn-dann-Aussage keine richtige Aussage sein. Das folgende Beispiel zeigt aber, dass die Umkehrung einer richtigen Wenn-dann-Aussage auch richtig sein kann.

Beispiel 4

W-d-A: Wenn eine Zahl die Endziffer 0 hat, dann ist die Zahl durch 2 und 5 teilbar. (r)

Kehraussage: Wenn eine Zahl durch 2 und 5 teilbar ist, dann hat die Zahl die Endziffer 0. (r)

Merke

Wir erhalten die **Umkehrung** (**Kehraussage**) einer Wenn-dann-Aussage, indem wir den Inhalt des Wenn-Teils mit dem Inhalt des Dann-Teils vertauschen.

Die Umkehrung einer richtigen Wenn-dann-Aussage kann, aber muss nicht richtig sein. Die Werte einer Wenn-dann-Aussage und ihrer Umkehrung sind unabhängig voneinander.

Die Summenregel, die Differenzregel und die Produktregel sind richtige Aussagen der Teilbarkeitslehre in Wenn-dann-Form. Wir betrachten nun die jeweiligen Kehraussagen.

1. Umkehrung der Summenregel:

   Wenn eine Summe durch eine Zahl a (ungleich 0) teilbar ist, dann teilt a auch jeden Summand.

   Diese Aussage ist aber falsch, wie das folgende einfache **Gegenbeispiel** zeigt:

   Gegenbeispiel: Es gilt $3 \mid (\underbrace{4+5}_{=9})$, aber es gilt $3 \nmid 4$ und $3 \nmid 5$.

2. Umkehrung der Differenzregel:

   Wenn eine Differenz durch eine Zahl a (ungleich 0) teilbar ist, dann teilt a auch den Minuend und den Subtrahend.
   Diese Aussage ist auch falsch, wie das folgende Gegenbeispiel zeigt:
   Gegenbeispiel: Es gilt $5 \mid (\underbrace{13-3}_{=10})$, aber es gilt $5 \nmid 13$ und $5 \nmid 3$.

3. Umkehrung der Produktregel:

   Wenn ein Produkt durch eine Zahl a (ungleich 0) teilbar ist, dann teilt a auch mindestens einen Faktor des Produktes.
   Gegenbeispiel: Es gilt $6 \mid (\underbrace{3 \cdot 4}_{=12})$, aber $6 \nmid 3$ und $6 \nmid 4$.

   Wie das Gegenbeispiel zeigt, ist auch die Umkehrung der Produktregel falsch.

Merke
Eine Wenn-dann-Aussage, die falsch ist, kann mit einem geeigneten Gegenbeispiel widerlegt werden.
Ein Gegenbeispiel erfüllt die Voraussetzung der Wenn-dann-Aussage, aber die Behauptung trifft für dieses Beispiel nicht zu.

Eine weitere Form mathematische Sachverhalte auszudrücken ist die **Genau-dann-wenn-Aussage**. Sie ist die Zusammenfassung zweier Wenn-dann-Aussagen.

Beispiel 5
Aus dem vorherigen Abschnitt weißt du, dass die beiden Aussagen
„Wenn die Quersumme einer Zahl durch 3 teilbar ist, dann ist auch die Zahl durch 3 teilbar." und
„Wenn die Quersumme einer Zahl nicht durch 3 teilbar ist, dann ist auch die Zahl nicht durch 3 teilbar." richtig sind.
Beide Aussagen wurden in einer einzigen Aussage – einer Genau-dann-wenn-Aussage – zusammengefasst:
„Eine Zahl ist **genau dann** durch 3 teilbar, **wenn** ihre Quersumme durch 3 teilbar ist".

Die Genau-dann-wenn-Aussage ist richtig, wenn die beiden Wenn-dann-Aussagen, die sie zusammenfasst, richtig sind.

8.8 Primzahlen

Im Abschnitt 8.2 haben wir die Teilermengen der natürlichen Zahlen von 1 bis 11 bestimmt. Dabei haben wir festgestellt, dass jede natürliche Zahl größer als 1 mindestens zwei Teiler hat, nämlich 1 und sich selbst. Diese Teiler heißen daher auch **triviale Teiler**[1].

Die Zahlen größer als 1, die nur durch 1 und sich selbst teilbar sind, also nur die trivialen Teiler besitzen, haben in der Teilbarkeitslehre eine besondere Bedeutung:

Definition 8.3
Eine Zahl mit genau zwei Teilern heißt **Primzahl**[2] (Abk. **PZ**). Diese Teiler sind 1 und die Zahl selbst.

Beispiel 1

a) 2 ist Primzahl, da sie nur durch 1 und 2 teilbar ist.
b) 5 ist Primzahl, da sie nur durch 1 und 5 teilbar ist.
c) 6 ist keine Primzahl, da sie außer durch 1 und 6 auch noch z.B. durch 2 teilbar ist.

Bemerkung

1. Die Zahl 2 ist die einzige gerade Primzahl.
2. Die Zahl 1 ist keine Primzahl, da sie nur einen Teiler besitzt, nämlich sich selbst.

Schon im Altertum hat man sich mit Primzahlen beschäftigt. So hat der griechische Gelehrte **Eratosthenes**[3] ein schnelles Verfahren entwickelt, mit dem man Primzahlen ermitteln kann.

Nach diesem Verfahren listet man zuerst eine bestimmte Anzahl aufeinander folgender natürlicher Zahlen auf. Dann streicht man systematisch alle Zahlen, von denen man weiß, dass sie keine Primzahlen sind. So fallen aus der Liste alle Zahlen, die keine Primzahlen sind, heraus und die Primzahlen werden wie in einem Sieb zurückgehalten. Das Verfahren wird deshalb auch **Sieb des Eratosthenes** genannt.

[1] trivialis (lat.), gewöhnlich (hier: selbstverständlich)

[2] primus (lat.), der Erste

[3] Eratosthenes (ca. 276 - 194 v. Chr.), Leiter der Bibliothek von Alexandria. Sie war die berühmteste der Antike.

Beispiel 2

Bestimmung aller Primzahlen bis 50 mit dem Sieb des Eratosthenes:

Schritt 1:

Liste die Zahlen von 1 bis 50 auf.

Schritt 2:

Streiche die 1, denn sie ist gemäß Definition 8.3 keine PZ.

~~1~~	(2)	(3)	~~4~~	(5)	~~6~~	(7)	~~8~~	~~9~~	~~10~~
(11)	~~12~~	(13)	~~14~~	~~15~~	~~16~~	(17)	~~18~~	(19)	~~20~~
~~21~~	~~22~~	(23)	~~24~~	~~25~~	~~26~~	~~27~~	~~28~~	(29)	~~30~~
(31)	~~32~~	~~33~~	~~34~~	~~35~~	~~36~~	(37)	~~38~~	~~39~~	~~40~~
(41)	~~42~~	(43)	~~44~~	~~45~~	~~46~~	(47)	~~48~~	~~49~~	~~50~~

Schritt 3:

2 ist PZ und wird eingekreist und alle Vielfachen von 2 werden gestrichen, da sie sicherlich keine Primzahlen sind.

Schritt 4:

Die nächste nicht gestrichene Zahl, hier die Zahl 3, ist PZ und wird eingekreist und alle Vielfachen dieser Zahl, hier von 3, werden gestrichen.

Schritt 5:

Wiederhole Schritt 4 so lange, bis das Quadrat der zuletzt gefundenen PZ, hier die Zahl 11, größer ist als 50. Alle bis dahin noch nicht gestrichenen Zahlen sind PZ und werden eingekreist.

Schritt 6:

Schreibe alle eingekreisten Zahlen auf. Es sind alle Primzahlen bis 50.

Die Primzahlen bis 50 sind also 2, 3, 5, 7, 11, 13, 17, 19, 23, 29, 31, 37, 41, 43 und 47.

Wenn wir prüfen wollen, ob eine bestimmte Zahl eine Primzahl ist, können wir eine Kurzfassung des Siebes des Eratosthenes, den sogenannten **Primzahltest** verwenden.

Beispiel 3

Wir prüfen mit dem Primzahltest, ob die Zahl 127 eine Primzahl ist.

Dazu untersuchen wir nacheinander, ob die Zahl 127 durch die Primzahlen 2, 3, 5, 7, … teilbar ist und stoppen, sobald wir unter diesen Zahlen einen Teiler gefunden haben oder bei der ersten Primzahl, deren Quadrat größer als 127 ist.

Primzahl p	Bemerkung	$p \mid 127$?
2	Endziffer 7	nein
3	Quersumme 10	nein
5	Endziffer 7	nein
7	$127 = 140 - 13$	nein
11	$127 = 110 + 17$	nein
13	$13^2 = 169 > 127$	Stopp!

Da die Zahl 127 von keiner Primzahl geteilt wird, die kleiner als 13 ist, muss sie selbst eine Primzahl sein.

Aus der Tabelle können wir als Ergebnis ablesen: Die Zahl 127 ist eine Primzahl.

Beispiel 4

Wir führen für die Zahl 203 einen Primzahltest durch.

Wir prüfen, ob die Zahl 203 durch 2, 3, 5, 7, … teilbar ist und stoppen, sobald wir einen Teiler gefunden haben oder bei der ersten Primzahl, deren Quadrat größer als 203 ist.

Primzahl p	Bemerkung	$p \mid 203$?
2	Endziffer 3	nein
3	Quersumme 5	nein
5	Endziffer 3	nein
7	$203 = 210 - 7$	ja

Ergebnis: Die Zahl 203 ist keine Primzahl.

Wir fassen zusammen:

Primzahltest

So kannst du prüfen, ob eine Zahl a eine Primzahl ist:

- Prüfe nacheinander, ob a durch die Primzahlen 2, 3, 5, … teilbar ist.
- Stoppe, sobald du unter diesen einen Teiler von a gefunden hast oder bei der ersten Primzahl, deren Quadrat größer als a ist.
- Hast du bis dahin keinen Teiler von a gefunden, ist a eine Primzahl.

Definition 8.4

Eine Primzahl, die Teiler einer natürlichen Zahl ungleich 0 ist, heißt **Primfaktor** dieser Zahl.

Beispiel 5

$T(1) = \{1\}$. Die **Zahl 1** hat **keinen** Primfaktor.

$T(2) = \{1, \mathbf{2}\}$. Die Zahl 2 hat den Primfaktor 2.

$T(14) = \{1, \mathbf{2}, \mathbf{7}, 14\}$. Die Zahl 14 hat die Primfaktoren 2 und 7.

$T(20) = \{1, \mathbf{2}, 4, \mathbf{5}, 10, 20\}$. Die Zahl 20 hat die Primfaktoren 2 und 5.

$T(23) = \{1, \mathbf{23}\}$. Die Zahl 23 hat den Primfaktor 23.

Mithilfe der Teilermengen aus Beispiel 5 erkennst du:

Merke

Jede natürliche Zahl ungleich 1 hat mindestens einen Primfaktor.

Die kleinste Zahl ungleich 1 der Teilermenge ist stets Primfaktor.

Eine Tabelle über Primzahlen und Primfaktoren findest du am Ende des Buches.

Wie viele Primzahlen gibt es?

Du hast dich möglicherweise schon gefragt, ob die Folge aller Primzahlen irgendwann einmal endet oder ob es unendlich viele Primzahlen gibt.

Mit dieser Frage hat sich schon der griechische Mathematiker **Euklid**[1] beschäftigt.

Euklid konnte zeigen, dass, wenn immer man eine Anzahl von Primzahlen gefunden hat, es noch mindestens eine weitere gibt.

Beweis[2] von Euklid:

Euklid nahm zunächst an, dass er schon alle Primzahlen gefunden hat, etwa die Primzahlen bis 100, also 2, 3, 5, ..., 97.

Nun betrachtet er das Produkt aller dieser Primzahlen vermehrt um 1, also

$$a = 2 \cdot 3 \cdot 5 \cdot 7 \cdot 11 \cdot 13 \cdot \ldots \cdot 79 \cdot 83 \cdot 89 \cdot 97 + 1.$$

Diese Zahl a ist durch keine dieser Primzahlen, also der Zahlen 2, 3, 5, ..., 97, teilbar, es bleibt jeweils der Rest 1.

Da $a > 1$ ist, muss a einen von 2, 3, 5, ..., 97 verschiedenen Primfaktor haben.

Außer den Zahlen 2, 3, 5, ..., 97 muss es also mindestens **noch eine weitere** Primzahl geben.

Dieser Gedankengang lässt sich immer wieder fortsetzen, so dass letztendlich gilt:

Es gibt keine größte Primzahl. Die Folge der Primzahlen endet nie. Es gibt unendlich viele Primzahlen.

---

[1] Euklid um 300 v. Chr. Er gilt als Verfasser der bedeutendsten Darstellung der griechischen Mathematik, den **Elementen**.

[2] Eine Begründung eines Merksatzes, die sich nur auf mathematische Überlegungen stützt, wird **Beweis** genannt.

8.9 Primfaktorzerlegung

Haben wir alle Teiler einer Zahl bestimmt, so kommen im Hinblick auf die Anzahl der Teiler folgende Fälle vor:

- Die Zahl 1 hat **nur einen** Teiler.
- Alle Primzahlen p haben **genau zwei** Teiler, die trivialen Teiler 1 und p.
- Alle anderen Zahlen haben **drei oder mehr** Teiler. Diese Zahlen nennen wir **zusammengesetzte Zahlen**.

Wir wissen, dass sich zusammengesetzte Zahlen als Produkt nichttrivialer Teiler schreiben lassen.

Beispiel 1

$35 = 5 \cdot 7 \quad ; \quad 30 = 3 \cdot 10 \quad ; \quad 48 = 8 \cdot 6.$

In dieser Produktdarstellung einer zusammengesetzten Zahl können die Faktoren Primzahlen oder zusammengesetzte Zahlen sein. Ist ein Faktor eine zusammengesetzte Zahl, können wir diese wieder in ein Produkt aus zwei nichttrivialen Teilern zerlegen. Dieses Verfahren kann solange fortgesetzt werden, bis alle Faktoren Primzahlen sind.

Beispiel 2

$30 = 3 \cdot 10 = 3 \cdot 2 \cdot 5 = 2 \cdot 3 \cdot 5 \qquad 40 = 4 \cdot 10 = 2 \cdot 2 \cdot 2 \cdot 5$

$48 = 8 \cdot 6 = 2 \cdot 2 \cdot 2 \cdot 2 \cdot 3 \qquad 66 = 6 \cdot 11 = 2 \cdot 3 \cdot 11$

Bezeichnung

Besteht eine Produktdarstellung einer Zahl nur aus Primfaktoren, so heißt dieses Produkt **Primfaktorzerlegung** (Abk. **PFZ**) der Zahl.

Wie Beispiel 2 vermuten lässt, gilt folgender Sachverhalt:

Merke

Jede natürliche Zahl größer Eins lässt sich in ein Produkt von Primfaktoren zerlegen oder ist selbst Primzahl.[1]

---

[1] Die Primzahlen können daher als Grundbausteine jeder natürlichen Zahl aufgefasst werden, aus diesem Grund ist die Bezeichnung „erste Zahlen" gerechtfertigt.

Bei der Primfaktorzerlegung wird die ausführliche Schreibweise und die Kurzschreibweise mit Potenzen verwendet.

Beispiel 3

Ausführliche Schreibweise: $72 = 8 \cdot 9 = 2 \cdot 2 \cdot 2 \cdot 3 \cdot 3$.

Kurzschreibweise mit Potenzen: $72 = 8 \cdot 9 = 2^3 \cdot 3^2$.

Bemerkung

Zur besseren Übersicht wird die Primfaktorzerlegung stets entweder nach wachsenden Primfaktoren oder bei der Schreibweise mit Potenzen nach wachsender Basis geordnet.

Suchst du die Primfaktorzerlegung einer zusammengesetzten Zahl, dann kannst du zunächst von leicht erkennbaren Teilern der Zahl ausgehen. Diese Teiler werden dann weiter zerlegt.

Beispiel 4

$180 = 18 \cdot 10 = 2 \cdot 9 \cdot 2 \cdot 5 = 2 \cdot 3 \cdot 3 \cdot 2 \cdot 5 = 2 \cdot 2 \cdot 3 \cdot 3 \cdot 5 = 2^2 \cdot 3^2 \cdot 5$.

In manchen Fällen sind nichttriviale Teiler nicht unmittelbar erkennbar. Dann prüfst du, mit der kleinsten Primzahl beginnend, durch welche Primzahlen die zu zerlegende Zahl teilbar ist. Bei diesem Verfahren kannst du die Teilbarkeitsregeln mit Vorteil anwenden.

Beispiel 5

$1092 = 2 \cdot 546 = 2 \cdot 2 \cdot 273 = 2 \cdot 2 \cdot 3 \cdot 91 = 2 \cdot 2 \cdot 3 \cdot 7 \cdot 13 = 2^2 \cdot 3 \cdot 7 \cdot 13$.

Wir fassen zusammen:

Verfahren zur Primfaktorzerlegung

- 1. Verfahren: Zerlege die Zahl in leicht erkennbare Faktoren. Zerlege die Faktoren weiter, bis nur noch Primfaktoren auftreten.
- 2. Verfahren: Spalte zunächst so oft wie möglich den Primfaktor 2 ab, dann 3, 5, 7, … Beachte die Teilbarkeitsregeln.

Wenn wir eine Zahl in Primfaktoren zerlegen, so gibt es verschiedene Wege.

Beispiel 6

$350 = 2 \cdot 175 = 2 \cdot 5 \cdot 35 = 2 \cdot 5 \cdot 5 \cdot 7 \quad = \quad 2 \cdot 5^2 \cdot 7$

$350 = 10 \cdot 35 = 2 \cdot 5 \cdot 5 \cdot 7 \quad = \quad 2 \cdot 5^2 \cdot 7$

$350 = 7 \cdot 50 = 7 \cdot 2 \cdot 25 = 2 \cdot 5 \cdot 5 \cdot 7 \quad = \quad 2 \cdot 5^2 \cdot 7$

$350 = 5 \cdot 70 = 5 \cdot 7 \cdot 10 = 2 \cdot 5 \cdot 5 \cdot 7 \quad = \quad 2 \cdot 5^2 \cdot 7$

$350 = 14 \cdot 25 = 2 \cdot 7 \cdot 5 \cdot 5 = 2 \cdot 5 \cdot 5 \cdot 7 \quad = \quad 2 \cdot 5^2 \cdot 7$

Wie wir sehen, hängt das Ergebnis der Zerlegung in Primfaktoren nicht davon ab, wie wir vorgegangen sind. Wir erhalten immer die gleiche Primfaktorzerlegung.

Allgemein gilt:

Merke
Die Primfaktorzerlegung einer Zahl ist bis auf die Reihenfolge der Faktoren eindeutig.

Liegt die Primfaktorzerlegung einer Zahl vor, kannst du leicht alle ihre Teiler ermitteln. Die Teiler werden aus den Primfaktoren der Primfaktorzerlegung gebildet.

Beispiel 7

Wir bestimmen alle Teiler von 350.

Die Primfaktorzerlegung von 350 ist $2 \cdot 5 \cdot 5 \cdot 7$. Sie enthält **vier** Primfaktoren.

Die Teilermenge von 350 setzt sich aus folgenden Teilern zusammen:

- dem trivialen Teiler **1**,
- den aus einem Primfaktor gebildeten Teilern: **2**, **5** und **7**,
- den aus zwei Primfaktoren gebildeten Teilern: $2 \cdot 5 = \mathbf{10}$; $2 \cdot 7 = \mathbf{14}$; $5 \cdot 5 = \mathbf{25}$; $5 \cdot 7 = \mathbf{35}$,
- den aus **drei** Primfaktoren gebildeten Teilern: $2 \cdot 5 \cdot 5 = \mathbf{50}$; $2 \cdot 5 \cdot 7 = \mathbf{70}$; $5 \cdot 5 \cdot 7 = \mathbf{175}$,
- und dem trivialen Teiler, der aus **vier** Primfaktoren gebildet wird: $2 \cdot 5 \cdot 5 \cdot 7 = \mathbf{350}$.

Alle Teiler von 350 sind damit: 1, 2, 5, 7, 10, 14, 25, 35, 50, 70, 175, 350.

Merke
Mithilfe der Primfaktorzerlegung einer Zahl erhält man alle ihre Teiler, wenn man die Werte aller möglichen **Teilprodukte** der Primfaktorzerlegung der Zahl bestimmt und dann noch den trivialen Teiler 1 hinzunimmt.

Außerdem gilt:

Merke
Jedes Teilprodukt der Primfaktorzerlegung einer Zahl ist Teiler dieser Zahl.

8.10 Gemeinsame Teiler

Wir betrachten die Teilermengen der Zahlen 24 und 36.

$T(24) = \{1, 2, 3, 4, 6, 8, 12, 24\}$

$T(36) = \{1, 2, 3, 4, 6, 9, 12, 18, 36\}$

Die Zahlen 1, 2, 3, 4, 6 und 12 kommen in beiden Teilermengen vor und teilen damit 24 und 36.

Diese Zahlen werden in der **Menge der gemeinsamen Teiler** von 24 und 36 zusammengefasst.

Definition 8.5
Eine Zahl, die die Zahlen a und b teilt, heißt **gemeinsamer Teiler von a und b**.
Alle gemeinsamen Teiler von a und b bilden die **Menge der gemeinsamen Teiler von a und b**. Sie wird mit $\boldsymbol{T(a,b)}$ bezeichnet.

Beispiel 1

a) Es ist $T(24) = \{1, 2, 3, 4, 6, 8, 12, 24\}$ und $T(28) = \{1, 2, 4, 7, 14, 28\}$.
Also $T(24, 28) = \{1, 2, 4\}$.

b) Es ist $T(18) = \{1, 2, 3, 6, 9, 18\}$ und $T(35) = \{1, 5, 7, 35\}$.
Also $T(18, 35) = \{1\}$.

Da jede Zahl den trivialen Teiler 1 hat, gilt:

Merke
Zwei Zahlen haben stets den gemeinsamen Teiler 1.

Definition 8.6

Zwei Zahlen heißen **teilerfremd**, wenn sie außer der Zahl 1 keine gemeinsamen Teiler haben.

Beispiel 2

a) Die Zahlen 18 und 35 sind teilerfremd.

b) Die Zahlen 9 und 21 sind nicht teilerfremd, denn sie haben noch den gemeinsamen Teiler 3.

Wir wissen, dass jede natürliche Zahl ungleich null endlich viele Teiler und immer den Teiler 1 hat. Demnach besitzen zwei natürliche Zahlen a und b, die beide ungleich null sind, endlich viele gemeinsame Teiler und mindestens den gemeinsamen Teiler 1.

Da eine Menge mit endlich vielen Zahlen immer eine größte Zahl enthält, trifft dies auch für die Menge der gemeinsamen Teiler von a und b zu.

Definition 8.7

Das größte Element der Menge der gemeinsamen Teiler der Zahlen a und b heißt **größter gemeinsamer Teiler von *a* und *b***, in Zeichen **ggT(*a*,*b*)** (lies: ggT von a und b).

Beispiel 3

a) Es ist $T(24) = \{1, 2, 3, 4, 6, 8, 12, 24\}$ und
$T(36) = \{1, 2, 3, 4, 6, 9, 12, 18, 36\}$
$T(24,36) = \{1, 2, 3, 4; 6, 12\}$
Der größte gemeinsame Teiler von 24 und 36 ist also 12,
kurz $\text{ggT}(24,36) = 12$.

b) Es ist $T(28) = \{1, 2, 4, 7, 14, 28\}$ und $T(45) = \{1, 3, 5, 9, 15, 45\}$.
$T(28,45) = \{1\}$. Es gilt also: $\text{ggT}(28,45) = 1$.
Die Zahlen 28 und 45 sind also teilerfremd.

Du kannst auch den ggT von drei Zahlen bestimmen.

Beispiel 4

Es ist $T(9) = \{1, 3, 9\}$, $T(15) = \{1, 3, 5, 15\}$ und $T(21) = \{1, 3, 7, 21\}$.

$T(9,15,21) = \{1, 3\}$. Es gilt also: $\text{ggT}(9,15,21) = 3$.

Bemerkungen

1. Beachte stets den Unterschied zwischen der Menge $T(a,b)$ und der Zahl $\text{ggT}(a,b)$.
2. Auch mehr als zwei Zahlen besitzen einen größten gemeinsamen Teiler.

Wie lässt sich der ggT mehrerer Zahlen bestimmen?

Bisher haben wir dazu die Teilermengen der einzelnen Zahlen bestimmt, dann die Menge der gemeinsamen Teiler gebildet und das größte Element ausgewählt.

Schneller erhältst du den ggT nach folgendem Verfahren:

Verfahren zur Bestimmung des ggT mehrerer Zahlen

- Bestimme die Teilermenge der kleinsten Zahl.
- Suche in dieser Menge abwärts, bis du erstmals einen Teiler aller anderen Zahlen findest. Dieser Teiler ist dann der ggT.

Beispiel 5

a) Wir ermitteln den ggT von 42 und 105:

$T(42)=\{1,2,3,6,7,14,21,42\}$

Prüfung: $42 \nmid 105$; $\mathbf{21} \mid 105$

Also gilt $\text{ggT}(42,105)=21$.

b) Wir ermitteln den ggT von 37 und 111:

$T(37)=\{1,37\}$

Prüfung: $\mathbf{37} \mid 111$

Also gilt $\text{ggT}(37,111)=37$.

Die Zahl 37 selbst ist also ein Teiler von 111.

Wie die Beispiele 3b) und 5b) bestätigen, gelten noch folgende Aussagen:

Merke

(1) $\text{ggT}(a,b)=1$ genau dann, wenn a und b teilerfremd sind.

(2) $\text{ggT}(a,b)=a$ genau dann, wenn a Teiler von b ist.

8.11 Gemeinsame Vielfache

Alle Vielfachen einer Zahl fasst man zu einer Menge zusammen:

Definition 8.8
Die Menge aller Vielfachen einer Zahl a heißt **Vielfachenmenge von a**. Sie wird mit $\boldsymbol{V(a)}$ (lies: V von a) bezeichnet.

Beispiel 1
$V(7)=\{7,14,21,28,35,42,...\}$; $V(16)=\{16,32,48,64,80,96,...\}$

Bemerkung
Eine Zahl hat nur endlich viele Teiler aber **unendlich viele** Vielfache.

An einer Haltestelle fahren die Busse der Linie 1 und der Linie 2 um 7.00 Uhr gleichzeitig ab. Die Linie 1 verkehrt im Abstand von 10 Minuten, die Linie 2 im Abstand von 15 Minuten.

Wann fahren die Busse beider Linien wieder zur gleichen Zeit von dieser Haltestelle ab?

Wir schreiben die Anzahl der Minuten auf, die vergehen, bis ein Bus der Linie 1 wieder von der Haltestelle abfährt:

10, 20, 30, 40, 50, 60, 70, 80, 90, ...

Es sind Vielfache von 10.

Entsprechend notieren wir für die Busse der Linie 2:

15, 30, 45, 60, 75, 90, ...

Es sind Vielfache von 15.

Wir erkennen, dass die Busse 30, 60, 90, ... Minuten nach 7.00 Uhr wieder zur gleichen Zeit von der Haltestelle abfahren.

Die Zahlen 30, 60, 90, ... sind **gemeinsame Vielfache** von 10 und 15.

Definition 8.9
Eine Zahl, die sowohl Vielfaches von einer Zahl a als auch einer Zahl b ist, heißt **gemeinsames Vielfaches** von a und b.

Alle gemeinsamen Vielfachen bilden die **Menge der gemeinsamen Vielfachen von a und b**. Sie wird mit $\boldsymbol{V(a,b)}$ bezeichnet.

Beispiel 2

a) Es ist $V(4) = \{4, 8, 12, 16, 20, 24, 28, ...\}$ und
$V(6) = \{6, 12, 18, 24, 30, 36, ...\}$.
Also $V(4,6) = \{12, 24, 36, 48, 60, ...\}$.

b) Es ist $V(5) = \{5, 10, 15, ..., 50, 55, 60, ...\}$ und
$V(11) = \{11, 22, 33, 44, 55, ...\}$.
Also $V(5,11) = \{55, 110, 165, 220, 275, ...\}$.

Da das Produkt zweier Zahlen stets Vielfaches für beide Zahlen ist, gilt:

Merke
Zwei Zahlen a und b haben stets das gemeinsame Vielfache $a \cdot b$.

Beispiel 3
Ein gemeinsames Vielfaches von 72 und 107 ist die Zahl $72 \cdot 107$. Alle Vielfachen von $72 \cdot 107$ sind weitere gemeinsame Vielfache von 72 und 107.

Damit gilt:

Merke
Die Menge der gemeinsamen Vielfachen zweier von null verschiedener Zahlen hat unendlich viele Elemente.

Fragen wir, wann die Busse aus der einführenden Problemstellung zum ersten Mal wieder gemeinsam von der Haltestelle abfahren, dann müssen wir das kleinste der gemeinsamen Vielfachen von 10 und 15 bilden. Nach 30 Minuten fahren die Busse beider Linien zum ersten Mal wieder gemeinsam ab.

Allgemein haben zwei Zahlen a und b, die beide ungleich null sind, unendlich viele gemeinsame Vielfache. Die Menge der gemeinsamen Vielfachen von a und b hat damit stets ein kleinstes Element:

Definition 8.10

Das kleinste Element der Menge der gemeinsamen Vielfachen der Zahlen a und b heißt **kleinstes gemeinsames Vielfaches** von a und b, in Zeichen $\mathbf{kgV}(\boldsymbol{a},\boldsymbol{b})$.

Beispiel 4

a) Es ist $V(6)=\{6,12,18,24,30,36,...\}$ und

$V(8)=\{8,16,24,32,40,48,...\}$.

$V(6,8)=\{24,48,72,...\}$.

Das kleinste gemeinsame Vielfache von 6 und 8 ist 24, kurz $\mathrm{kgV}(6,8)=24$.

b) Es ist $V(5)=\{5,10,15,20,25,30,...\}$ und $V(15)=\{15,30,45,60,...\}$.

$V(5,15)=\{15,30,45,...\}$ und somit ist $\mathrm{kgV}(5,15)=15$.

Die Zahl 15 selbst ist also ein Vielfaches von 5.

Du kannst auch das kgV von drei Zahlen bestimmen.

Beispiel 5

Es ist $V(2)=\{2,4,6,8,10,12,...\}$, $V(3)=\{3,6,9,12,15,18,...\}$ und $V(4)=\{4,8,12,16,20,24,...\}$.

Also $V(2,3,4)=\{12,24,36,...\}$ und somit $\mathrm{kgV}(2,3,4)=12$.

Bemerkungen

1. Beachte stets den Unterschied zwischen der Menge $V(a,b)$ und der Zahl $\mathrm{kgV}(a,b)$.
2. Auch mehr als zwei Zahlen besitzen ein kleinstes gemeinsames Vielfaches.

Wie lässt sich das kgV mehrerer Zahlen bestimmen?

Bisher haben wir dazu die Vielfachenmengen der einzelnen Zahlen bestimmt, dann die Menge der gemeinsamen Vielfachen gebildet und das kleinste Element ausgewählt.

Schneller erhältst du das kgV nach folgendem Verfahren:

Verfahren zur Bestimmung des kgV mehrerer Zahlen

- Bestimme die Vielfachenmenge der größten Zahl.
- Suche in dieser Menge aufwärts, bis du erstmals ein Vielfaches aller anderen Zahlen findest. Dieses Vielfache ist dann das kgV.

Beispiel 6

a) Wir ermitteln das kgV von 12 und 18: $V(18) = \{18, 36, 54, 72, ...\}$.

Prüfung: $12 \nmid 18$; $12 \mid \mathbf{36}$

Also gilt $\text{kgV}(12,18) = 36$.

b) Wir ermitteln das kgV von 4 und 15: $V(15) = \{15, 30, 45, 60, 75, ...\}$.

Prüfung: $4 \nmid 15$; $4 \nmid 30$; $4 \nmid 45$; $4 \mid \mathbf{60}$

Also gilt $\text{kgV}(4,15) = 60 = 4 \cdot 15$. Die Zahlen 4 und 15 sind teilerfremd.

Wie die Beispiele 4b) und 6b) bestätigen, gelten noch folgende Aussagen:

Merke

(1) $\text{kgV}(a,b) = b$ genau dann, wenn a Teiler von b ist.

(2) $\text{kgV}(a,b) = a \cdot b$ genau dann, wenn a und b teilerfremd sind.

8.12 ggT, kgV und Primfaktorzerlegung

Den ggT bzw. das kgV mehrerer Zahlen können wir bisher nur mithilfe von Teilermengen bzw. Vielfachenmengen bestimmen. Diese Verfahren haben bei großen Zahlen immer den Nachteil, dass sie sehr aufwendig sind.

Bei dem folgenden Verfahren zur Bestimmung des ggT zweier Zahlen wird keine Teilermenge mehr benötigt.

Dazu bestimmen wir zuerst die Primfaktorzerlegungen der beiden Zahlen. Dann bilden wir das Produkt der Faktoren, die in beiden Primfaktorzerlegungen gleichzeitig vorkommen. Kommt derselbe Faktor mehrmals gleichzeitig vor, so muss er auch so oft in das Produkt aufgenommen werden, wie er gleichzeitig vorkommt.

Der Wert dieses Produktes ist der ggT der beiden Zahlen.

Beispiel 1

Wir ermitteln den ggT von 264 und 360:

$$\begin{aligned} 264 &= 2 \cdot 2 \cdot 2 \cdot 3 \cdot 11 = 2^3 \cdot 3^1 \cdot 11^1 \\ 360 &= 2 \cdot 2 \cdot 2 \cdot 3 \cdot 3 \cdot 5 = 2^3 \cdot 3^2 \cdot 5^1 \\ \hline \text{ggT}(264, 360) &= 2 \cdot 2 \cdot 2 \cdot 3 = 2^3 \cdot 3^1 = 24 \end{aligned}$$

Bemerkung

Der Primfaktor 2 kommt im obigen Beispiel 3mal gleichzeitig vor und wird somit auch 3mal in das Produkt für den ggT aufgenommen.

Der Vorteil dieses Verfahrens ist, dass es bei größeren Zahlen schnell zum Ziel führt. Man kann damit auch den ggT von mehr als zwei Zahlen bestimmen.

Beispiel 2

Wir ermitteln den ggT von 216, 288 und 720:

$$\begin{aligned} 216 &= 2 \cdot 2 \cdot 2 \cdot 3 \cdot 3 \cdot 3 = 2^3 \cdot 3^3 \\ 288 &= 2 \cdot 2 \cdot 2 \cdot 2 \cdot 2 \cdot 3 \cdot 3 = 2^5 \cdot 3^2 \\ 720 &= 2 \cdot 2 \cdot 2 \cdot 2 \cdot 3 \cdot 3 \cdot 5 = 2^4 \cdot 3^2 \cdot 5^1 \\ \hline \text{ggT}(216, 288, 720) &= 2 \cdot 2 \cdot 2 \cdot 3 \cdot 3 = 2^3 \cdot 3^2 = 72 \end{aligned}$$

Ausgehend von den Primfaktorzerlegungen lässt sich auch leicht das kgV zweier Zahlen bestimmen. Wir bilden dazu das Produkt der Faktoren, die in mindestens einer der beiden Primfaktorzerlegungen vorkommen. Kommt derselbe Faktor mehrmals mindestens einmal vor, so muss er auch so oft in das Produkt aufgenommen werden, wie er mindestens einmal vorkommt.

Der Wert dieses Produktes ist das kgV der beiden Zahlen.

Beispiel 3

Wir ermitteln das kgV von 54 und 60:

$$\begin{array}{rcl} 54 &=& 2 \cdot 3 \cdot 3 \cdot 3 = 2^1 \cdot 3^3 \\ 60 &=& 2 \cdot 2 \cdot 3 \cdot 5 = 2^2 \cdot 3^1 \cdot 5^1 \\ \hline \text{kgV}(54, 60) &=& 2 \cdot 2 \cdot 3 \cdot 3 \cdot 3 \cdot 5 = 2^2 \cdot 3^3 \cdot 5^1 = 540 \end{array}$$

Dieses Verfahren hat gegenüber den vorherigen ebenfalls den Vorteil, dass es bei größeren Zahlen schnell zum Ziel führt. Man kann damit auch das kgV von mehr als zwei Zahlen bestimmen.

Beispiel 4

Wir ermitteln das kgV von 12, 18 und 21:

$$\begin{array}{rcl} 12 &=& 2 \cdot 2 \cdot 3 = 2^2 \cdot 3^1 \\ 18 &=& 2 \cdot 3 \cdot 3 = 2^1 \cdot 3^2 \\ 21 &=& 3 \cdot 7 = 3^1 \cdot 7^1 \\ \hline \text{kgV}(12, 18, 21) &=& 2 \cdot 2 \cdot 3 \cdot 3 \cdot 7 = 2^2 \cdot 3^2 \cdot 7^1 = 252 \end{array}$$

Wir fassen zusammen:

Verfahren zur Bestimmung des ggT mithilfe der PFZ

- Bestimme die Primfaktorzerlegungen aller Zahlen.
- Der ggT der Zahlen ist das Produkt der niedrigsten Potenzen aller gemeinsamen Primfaktoren.

Verfahren zur Bestimmung des kgV mithilfe der PFZ

- Bestimme die Primfaktorzerlegungen aller Zahlen.
- Das kgV der Zahlen ist das Produkt der höchsten Potenzen aller vorkommenden Primfaktoren.

8.13 Euklidischer Algorithmus

Andreas will ein Kantenmodell eines Würfels aus Holzstäben basteln (Bild 8.1). Er hat zwei Holzstäbe, die 135 cm und 75 cm lang sind. Die Stäbe möchte er so zersägen, dass lauter gleich lange Stücke entstehen. Die Stücke sollen außerdem noch möglichst lang sein und es soll kein Reststück übrigbleiben.

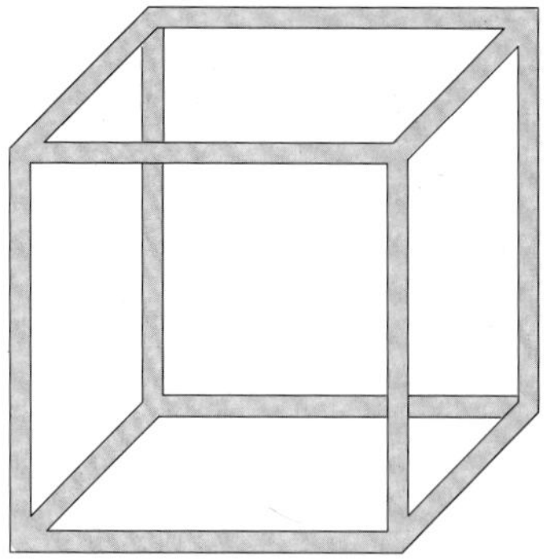

Bild 8.1

Andreas geht folgendermaßen vor:

1. Schritt: Da die Stücke höchstens 75 cm lang sein können, zerlegt er den 135 cm Stab in einen 75 cm Stab und ein Reststück von 60 cm (Bild 8.2).

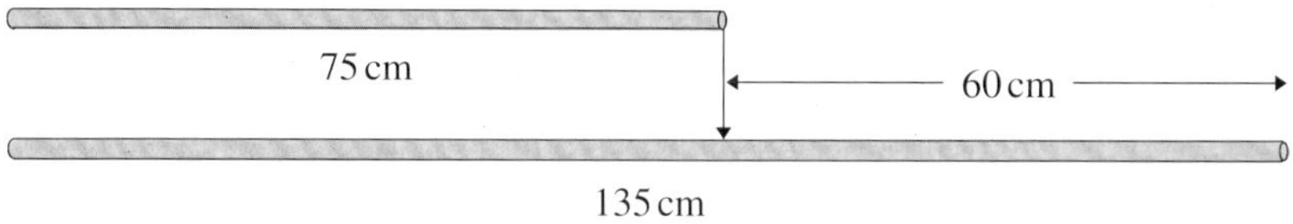

Bild 8.2

2. Schritt: Da die Stücke höchstens so lang wie das Reststück, also 60 cm, sein können, zerlegt Andreas die beiden 75 cm Stäbe in 60 cm Stäbe und erhält noch zwei Reststücke von 15 cm (Bild 8.3).

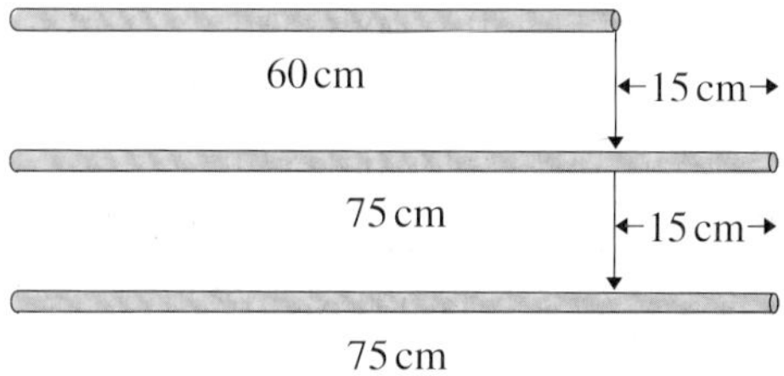

Bild 8.3

3. Schritt: Da die Stücke höchstens so lang wie die beiden Reststücke, also 15 cm, sein können, zerlegt er die drei 60 cm Stäbe in 15 cm Stäbe. Die Zerlegung geht auf, es bleiben keine Reststücke übrig (Bild 8.4).

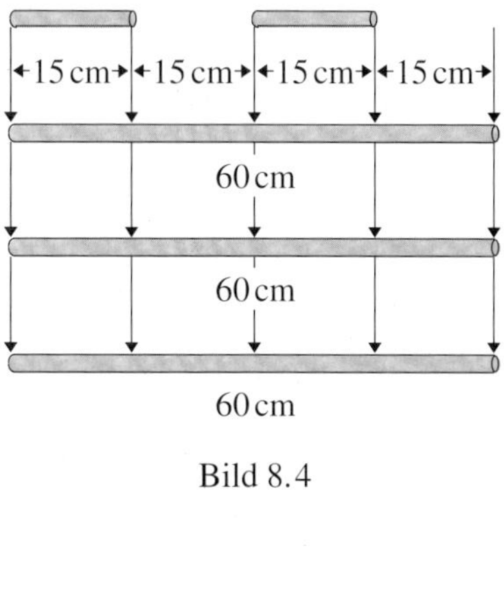

Bild 8.4

Er erhält 14 Stäbe die jeweils alle 15 cm lang sind. 12 Stäbe benötigt er für sein Würfelmodell, 2 Stäbe bleiben übrig.

Andreas hat ein Verfahren angewandt, das schon lange bekannt ist und auf den ggT der gegebenen Stablängen hinführt.

Es gilt nämlich ggT(135 cm, 75 cm) = 15 cm.

Dieses Verfahren nennt man **euklidischen Algorithmus**[1].

Wir halten den Ablauf nochmals in Form einer Rechnung ohne die Maßeinheiten fest:

$135 = 75 + 60$	oder auch:	$135 : 75 = 1 \text{ Rest } 60$
$75 = 60 + 15$		$75 : 60 = 1 \text{ Rest } 15$
$60 = 4 \cdot 15$		$60 : 15 = 4 \text{ Rest } 0$
Also: $\text{ggT}(135, 75) = 15$.		Also: $\text{ggT}(135, 75) = 15$.

Euklidischer Algorithmus

So findest du den ggT zweier Zahlen a und b:

- Dividiere die größere Zahl durch die kleinere (eventuell mit Rest).
- Dividiere die kleine Zahl durch den Rest.
- Wiederhole das so lange, bis die Division aufgeht.
- Der letzte von 0 verschiedene Rest ist der ggT.

Beispiel

Wir berechnen den ggT von 408 und 323 mithilfe des euklidischen Algorithmus.

$$408 : 323 = 1 \text{ Rest } 85$$
$$323 : 85 = 3 \text{ Rest } 68$$
$$85 : 68 = 1 \text{ Rest } 17$$
$$68 : 17 = 4 \text{ Rest } 0$$

Also: $\text{ggT}(408,\ 323) = 17$.

Verwende den euklidischen Algorithmus, wenn die Zahlen groß sind oder dicht beieinander liegen.

---

[1] Benannt nach dem griechischen Mathematiker **Euklid** (um 300 v. Chr.). Algorithmus bedeutet hier Rechenverfahren.

9

Zuordnungen

Nach den Sommerferien zu Beginn des neuen Schuljahres kannst du in der Schule auf einem Aushang ablesen, wo die einzelnen Klassen zu finden sind. Jeder Klasse wird mithilfe einer ***Tabelle*** *ein Klassenraum zugewiesen oder, wie es in der Mathematik heißt,* ***zugeordnet****.*

Klasse	*Raum*
5 a	*101*
5 b	*112*
5 c	*106*
6 a	*107*

Solche Zuordnungen begegnen uns aber nicht nur in der Schule, sondern auch dort, wo es noch weitaus angenehmer ist.

Du siehst hier einen Teil der Speisekarte einer Pizzeria. Auch hier liegt eine Zuordnung vor. Jeder Pizza wird nämlich ein Preis zugeordnet.

Pizzeria da Marina

Pizza Margherita 4,00 €
mit Tomatensauce, Käse

Pizza Salami 5,50 €
mit Tomatensauce, Käse, Salami, Champignons

Pizza Milanese 5,50 €
mit Tomatensauce, Käse, Salami, Champignons, Schinken

Pizza Marina 9,50 €
mit Tomatensauce, Käse, Salami, Champignons, Schinken, Peperoniwurst und einer Überraschung

9.1 Diagramme

Tabellen fassen oft viele Zahlenangaben zu einem bestimmten Thema zusammen. Mithilfe von Zahlenbildern, so genannten **Diagrammen**[1], können diese Angaben veranschaulicht werden.

9.1.1 Bilddiagramme

Das folgende Diagramm veranschaulicht die Einwohnerzahlen einiger Bundesländer:

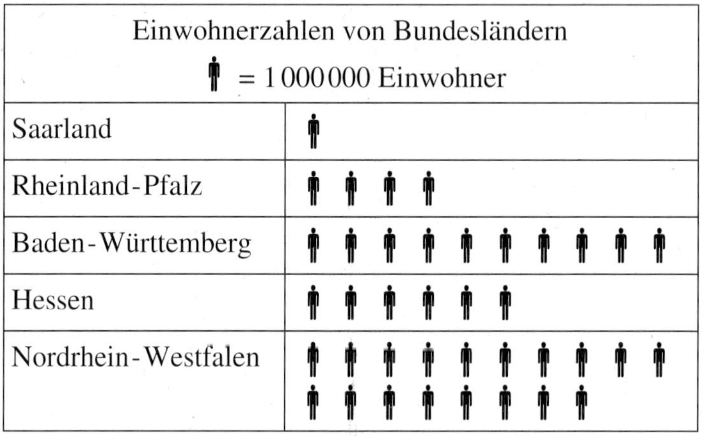

Die Einwohnerzahlen der Bundesländer sind durch ein so genanntes **Bilddiagramm** oder auch **Piktogramm**[2] (grafisches Symbol) dargestellt. Jede Figur entspricht dabei 1 Million Einwohner.

Du kannst aus dem Diagramm sofort ablesen, dass Hessen ungefähr 6 Millionen Einwohner hat. Beim Vergleich der Einwohnerzahlen erkennst du auf den ersten Blick, dass Nordrhein-Westfalen von den aufgeführten Bundesländern die meisten Einwohner hat. Es sind ungefähr 18 Millionen.

Beachte, dass es sich bei den dargestellten Einwohnerangaben um gerundete Zahlen handelt. So sind für Rheinland-Pfalz ungefähr 4 Millionen Einwohner angegeben. Die genaue Einwohnerzahl kann dann zwischen 3 500 000 und 4 499 999 liegen.

[1] Diagramm (gr.), Schaubild, zeichnerische Darstellung

[2] pictus (lat.), bemalt

Bilddiagramme werden in vielen Bereichen zur Darstellung großer Anzahlen von Personen, Tieren oder Dingen verwendet. Sie begegnen dir oft in Büchern, Zeitungen und Zeitschriften. Jede Figur entspricht darin einer bestimmten Anzahl. Die dargestellten Anzahlen sind sinnvoll gerundet.

Beispiel

Bei einer Verkehrszählung an einer Bundesstraße wurden an einem Montag in einer Stunde 1178 Autos gezählt. Dienstags waren es in der gleichen Zeitspanne 941 Autos. Mittwochs zählte man 1063 Autos, freitags 1283 und sonntags 407.

Die Ergebnisse der Zählung wollen wir als Bilddiagramm darstellen.

Dazu runden wir zuerst alle Zahlen auf Hunderter: $1178 \approx 1200$, $941 \approx 900$, $1063 \approx 1100$, $1283 \approx 1300$ und $407 \approx 400$.

Wir zeichnen dann 1 Autosymbol  für je 100 Fahrzeuge.

Wochentag	Anzahl der Autos
Montag	
Dienstag	
Mittwoch	
Freitag	
Sonntag	

9.1.2 Stabdiagramme

Die nebenstehende Tabelle enthält die Höhenangaben von einigen bekannten Bergen unserer Umgebung.

In Bild 9.1 sind die Höhenangaben durch ein so genanntes **lotrechtes Stabdiagramm** veranschaulicht.

Berg	Höhe
Schaumberg (Saarland)	569 m
Erbeskopf (Hunsrück)	816 m
Donon (Vogesen)	1008 m
Donnersberg (Pfalz)	679 m
Feldberg (Schwarzwald)	1493 m

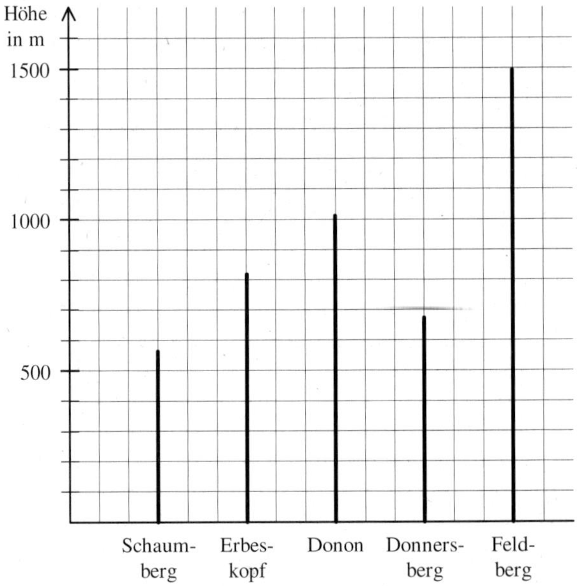

Bild 9.1

Das Diagramm liefert uns einen schnellen Überblick über die Höhenangaben und Vergleiche der einzelnen Höhen miteinander sind leicht möglich.

In Stabdiagrammen werden Zahlenangaben jeweils durch einen Streckenstab dargestellt. Sie heißen daher auch **Streckendiagramme**.

Die Länge der Stäbe in einem Diagramm ergibt sich durch die **lotrecht** verlaufende Zahlengerade. Die Einheit der Zahlengeraden muss dabei so gewählt werden, dass alle Zahlenangaben in das Diagramm eingezeichnet und danach auch wieder abgelesen werden können. In Bild 9.1 ist die Einheit die Höhe eines Rechenkästchens und sie entspricht 100 Metern Höhe.

Wir schreiben kurz: 1 Einheit (Rechenkästchenhöhe) $\hat{=}$ 100 m Höhe.

Orientiere dich beim Zeichnen von Stabdiagrammen immer an den Linien des Rechenpapiers in deinem Heft und runde die Zahlenangaben geeignet, bevor du sie im Diagramm darstellst. ☞

Beispiel

Die folgende Tabelle enthält Längenangaben zu bekannten Flüssen in Deutschland.

Fluss	Elbe	Mosel	Neckar	Oder	Rhein	Saar
Länge in Kilometer	1160	545	370	910	1320	246

Wir stellen die Angaben der Tabelle durch ein **waagerechtes Stabdiagramm** dar. Als Einheit wählen wir:

1 Einheit (Rechenkästchenbreite) $\hat{=}$ 50 km Flusslänge.

Beachte, dass anstelle der genauen Längenangaben der Flüsse jeweils das am nächsten gelegene Vielfache von 50 dargestellt wurde (Bild 9.2).

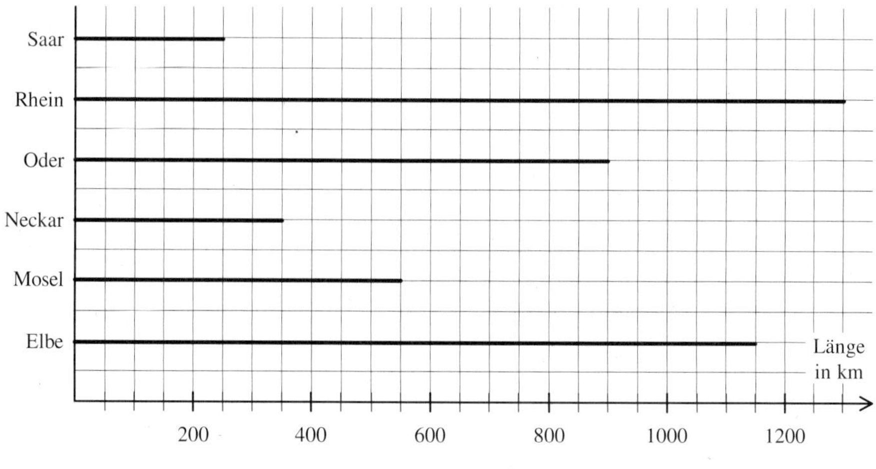

Bild 9.2

Mithilfe von Stabdiagrammen werden neben Längen- oder Höhenangaben auch andere Zahlenangaben zum Vergleich veranschaulicht.

9.1.3 Balkendiagramme

Zu Veranschaulichung von großen Anzahlen, Flächen- oder Massenangaben werden meist **Balkendiagramme** gezeichnet. In ihnen werden Balken gleicher Breite statt Streckenstäbe verwendet.

Beispiel 1

Der folgenden Tabelle kannst du entnehmen, wie viele Passagiere in einem Jahr an verschiedenen deutschen Flughäfen abgefertigt wurden.

Flughafen	Passagiere
Hamburg	6 Millionen
Düsseldorf	11 Millionen
Köln–Bonn	3 Millionen
Frankfurt a. M.	27 Millionen
München	11 Millionen

In Bild 9.3 ist die Tabelle durch ein geeignetes Balkendiagramm veranschaulicht.

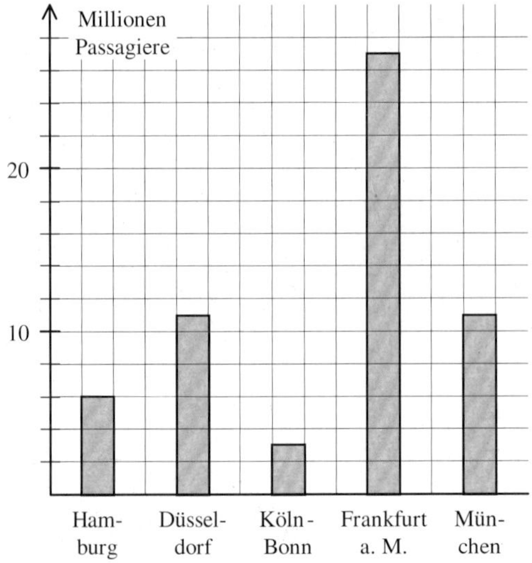

Bild 9.3

In dem Balkendiagramm wird folgende Einheit verwendet:

$$1 \text{ Rechenkästchen} \mathrel{\hat{=}} 2 \text{ Millionen Passagiere.}$$

Durch verschieden gefärbte Balken lassen sich zwei oder mehr gleichartige Balkendiagramme zu anschaulichen Vergleichen zusammenfassen.

Beispiel 2

Bild 9.4 vergleicht mithilfe von zwei Balkendiagrammen, mit welchen Verkehrsmitteln 100 zufällig ausgewählte Schüler einer Schule im Jahr 1970 und im Jahr 2000 zum Unterricht kamen.

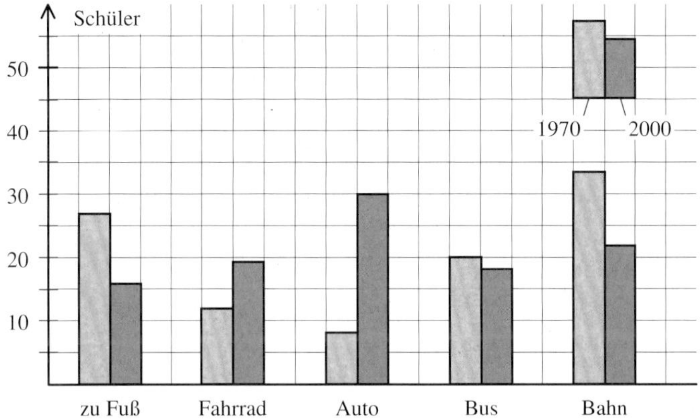

Bild 9.4

In dem Balkendiagramm wird folgende Einheit verwendet:

$$1 \text{ Rechenkästchen} \mathrel{\hat{=}} 5 \text{ Schüler}.$$

Orientiere dich beim Zeichnen von Balkendiagrammen immer an den Kästchen des Rechenpapiers in deinem Heft und runde die Zahlenangaben geeignet, bevor du sie im Diagramm darstellst. ☞

9.1.4 Streifendiagramme

An einer Schule wurden je 50 Schüler einer Klassenstufe der Unterstufe zur Höhe ihres Taschengeldes befragt.

Klassenstufe	Höhe des Taschengeldes		
	unter 5 €	5 bis 10 €	über 10 €
5	15 Schüler	20 Schüler	15 Schüler
6	10 Schüler	25 Schüler	15 Schüler

Die Umfrageergebnisse findest du in der obigen Tabelle.

Zum besseren Vergleich sind die Ergebnisse in zwei **Streifendiagrammen** veranschaulicht (Bild 9.5).

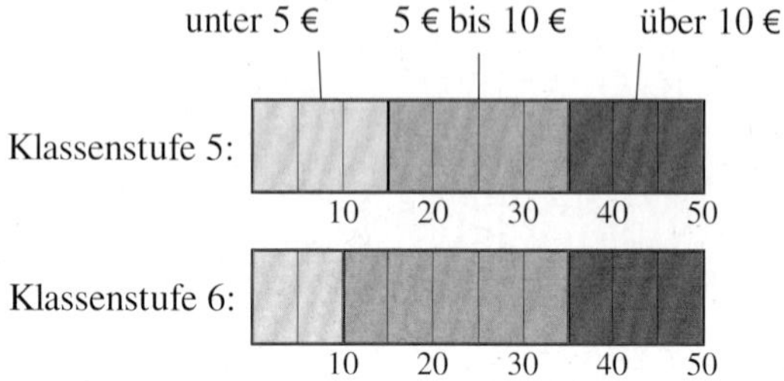

Bild 9.5

Im Allgemeinen werden Streifendiagramme zur anschaulichen Darstellung von Zahlenmaterial verwendet, wenn die Aufteilung eines Ganzen oder einer Gesamtheit in verschiedene Anteile vorliegt.

Streifendiagramme bestehen aus gleich hohen, aneinandergefügten, verschiedenfarbigen Rechteckstreifen, deren jeweilige Länge dem dargestellten Anteil entspricht. Die Gesamtfläche des Diagramms entspricht dem Ganzen oder der Gesamtheit.

In Bild 9.5 gilt: 1 Einheit (Rechenkästchenbreite) $\hat{=}$ 5 Schüler.

Beispiel

Bei einer Befragung nach ihren Lieblingsfernsehsendern machten 100 Kinder folgende Angaben: 20 Kinder ARD, 15 Kinder ZDF, 30 Kinder RTL, 25 Kinder Pro 7 und 10 Kinder sonstige Sender.

Bild 9.6 zeigt die Veranschaulichung der Befragungsergebnisse als Streifendiagramm.

Lieblingsfernsehsender von 100 befragten Kindern

Bild 9.6

Hier gilt: 1 Einheit (Rechenkästchenbreite) $\hat{=}$ 5 Kinder.

☞ Benutze beim Zeichnen von Streifendiagrammen die Linien und Kästchen des Rechenpapiers in deinem Heft. Teile falls nötig die Kästchen nach Augenmaß.

9.2 Tabellen

In einer Schule betreibt die Schülervertretung in den großen Pausen einen Brötchenverkauf. Bei einer Umfrage zur Qualität des Angebots konnten sich die Schüler zwischen den Noten „sehr gut" (1), „gut" (2), „zufriedenstellend" (3) oder „nicht zufriedenstellend" (4) entscheiden.

Die Auszählung der abgegebenen Stimmen von 100 Schülern ergibt nebenstehende **Strichliste**.

Befragung zum Brötchenverkauf	
Note	Striche
1	卌 卌 卌 卌 ||
2	卌 卌 卌 卌 卌 卌 |||
3	卌 卌 卌 卌 卌 卌
4	卌 卌 卌
Umfang	100

Das Auszählen der Striche liefert dann folgende **Tabelle**, die die Verteilung der Häufigkeiten der auftretenden Ergebnisse enthält.

Note	1	2	3	4	Umfang
Häufigkeit	22	33	30	15	100

Bei Befragungen, Prüfungen, Messungen, Experimenten und ähnlichen Untersuchungen ergibt sich meistens eine Vielzahl von Daten. Für eine Bewertung ist es wichtig, das gesamte Datenmaterial übersichtlich zu erfassen. Dies kann durch eine Tabelle erreicht werden.

Eine besondere Tabelle ist dir sicher in diesem Schuljahr schon begegnet:

Beispiel 1

Das Gesamtergebnis einer Klassenarbeit wird meistens in Form eines **Notenspiegels** angegeben:

Note	1	2	3	4	5	6	Umfang
Anzahl	4	9	10	6	2	1	32

Du kannst daran leicht ablesen, dass 32 Schüler die Klassenarbeit mitgeschrieben haben und wie viele Schüler die einzelnen Notenstufen erreicht haben.

Tabellen lassen sich oft durch Diagramme veranschaulichen. ☜

Beispiel 2

Das ZDF startet eine neue Unterhaltungssendung, die einmal monatlich ausgestrahlt wird. Eine Fernsehzeitschrift befragte jeweils nach den beiden ersten Sendungen 1000 zufällig ausgewählte Zuschauer nach ihrem Urteil.

Die Ergebnisse der beiden Befragungen enthält die folgende Tabelle:

Urteil	Häufigkeit nach der ersten Sendung	Häufigkeit nach der zweiten Sendung
ausgezeichnet	123	195
gut	452	619
mäßig	338	151
schlecht	87	35
Umfang	1000	1000

Wir fassen die beiden Befragungsergebnisse in einem Balkendiagramm (1 Einheit = Höhe eines Rechenkästchens $\hat{=}$ 50 Stimmen) zusammen.

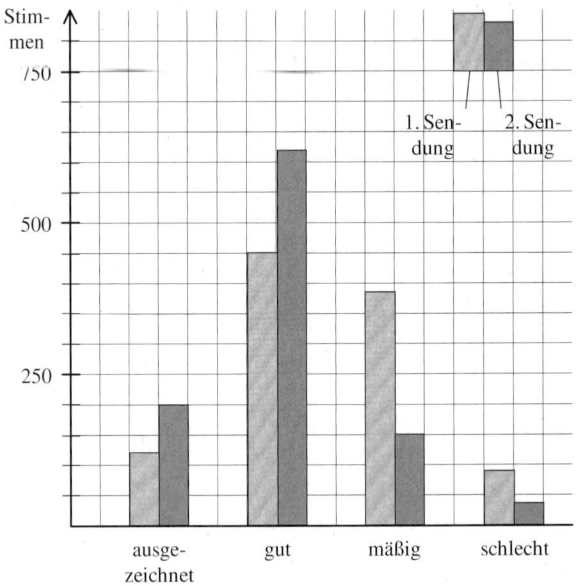

Bild 9.7

Das Balkendiagramm verdeutlicht, dass die 2. Ausgabe der Unterhaltungssendung, den Zuschauern noch besser gefallen hat.

9.3 Zuordnungen in der Erfahrungswelt

Wenn du dich in deiner Schule umschaust, findest du einige Beispiele für **Zuordnungen**, die mithilfe von Tabellen dargestellt werden.

Beispiel 1

In deiner Schule ist jeder Klasse ein(e) Klassenlehrer(in) zugeordnet.
Folgende Tabelle veranschaulicht dies:

Klasse	5 a	5 b	5 c	6 a
Lehrer	Frau Lieb	Herr Nett	Frau Schön	Herr Gut

Weitere Beispiele für Zuordnungen im Alltag findest du leicht.

Wir stellen fest, dass in allen Zuordnungen **zwei Mengen** auftreten. Die **Ausgangsmenge** enthält die Elemente, **denen etwas zugeordnet wird**, die **Zielmenge** enthält die Elemente, **die zugeordnet werden können**.

Definition 9.1

Wenn zwei Mengen A und B gegeben sind und **jedem** Element von A **genau ein** Element von B zugeordnet ist, so wird damit eine **Zuordnung von der Menge A in die Menge B** erklärt.
Wir schreiben kurz: $\boldsymbol{A \to B}$ (lies: Zuordnung von A in B).
Die Menge A heißt **Ausgangsmenge** und die Menge B **Zielmenge** der Zuordnung.

Beispiel 2

a) Jeder Klasse wird ihr(e) Klassenlehrer(in) zugeordnet,
kurz: Klasse → Klassenlehrer(in).

b) Jeder Pizza wird ihr Preis zugeordnet,
kurz: Pizza → Preis.

c) Jedem Schüler wird sein Alter zugeordnet,
kurz: Schüler → Alter.

Wie du anfangs schon gesehen hast, werden Zuordnungen oft in Tabellenform dargestellt. Diese Tabellen heißen **Zuordnungstabellen**.
Sie bestehen **in waagerechter Form** aus zwei **Zeilen.**

Eingang	Objekte, denen zugeordnet wird
Ausgang	Objekte, die zugeordnet werden

In der ersten Zeile, dem **Eingang**, stehen die Objekte, denen etwas zugeordnet wird. In der zweiten Zeile, dem **Ausgang**, stehen die Objekte, die zugeordnet werden.

In **senkrechter Form** bestehen die Tabellen aus zwei **Spalten**.

Eingang	**Ausgang**
Objekte, denen zugeordnet wird	Objekte, die zugeordnet werden

☞ Der Eingang ist dann die linke Spalte und der Ausgang die rechte Spalte.

Beide Tabellenformen, senkrecht oder waagerecht, sind gleichwertig. Von Fall zu Fall ist aber eine senkrechte oder eine waagerechte Tabelle geeigneter.

Eine weitere Möglichkeit Zuordnungen darzustellen, sind die **Pfeilbilder**.
Dazu werden die Ausgangsmenge und die Zielmenge durch Mengendiagramme (siehe Abschnitt 1.1) dargestellt und dann wird mit Pfeilen verdeutlicht, welchem Element der Ausgangsmenge welches Element der Zielmenge zugeordnet wird.

Beispiel 3
Betrachten wir die obige Speisekarte aus der Pizzeria als Pfeilbild.

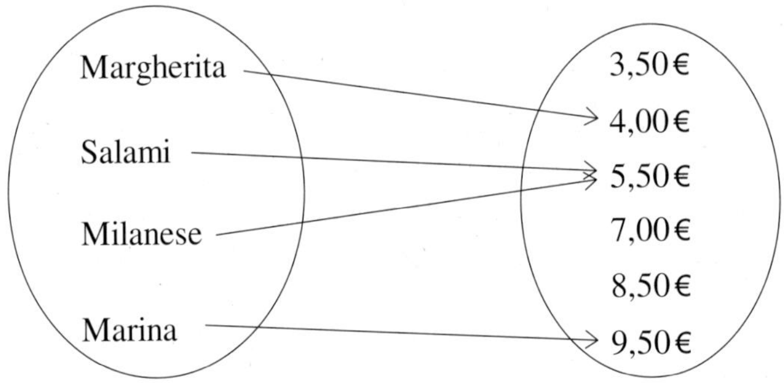

Bild 9.8

Du kannst hier wieder ablesen, dass der Pizza Margherita der Preis 4,00 €, der Pizza Salami als auch der Pizza Milanese der Preis 5,50 € und der Pizza Marina der Preis 9,50 € zugeordnet werden.

☞ Beachte bei Pfeilbildern von Zuordnungen, dass von jedem Element der Ausgangsmenge genau ein Pfeil ausgehen muss und auf ein Element der Zielmenge auch mehr als ein Pfeil zeigen kann, aber nicht auf jedes Element der Zielmenge ein Pfeil zeigen muss.

9.4 Zuordnungen zwischen Zahlenmengen

Wie du im vorherigen Abschnitt erfahren hast, kommen Zuordnungen in vielen verschiedenen Lebensbereichen vor. In der Mathematik beschäftigen wir uns besonders mit Zuordnungen zwischen Zahlenmengen.

Beispiel 1

Wir betrachten die Zuordnung

„Jeder Zahl kleiner 5 wird ihr Doppeltes zugeordnet".

Es handelt sich dabei um eine Zuordnung der Form $A \to B$.

$A = \{0, 1, 2, 3, 4\}$ ist die Ausgangsmenge und $B = \mathbb{N}$ die Zielmenge.

Bild 9.9 zeigt das Pfeilbild der Zuordnung. Die Zuordnungstabelle dazu ist:

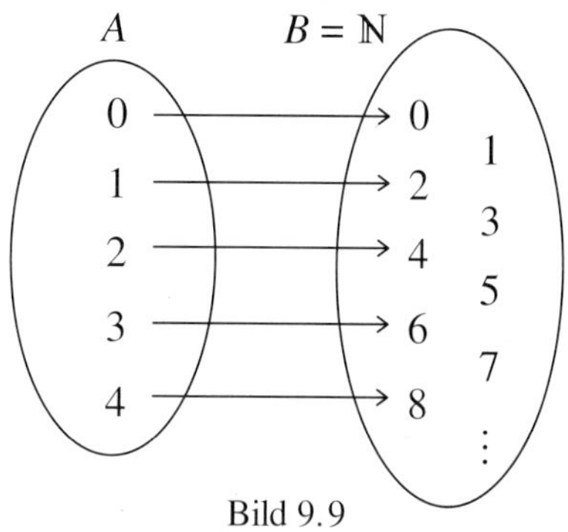

Bild 9.9

Zahl	0	1	2	3	4
zugeordnete Zahl	0	2	4	6	8

Der Tabelle entnehmen wir: Der Zahl 0 ist die Zahl 0 zugeordnet, der Zahl 1 ist die Zahl 2 zugeordnet usw.

Wir schreiben kurz: $0 \mapsto 0$ (lies: 0 wird zugeordnet 0), $1 \mapsto 2$, $2 \mapsto 4$ usw.

Merke

Bei Zuordnungen benutzen wir zwei verschiedene Pfeile: $\to$ und $\mapsto$.

Der Pfeil $\to$ steht zwischen Mengen: $A \to B$
(lies: Zuordnung von A in B).

Der Pfeil $\mapsto$ steht zwischen Elementen: $1 \mapsto 2$
(lies: 1 wird zugeordnet 2 oder
der Zahl 1 ist die Zahl 2 zugeordnet).

Beispiel 2

Gegeben ist die Zuordnung:

„Jeder Zahl von 0 bis 11 wird ihre Quadratzahl zugeordnet".

Hier gilt: $0 \mapsto 0$, $1 \mapsto 1$, $2 \mapsto 4$, $3 \mapsto 9$,
$4 \mapsto 16$, $5 \mapsto 25$, $6 \mapsto 36$, $7 \mapsto 49$,
$8 \mapsto 64$, $9 \mapsto 81$, $10 \mapsto 100$, $11 \mapsto 121$.

9.5 Zuordnungsvorschriften

Bisher wurden Zuordnungen in sprachlicher Form, als Tabelle oder als Pfeilbild dargestellt. Zuordnungen zwischen Zahlenmengen können auch mit **mathematischen Symbolen** beschrieben werden.

Wir betrachten dazu die Zuordnung:

„Jeder Zahl wird ihr Nachfolger zugeordnet".

Dies ist eine Zuordnung der Form $\mathbb{N} \to \mathbb{N}$, also eine Zuordnung zwischen Zahlenmengen.

Zu dieser Zuordnung gehört die folgende Zuordnungstabelle:

Zahl	0	1	2	3	4	…	x
zugeordnete Zahl	1	2	3	4	5	…	$\boldsymbol{x+1}$

Setzt man in einer freien Spalte der Tabelle für die Zahl, der etwas zugeordnet wird, den **Platzhalter** oder die **Variable**[1] $\boldsymbol{x}$, so kann der zugeordnete Nachfolger mit dem Ausdruck $\boldsymbol{x+1}$ formal beschrieben werden.

Statt „Jeder Zahl wird ihr Nachfolger zugeordnet" kann man somit auch kurz schreiben:

$\boldsymbol{x \mapsto x+1}$ (lies x wird zugeordnet x + 1).

Die Darstellung $x \mapsto x+1$ heißt **formale Zuordnungsvorschrift**.

Beispiel 1

a) Statt „Jeder Zahl wird ihr Doppeltes zugeordnet" schreiben wir kurz die formale Zuordnungsvorschrift: $x \mapsto 2x$.

b) Statt „Jeder Zahl wird die um 3 größere Zahl zugeordnet" schreiben wir kurz die formale Zuordnungsvorschrift: $x \mapsto x+3$.

Eine formale Zuordnungsvorschrift kann oft auch in Worten ausgedrückt werden:

Beispiel 2

a) Die formale Zuordnungsvorschrift $x \mapsto x^2+1$ lautet in sprachlicher Form: „Jeder Zahl wird der Nachfolger ihres Quadrates zugeordnet".

b) Die formale Zuordnungsvorschrift $x \mapsto 3x^2-2x+5$ kann in sprachlicher Form nur sehr umständlich angegeben werden.

---

[1] varius (lat.), verschieden

Merke

Zuordnungen zwischen Zahlenmengen können auch durch **formale Zuordnungsvorschriften** dargestellt werden.

Für die Zahl, der zugeordnet wird, setzt man den **Platzhalter** oder die **Variable x**.

Die Zahl, die zugeordnet wird, beschreibt man durch einen **Term T**, in dem die Variable x meist vorkommt.

Man schreibt kurz:

$x \mapsto T$ und liest: x wird zugeordnet T, z.B. $x \mapsto x+4$; hier ist $T = x+4$.

Für die Zahl, die zugeordnet wird, wird auch oft die Variable y gesetzt.

9.6 Graphen von Zuordnungen

Wir betrachten den Notenspiegel einer Klassenarbeit der 5 b:

Note	1	2	3	4	5	6
Anzahl	4	5	7	5	4	3

Die Tabelle beschreibt die Zuordnung: Jeder Note ist die Anzahl der Schüler zugeordnet, die diese Note erreicht haben.

Es handelt sich um eine Zuordnung der Form $A \to \mathbb{N}$ mit $A = \{1, 2, 3, 4, 5, 6\}$.

Jeweils zwei Zahlen gehören zusammen, z.B. die Zahlen 3 und 7, denn $3 \mapsto 7$.

Dieser Zusammenhang kann auch durch das **geordnete Zahlenpaar** $(3 \mid 7)$ ausgedrückt werden.

Die erste Zahl gibt die Note an, die zweite, wie oft diese Note vorkommt.

Die Tabelle enthält die Zahlenpaare $(1 \mid 4)$, $(2 \mid 5)$, $(3 \mid 7)$, $(4 \mid 5)$, $(5 \mid 4)$, $(6 \mid 3)$[1].

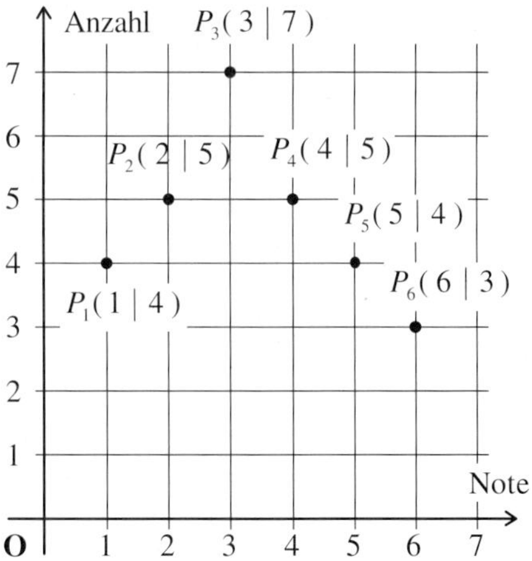

Bild 9.10

[1] Beachte: Bei einem Zahlenpaar kommt es auf die Reihenfolge der beiden Zahlen an. So gilt z.B. $(3 \mid 7) \neq (7 \mid 3)$. Bei unserem Beispiel kann das Zahlenpaar $(7 \mid 3)$ gar nicht vorkommen, weil es die Note 7 ja nicht gibt.

Zu jedem Zahlenpaar gehört der Punkt mit den entsprechenden Koordinaten. Zu dem Zahlenpaar $(1 \mid 4)$ gehört der Punkt $P_1(1 \mid 4)$, zu dem Zahlenpaar $(2 \mid 5)$ der Punkt $P_2(2 \mid 5)$ usw.

Alle Punkte, die man mit den Zahlenpaaren der Tabelle erhält, können in ein Koordinatensystem eintragen werden. Zusammengefasst ergeben sie eine **Punktmenge**[1]. Diese Punktmenge stellt die Zuordnung anschaulich dar und heißt der **Graph** oder das **Schaubild** dieser Zuordnung (Bild 9.10).

Merke

Bei einer Zuordnung zwischen Zahlenmengen bildet jede Zahl x der Ausgangsmenge mit ihrer zugeordneten Zahl[2] y ein **geordnetes Zahlenpaar** $(\boldsymbol{x} \mid \boldsymbol{y})$. Alle diese Zahlenpaare lassen sich im Koordinatensystem durch Punkte $\boldsymbol{P}(\boldsymbol{x} \mid \boldsymbol{y})$ darstellen.

Die Menge aller dieser Punkte heißt der **Graph** der Zuordnung.

Beispiel 1

Wir zeichnen das Schaubild folgender Zuordnung in ein Koordinatensystem.

Die Zuordnung hat die Form $A \to \mathbb{N}$ mit der Ausgangsmenge $A = \{0, 1, 2, 3, 4, 5, 6, 7\}$ und der Zuordnungsvorschrift $x \mapsto 7 - x$.

Zunächst erstellen wir die Zuordnungstabelle:

x	0	1	2	3	4	5	6	7
y	7	6	5	4	3	2	1	0

Wir zeichnen dann die zu den Zahlenpaaren der Tabelle gehörenden Punkte in ein geeignetes Koordinatensystem und erhalten so das Schaubild der Zuordnung (Bild 9.11).

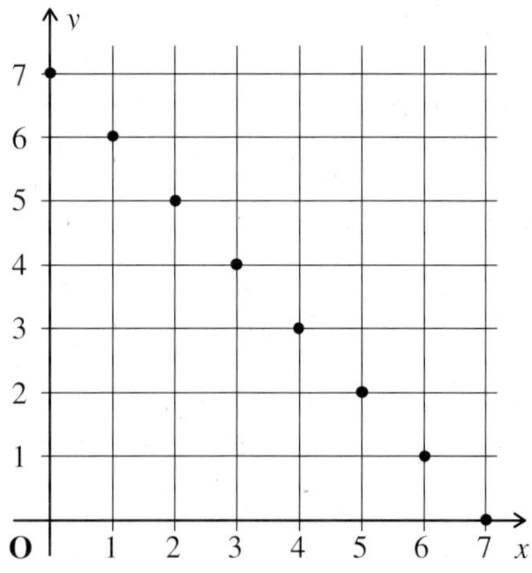

Bild 9.11

[1] Eine **Punktmenge** ist eine Menge, deren Elemente Punkte sind.

[2] Für die Zahl, die zugeordnet wird, schreibt man oft die Variable y.

Beispiel 2

Wir überprüfen rechnerisch, ob die Punkte $A(1 \mid 4)$ und $B(12 \mid 25)$ zum Schaubild der Zuordnung mit der Zuordnungsvorschrift $x \mapsto 2x+1$ gehören.

Es gilt $1 \mapsto 2 \cdot 1+1$, also $1 \mapsto 3$. Der Punkt $A(1 \mid 4)$ gehört also nicht zum Schaubild, denn es müsste $1 \mapsto 4$ gelten.

Es gilt $12 \mapsto 2 \cdot 12+1$, also $12 \mapsto 25$. Der Punkt $B(12 \mid 25)$ gehört also zum Schaubild.

Merke (Punktprobe)

Ein Punkt $A(x_1 \mid y_1)$ gehört zum Schaubild einer Zuordnung, wenn seine Koordinaten x_1 und y_1 die Zuordnungsvorschrift **erfüllen** und sonst nicht.

9.7 Produktmenge

Eva ist eine modebewusste junge Dame, die drei Jeans j_1, j_2, j_3 sowie vier Sweatshirts s_1, s_2, s_3, s_4 besitzt. Sie will wissen, wie viele verschiedene Kombinationen, bestehend aus einer Jeans und einem Sweatshirt, sie anziehen kann.

Damit sie beim Zählen nicht durcheinander kommt, entwirft sie eine Tabelle:

	s_1	s_2	s_3	s_4
j_1	$(j_1 \mid s_1)$	$(j_1 \mid s_2)$	$(j_1 \mid s_3)$	$(j_1 \mid s_4)$
j_2	$(j_2 \mid s_1)$	$(j_2 \mid s_2)$	$(j_2 \mid s_3)$	$(j_2 \mid s_4)$
j_3	$(j_3 \mid s_1)$	$(j_3 \mid s_2)$	$(j_3 \mid s_3)$	$(j_3 \mid s_4)$

Diese Tabelle zeigt alle möglichen Kombinationen. Jede Kombination ist in der Tupelschreibweise als ein **Paar** (**2-Tupel**) dargestellt.

Die erste Komponente eines jeden Paares ist ein Element aus der Menge $J=\{j_1, j_2, j_3\}$ der Jeans. Die zweite Komponente eines jeden Paares ist ein Element aus der Menge $S=\{s_1, s_2, s_3, s_4\}$ der Sweatshirts.[1]

[1] Beachte: Bei einem Paar kommt es auf die Reihenfolge der beiden Komponenten an. So gilt z. B. $(j_2 \mid s_4) \neq (s_4 \mid j_2)$. Bei unserem Beispiel kann das Paar $(s_4 \mid j_2)$ gar nicht vorkommen, weil die erste Komponente hier aus der Menge $J=\{j_1, j_2, j_3\}$ sein muss.

Die Menge aller Kombinationen ist eine **Menge von Paaren**. Man schreibt für sie

$$\begin{aligned} J \times S &= \{ j_1, j_2, j_3 \} \times \{ s_1, s_2, s_3, s_4 \} \\ &= \left\{ (j_1 \mid s_1), (j_1 \mid s_2), (j_1 \mid s_3), \ldots, (j_3 \mid s_4) \right\} \end{aligned}$$

und nennt sie **Produktmenge $\boldsymbol{J \times S}$** (lies: J Kreuz S).

Die Anzahl der Kombinationen ergibt sich aus dem **Produkt**, gebildet aus der Anzahl der Jeans und der Anzahl der Sweatshirts.

$$\left.\begin{array}{l} \text{Anzahl der Jeans} = 3 \\ \text{Anzahl der Sweatshirts} = 4 \end{array}\right\} \quad 3 \cdot 4 = 12.$$

Eva kann also 12 verschiedene Kombinationen anziehen.

Allgemein lautet die Definition für die Produktmenge:

Definition 9.2

Seien A und B zwei Mengen. Die Menge aller $(a \mid b)$ mit $a \in A$ und $b \in B$ heißt die **Produktmenge $\boldsymbol{A \times B}$** (lies: A Kreuz B).

Wir schreiben kurz: $A \times B = \left\{ (a \mid b) \mid a \in A \text{ und } b \in B \right\}$

(lies: A Kreuz B ist die Menge aller geordneten Paare a, b mit a Element aus A und b Element aus B).

Merke

Die Elementanzahl von $A \times B$ ist das Produkt der Elementanzahlen von A und B.

Beispiel 1

Wir bestimmen die Elementanzahlen von Produktmengen und geben dann die Produktmengen in aufzählender Schreibweise an.

a) Gegeben sind $A = \{1, 2, 3\}$ und $B = \{2, 4\}$.

Elementanzahl der Produktmenge $A \times B = \underset{\text{Elementanzahl von } A}{3} \cdot \underset{\text{Elementanzahl von } B}{2} = 6$

Aufzählende Schreibweise:

$$\begin{aligned} A \times B &= \{1, 2, 3\} \times \{2, 4\} \\ &= \left\{ (1 \mid 2), (1 \mid 4), (2 \mid 2), (2 \mid 4), (3 \mid 2), (3 \mid 4) \right\} \end{aligned}$$

b) Gegeben sind $C=\{1,3,5\}$ und $D=\{2,4,6\}$.

Elementanzahl der Produktmenge $C\times D = \underset{\text{Elementanzahl von } C}{3} \cdot \underset{\text{Elementanzahl von } D}{3} = 9$

Aufzählende Schreibweise:

$$C\times D=\{1,3,5\}\times\{2,4,6\}$$
$$=\{(1\mid 2),(1\mid 4),(1\mid 6),(3\mid 2),(3\mid 4),(3\mid 6),(5\mid 2),(5\mid 4),(5\mid 6)\}$$

c) Gegeben sind $M=\{a,b,c,d\}$ und $N=\{1,2\}$.

Elementanzahl der Produktmenge $M\times N = \underset{\text{Elementanzahl von } M}{4} \cdot \underset{\text{Elementanzahl von } N}{2} = 8$

Aufzählende Schreibweise:

$$M\times N=\{a,b,c,d\}\times\{1,2\}$$
$$=\{(a\mid 1),(a\mid 2),(b\mid 1),(b\mid 2),(c\mid 1),(c\mid 2),(d\mid 1),(d\mid 2)\}$$

Eine Menge von Paaren kannst du oft kürzer als Produktmenge schreiben.

Beispiel 2

a) Die Menge $\{(0\mid 4),(0\mid 5),(1\mid 4),(1\mid 5),(2\mid 4),(2\mid 5)\}$ ist die Produktmenge $\{0,1,2\}\times\{4,5\}$.

b) Ein Skatspiel hat 32 Karten. 12 Karten davon tragen eines der Bilder Bube (*B*), Dame (*D*) oder König (*K*). Jedes Bild kommt in den Farben Herz (♥), Karo (♦), Pik (♠) und Kreuz (♣) vor. Jede der Bildkarten kann durch ein Paar bezeichnet werden, z. B. die Herz-Dame durch $(\heartsuit \mid D)$ oder der Kreuz-König durch $(\clubsuit \mid K)$.

Die 12 Bildkarten lassen sich dann durch folgende Produktmenge beschreiben: $\{\heartsuit, \diamondsuit, \spadesuit, \clubsuit\}\times\{B,D,K\}$.

Bemerkung

Beachte, dass nicht jede Menge von Paaren auch eine Produktmenge ist. So ist z.B. die Menge $\{(x\mid 1),(x\mid 2),(y\mid 1)\}$ keine Produktmenge.

Wäre diese Menge eine Produktmenge, dann müsste die erste Menge A zumindest die Elemente x und y und die zweite Menge B die Elemente 1 und 2 enthalten. Somit wäre auch das Paar $(y\mid 2)$ in der Produktmenge $A\times B$ enthalten. Dies ist in der vorgegebenen Menge aber nicht der Fall.
Die Menge $\{(x\mid 1),(x\mid 2),(y\mid 1)\}$ ist also keine Produktmenge.

9.8 Tabellen mit zwei Eingängen

Eine Mannschaft A bestehend aus 4 Mädchen a_1, a_2, a_3, a_4 und eine Mannschaft B bestehend aus 4 Jungen b_1, b_2, b_3, b_4 tragen ein Tischtennisturnier aus. Dabei soll jedes Mädchen einmal gegen jeden Jungen spielen.
Die Spielpaarungen zwischen den beiden Mannschaften $A = \{a_1, a_2, a_3, a_4\}$ und $B = \{b_1, b_2, b_3, b_4\}$ sowie die Ergebnisse sind in der folgenden Tabelle eingetragen (Bild 9.12). Gewinnt ein Mädchen, wird eine 1 notiert, gewinnt ein Junge, wird eine 2 notiert.

A \ B	b_1	b_2	b_3	b_4
a_1	1	2	1	1
a_2	1	2	2	2
a_3	1	1	1	2
a_4	2	2	1	1

← Eingangszeile

↑ Eingangsspalte

Bild 9.12

Wir können diese Tabelle als die Tabelle einer Zuordnung betrachten. Sie besitzt eine **Eingangszeile** und eine **Eingangsspalte** und ist somit eine **Tabelle mit zwei Eingängen**.

Die Objekte, denen etwas zugeordnet wird, sind die einzelnen Spielpaarungen $(a_1 \mid b_1)$, $(a_1 \mid b_2)$, $(a_1 \mid b_3), \ldots, (a_4 \mid b_4)$. Dies sind geordnete Paare und zwar alle Paare der Produktmenge $A \times B$.

Die Objekte, die zugeordnet werden, sind die Zahlen aus der Menge $C = \{1, 2\}$.

Aus der Tabelle kannst du im Einzelnen ablesen:

$(a_1 \mid b_1) \mapsto 1, \ldots, (a_2 \mid b_3) \mapsto 2, \ldots, (a_3 \mid b_1) \mapsto 1.$

Insgesamt liegt also hier eine **Zuordnung von der Produktmenge $A \times B$ in die Menge C** vor, in Zeichen: $\boldsymbol{A \times B \rightarrow C}$.

> **Merke**
>
> Jede **Tabelle mit zwei Eingängen** kann als Zuordnungstabelle einer **Zuordnung von der Produktmenge $A \times B$ in die Menge C** gedeutet werden (in Zeichen: $\boldsymbol{A \times B \rightarrow C}$).
>
> Die Menge A setzt sich aus den Elementen der **Eingangsspalte** und die Menge B aus den Elementen der **Eingangszeile** der Tabelle zusammen.

Beispiel 1

Eine Tabelle mit zwei Eingängen stellt die nebenstehende Entfernungstabelle der Deutschen Bahn dar.

Wir lesen ab:

$(\text{Homburg} \mid \text{Merzig}) \mapsto 71$,

d.h. auf dem Schienenweg beträgt die Entfernung zwischen Homburg und Merzig 71 km.

Ebenso lesen wir ab:
$(\text{Saarbrücken} \mid \text{St.Wendel}) \mapsto 36$,

d.h. auf dem Schienenweg beträgt die Entfernung zwischen Saarbrücken und St.Wendel 36 km.

Entfernungen zwischen saarländischen Bahnhöfen*

Bhf \ Bhf	Homburg	Merzig	Saarbrücken	St.Wendel
Homburg		71	32	68
Merzig	71		39	75
Saarbrücken	32	39		36
St.Wendel	68	75	36	

* alle Angaben in km

Beispiel 2

Tabellen mit zwei Eingängen sind dir schon in Form von **Additionstabellen** und **Multiplikationstabellen** begegnet.

a) Die abgebildete Additionstabelle gehört zu der Zuordnung der Form

$\{3,6,11\} \times \{3,6,11\} \to \mathbb{N}$ mit $(x \mid y) \mapsto x+y$.

Du liest z.B. ab: $(3 \mid 6) \mapsto 9$ oder $(6 \mid 11) \mapsto 17$.

+	3	6	11
3	6	9	14
6	9	12	17
11	14	17	22

b) Die abgebildete Multiplikationstabelle gehört zu der Zuordnung der Form

$\{1,4,7\} \times \{0,2,5\} \to \mathbb{N}$ mit $(x \mid y) \mapsto x \cdot y$.

Du liest z.B. ab: $(1 \mid 5) \mapsto 5$ oder $(7 \mid 2) \mapsto 14$.

•	0	2	5
1	0	2	5
4	0	8	20
7	0	14	35

Beispiel 3

Gegeben ist die Zuordnung $\{3,4,8\} \times \{2,6,9\} \to \mathbb{N}$ mit $(x \mid y) \mapsto$ die kleinste der beiden Zahlen.

Zu dieser Zuordnung gehört die nebenstehende Zuordnungstabelle.

x \ y	2	6	9
3	2	3	3
4	2	4	4
8	2	6	8

Beispiel 4

Gegeben ist die Zuordnung $(x \mid y) \mapsto 3 \cdot x + 5 \cdot y - 4$.

a) Welche Zahl wird dem Zahlenpaar $(2 \mid 1)$ zugeordnet?

Lösung: $(2 \mid 1) \mapsto 3 \cdot \mathbf{2} + 5 \cdot \mathbf{1} - 4$

Also gilt $(2 \mid 1) \mapsto 7$.

b) Welche Zahl wird dem Zahlenpaar $(7 \mid 0)$ zugeordnet?

Lösung: $(7 \mid 0) \mapsto 3 \cdot \mathbf{7} + 5 \cdot \mathbf{0} - 4$

Also gilt $(7 \mid 0) \mapsto 17$.

Stichwortverzeichnis

H

I

J

K

Q

R

S

W

X

Y

Z

Primzahlen und Primfaktoren

der nicht durch 2, 3 oder 5 teilbaren Zahlen

2	*p*	119	7·17	241	*p*	367	*p*	491	*p*
3	*p*	121	11·11	247	13·19	371	7·53	493	17·29
5	*p*	127	*p*	251	*p*	373	*p*	497	7·71
7	*p*	131	*p*	253	11·23	377	13·29	499	*p*
11	*p*	133	7·19	257	*p*	379	*p*		
13	*p*	137	*p*	259	7·37	383	*p*	503	*p*
17	*p*	139	*p*	263	*p*	389	*p*	509	*p*
19	*p*	143	11·13	269	*p*	391	17·23	511	7·73
23	*p*	149	*p*	271	*p*	397	*p*	517	11·47
29	*p*	151	*p*	277	*p*			521	*p*
31	*p*	157	*p*	281	*p*	401	*p*	523	*p*
37	*p*	161	7·23	283	*p*	403	13·31	527	17·31
41	*p*	163	*p*	287	7·41	407	11·37	529	23·23
43	*p*	167	*p*	289	17·17	409	*p*	533	13·41
47	*p*	169	13·13	293	*p*	413	7·59	539	7·7·11
49	7·7	173	*p*	299	13·23	419	*p*	541	*p*
53	*p*	179	*p*			421	*p*	547	*p*
59	*p*	181	*p*	301	7·43	427	7·61	551	19·29
61	*p*	187	11·17	307	*p*	431	*p*	553	7·79
67	*p*	191	*p*	311	*p*	433	*p*	557	*p*
71	*p*	193	*p*	313	*p*	437	19·23	559	13·43
73	*p*	197	*p*	317	*p*	439	*p*	563	*p*
77	7·11	199	*p*	319	11·29	443	*p*	569	*p*
79	*p*			323	17·19	449	*p*	571	*p*
83	*p*	203	7·29	329	7·47	451	11·41	577	*p*
89	*p*	209	11·19	331	*p*	457	*p*	581	7·83
91	7·13	211	*p*	337	*p*	461	*p*	583	11·53
97	*p*	217	7·31	341	11·31	463	*p*	587	*p*
		221	13·17	343	7·7·7	467	*p*	589	19·31
101	*p*	223	*p*	347	*p*	469	7·67	593	*p*
103	*p*	227	*p*	349	*p*	473	11·43	599	*p*
107	*p*	229	*p*	353	*p*	479	*p*		
109	*p*	233	*p*	359	*p*	481	13·37		
113	*p*	239	*p*	361	19·19	487	*p*		